기묘한 나라의 여행기

기묘한 나라의 여행기

어느 괴짜 작가가 사상 최악의 여행지에서 발견한 것들

애덤 플레처 지음

남명성 옮김

차례

미리 말씀드립니다

이 책에 등장하는 많은 사람의 이름을 바꾸었습니다. 그들에 관해 문제가 될 만한 이야기를 담았기 때문입니다. 그분들이 찾아와 절 두들겨 패는 일은 원치 않습니다. 저는 아주 섬세한 성격의 소유자라 구타에는 잘 대응하지 못합니다. 또 덜 혼란스럽고 덜 무의미할 수 있도록 몇몇 여행은 순서를 바꿨습니다. 유감스럽게도 실제 삶은 늘 혼란스럽고 무의미한 경향이 있습니다. 지난 일을 이런 형태로 정리한 걸 양해해주시길 바랍니다.

01

터키, 이스탄불

"어쩜 그리 멍청해?"

느긋한 도시 여행이란 헛된 꿈, 중증 영국인 병, 에르도안 대통령, 게지 공원의 시위대

이번 여행이 이스탄불에서의 느긋한 휴가가 될 수 없으리라는 첫 번째 힌트는 비행기에서 내리자마자 드러났다. 여행 가방을 끌고 공항을 나서는데 문자가 도착했다.

아다: '애덤, 안녕하세요. 대중교통이 폐쇄됐어요. 여기 상황이 좀 정신없네요. 택시 기사에게 저한테 전화하라고 해주세요. 알았죠?'

아다는 우리가 예약한 에어비앤비 숙소의 호스트다. 독일인 여자친구 아네트와 나는 백개먼(주사위로 하는 보드게임-옮긴이), 페리 관광, 차 마시기, 이국적인 모양의 케이크를 커다랗게 잘라놓고 먹기 같은 일들을 기대했다. '정신없는 상황'이 아니라.

나: '누가 폐쇄해요? 이제 택시 탑니다…….'

아다: '누구겠어요? 택시 기사에게 전화하라고 하세요.'

나야 누군지 알 수 없었다. 눌러 끌 수 있는 거대한 대중교통 스위치가 있는 건 아니지 않나? 거실 전등도 아니고.

나: '기사가 아는 주소라고 하네요. 잠시 후 만나요.'

아다: '어쨌든 기사랑 통화하게 해주세요. 어느 도로가 아직 막히지 않았는지 말해줄 테니.'

나: '도로가 왜 막혀 있어요?'

아다: '뉴스 안 보세요? 여기 큰 시위가 벌어졌어요.'

난 사람들이 콜레스테롤을 피하듯 뉴스를 보는 걸 피한다. 하지만 인정할 수는 없다. 무식이 자랑은 아니니까.

택시 기사에게 아다와 통화해달라고 부탁하고 싶지 않은 또 다른 이유는 내가 '중증 영국인 병'이라는 유전병을 앓고 있기 때문이다. 이 병은 아무리 사소한 일이라고 해도 다른 사람들에게 도저히 폐를 끼칠 수 없게 한다. 택시 기사에게 어딘가로 전화하라고 부탁을 해? 정신 나간 소리다. 어떤 주소를 찾아내고 자동차로 그곳에 도달하는 일이 택시 기사라는 직업의 전부다. 그는 운송 전문가다.

조수석에 앉은 나는 택시 기사를 옆눈으로 본다. 사십 대 초반에 머리가 벗겨졌는데, 빠진 머리에 대한 보상 심리인지 머리 양쪽 옆 곱슬머리를 제멋대로 자라게 둔 모습이 보기에 그리 좋지는 않았다. 우거지상에는 도가 튼 듯한, 어디선가 많이 본 것 같은 인상이었다. 누렇게 변한 흰 티셔츠에는 최근 차에 앉은 채 먹었을 점심 식사의 흔적이 남아 있었다. 기사는 혼잣말로 투덜거렸다. 그는 추레하고 짜증을 잘 내는 운송 전문가의 표본이라 할 수 있지만, 어쨌거나 그래도 운송 전문가였다. 나는 이곳, *그의* 도시에서 그가 최근 폐쇄된 도로 사정을 잘 파악하지 못하고 있는 건지 의심하는 태도를 드러낼 생각은 없었다.

다음에 시계를 확인했을 때는 한 시간이 지나 있었다. "거의 다 왔나요?" 내가 물었다. 우리는 방금 오르막길로 접어들었는데, 쓰레기와 나무, 뒤집힌 두 개의 쇼핑 카트로 만든 바리케이드가 길을 막고 있었다. 주위에는 직접 만든 시위 용품으로 무장한 젊은이 무리가 강물처럼 움직이고 있었다. 얼핏 보기엔 1970년대 인기 밴드였던 '빌리지 피플'의 재결합 공연 같았다. 지난 십 분 동안 진로를 막아선 자체 제작 바리케이드만 벌써 세 개째였다.

"빌어먹을 새끼들." 택시 기사는 이런 상황을 잘 파악하고 있지는 않아 보였다. 기사는 후진 기어를 넣더니 차를 반대쪽으로 돌려 방금 지나온 도로로 우리를 다시 인도하려 애썼다.

"저 사람들 무슨 일로 시위하는 건가요?" 내가 물었다.

"네, 시위하죠." 기사는 차를 반대쪽으로 돌리더니 대답했다. 그는 커다란 무지개 깃발을 들고 가는 두 여자를 향해 얼굴을 찌푸렸다. "빌어먹을 테러리스트들."

기사는 목적지까지 가는 동안 내 쪽을 향해 몇 마디 안 되는 영어를 공격적으로 내뱉었다. 추측하기에 욕설로 들리는 터키어는 다른 쪽, 그러니까 운전석 창문 밖에서 지나가는 보행자들이나 다른 운전자들 그리고 짜증스럽게 우리 앞을 막는 무생물들을 향해 튀어 나갔다. 내가 보기에는 특히 무생물에게 짜증을 가장 많이 내는 것 같았다.

"이 사람들이 테러리스트처럼 보이지는 않는데요." 내가 말했다.

"그래요, 테러리스트."

좀 더 깊이 있게 토론하고 싶었지만 참았다. 그가 게임 속 특별한 버섯 아이템을 먹고 생명이 무한정인 사람처럼 운전하고 있다는 점이 가장 큰 이유였다. 나는 창밖으로 보이는 한 무리의 시위하는 사람들, 그들의 색칠한 얼굴, 염색한 머리칼, 찢어진 청바지, 알록달록한 조끼들을 바라보았다. 테러리스트가 아닌 건 분명했다. 아니, 심지어 어쩌면 '좋은 사람들'일 수도 있었다. 시위하는 사람들은 대개는 좋은 사람들 아닌가? 왜냐하면 그들은 아무것도 하지 않는 사람들보다는 분명히 더 노력해야 하기 때문이다.

사람들이 굳이 나서서 데모를 기획하고, 노래를 만들고, 피켓을 준비하고, 준비한 피켓을 들고 도로를 행진하면서 노래를 부르고 분노한다면, 그럴 만한 이유가 있다고 보는 편이 타당하다. 사람들이 함께 노래를 부르면서 나쁜 짓을 하는 예는 없다. '우리가 원하는 건? 강-력-한- 독-재!' 이런 식으로 시위하는 사람은 없다. 그런 사람들은 이미 승리한 상태기 때문이다.

택시 기사는 다시 다른 골목으로 접어들었지만, 그곳에도 시민들이 직접 만든 또 다른 바리케이드가 길을 막고 있었다. 기사는 이번에도 말했다. "빌어먹을."

"이런 상황인지 조금이라도 알았어?" 나는 이번 여행 계획을 세운 아네트에게 물었다. 아네트를 나를 보고 혀를 차면서 한숨을 내쉬는 동시에 얼굴을 찌푸리고 눈동자를 굴렸다. 아네트는 의사소통의 품질이 중요한 세상에 갇힌, 의사소통의 양도 중시하는 사람이었다. 아네트는 말할 내용을 준비하느라 숨을 한 번 들이마셨다. "시위에 대해서? 당연히 알았지. 뉴스에 나왔으니까. 하지만 이렇게 대규모일지, 시위대 근처에 있게 될지는 몰랐어. 아니, 지금처럼 시위대 안에 갇힐 줄이야 몰랐지." 아네트를 주변을 둘러보았다. "지금 시위 한복판에 있는 거지?" 그녀는 코를 찡그렸다.

우리는 시위대에 갇혀 있었다.

나는 택시 앞자리에 앉는 실수를 저질렀다. 주체적 행동이라고는 거의 하지 않는 내가 앞자리에 앉았다는 건 택시 기사와의 협력을 책임지고 수행해야 한다는 뜻이었다. 나는 책임지는 걸 극도로 싫어한다. 문제를 해결하는 일도 싫다. 집에 돌아가 소파에 누워 인생의 모든 문제를 무시한 채 비스킷을 먹고 싶을 뿐이다.

기사가 다음으로 시도한 골목은 왠지 익숙한 느낌이 들었다. 아마도 우리가 이미 두 번이나 들어갔다 되돌아 나온 곳이었기 때문일 것이다. 나는 콧등을 손가락으로 꼭 쥐고 영국인 병을 참아내며 휴대전화를 꺼내 아다에게 전화를 건 다음 기사에게 건네주었다. 십 분 뒤 우리는 아파트 오층에 위치한 분홍색 현관문 앞에 서 있었다.

문이 열렸고 유니콘이 그려진 푹신한 슬리퍼를 신은 키 작은 여자가 우리를 안으며 따스하게 맞아주었다. 실제로는 돈을 받고 아파트를 빌려주는 경제적 교환 행위에 불과하지만, 상황에 걸맞지 않게 훨씬 더 깊은 우정을 뜻하는 그런 종류의 포옹이었다. *아다였다.*

"오실 수 있을지 걱정했어요. 무섭지 않았어요?"

아네트와 나는 멍한 표정으로 서로를 바라보았다. 누군가 무서워할 대상이 뭔지 말해준다면 완벽하게 두려워할 수 있다는, 그런 표정을 지으면서. "시위가 무서웠냐고요?" 아네트는 현관 안쪽으로 들어서며 말했다. "베를린에서도 시위는 아주 자주 일어나요."

"진짜요?" 아다는 우리를 안내해 작은 녹색 타일로 덮인 주방을 지나면서 말했다. "이번 시위는 상당히 과격해서 말이죠. 경찰은 동물처럼 굴고 있어요. 조심하셔야 해요."

"저희는 시위에 말려들지 않을 겁니다." 거실로 들어서면서 나는 아다를 안심시켰다. "우린 그저 관광하러 온 거라서요."

우리는 거실의 거대한 푸른색 소파에 털썩 앉았다. 긴장이 풀리기 시작했다. 훨씬 낫군. 무지개 장식이 좀 많이 보이긴 하지만 거의 집에 온 것처럼 편안해. "무슨 시위죠?" 아다가 반짝거리는 붉은색 찻주전자로 차를 따르는 동안 내가 물었다. "복잡해요." 아다가 말했다. "특별한 내용도 있고 또 일반적인 것들도 있어요. 제 생각에는 대부분 *에르도안*이 나라를 사우디아라비아 같은 이슬람 국가로 만들려고 한다는 분위기 때문일 거예요. 심지어 길거리에서 키스하는 것도 금지하려고 한다니까요!"

아다는 우리에게 찻잔을 내밀었다. "에르도안은 알죠?"

"그럼요, 당연하죠." 나는 거짓말했다. 그런 사람이 있다는 건 아니까. 그럼 충분한 것 아닌가?

아다는 이십 대 후반이었다. 짧은 머리칼에 한쪽은 아예 싹 밀어버린 모습이었다. 양쪽 귀에 각각 피어싱을 여섯 개씩 했고, 금붕어 문신이 목을 수놓았다. 아무 말을 하지 않아도 반체제를 울부짖는 것 같은 모습이다. 아파트에 손님이 들어오면 아다는 근처에서 식당을 운영하는 요리사 여자친구네 집에서 묵는다고 했다. 그런 그녀가 이슬람 국가에서 적응하는 건 내가 이탈리아 수녀원에 적응하기만큼이나 어려울 테다. 아다가 왜 저항하는지 알 것 같았다. 그녀는 잃을 것이 무척 많았다.

아다의 전화기에서 벨소리가 들렸다. "이런, 젠장. 가 봐야겠어요." 아다는 잔혹하게도 마시던 차를 남겨둔 채 말했다. "요새 게지 공원에서 친구들과 자고 있어요. 거기도 상황이 좀 벌어지고 있거든요." 그녀는 *상황*이라는 단어에 불길함을 실어 말했다. "혹시 생각 있으시면 들르시는 건 어때요?"

우리는 그럴 수도 있지만 동시에 그럴 수 없다는 뜻을 담은 애매한 소리를 내 대답을 대신했다.

아다는 우리가 도착했을 때보다 눈에 띄게 허예진 얼굴로 집을 나섰다. 우리는 새롭게 찾아낸 한적함을 축하하기 위해 아다의 소파 위로 널브러졌다. 편안했다. 내가 좋아하는 분위기였다. 잠시 후 밖에서 엄청나게 큰 소음이 들렸는데, 이제 막 배우기 시작한 박자 감각 없는 드럼 연주자가 열심히 드럼을 두들겨대는 것 같았다. 발코니로 다가갈수록 소리는 점점 더 커졌다. 발코니로 나간 우리는 언덕 아래로 이어지는 충격적인 장면을 목격했다. 우리가 선 곳에서는 적어도 백 개는 되어 보이는 발코니가 보였는데, 사람들이 발코니마다 나와 숟가락으로 냄비를 두들겨대고 있었다. 일종의 오케스트라였다. 참으로 놀라운 광경이었다. 간단하고 효과적인 로파이(lo-fi) 항의랄까. 국그릇과 프라이팬의 물결. 아다의 아파트에서 대각선으로 아래쪽에 있는 집에서는 다섯 살도 안 되어 보이는 작은 여자아이가 국자로 무장하고 나와 있었다. 아이 엄마가 냄비를 적당한 높이로 들어 아이가 열정적으로 국자를 휘둘러댈 수 있도록 도와주었다. 말할 수 없이 귀여웠다.

"우리도 거들어야 하나?" 아네트에게 물었다.

"모르겠어. 왜들 두들겨대는지도 모르잖아."

아네트에게 '시위는 언제나 옳다'는 내 이론을 설명하고 싶지는 않았다. 나는 입증되지도 않은 일을 배경으로 말하는 사람인 반면 아네트는 사실만을 근거로 토론하는 사람이라는 걸 알기 때문이다.

우리는 합류하진 않았지만 경외심을 갖고 지켜보았고, 긍정적인 형용사를 가끔 가미하기도 했다. 나중에 그런 모습이 터키의 전통적 시위 방식이라는 것 그리고 무스타파 케말 아타튀르크가 1923년 터키 공화국을 수립한 시각인 밤 아홉 시에 항상 실행한다는 사실을 알게 되었다.

결국 흥미를 잃고 출출해진 우리는 밖으로 나갔다.

"공원에 가 봐야 할까?" 아네트가 물었다.

나는 수염 위쪽을 긁으며 말했다. "진지하게 들리네. 그러고 싶어?"

"응. 지금 당장은 거기 가는 게 제일 재밌을 것 같아."

나는 긁던 손을 목으로 가져갔다. "흠. 난 저녁 식사가 제일 하고 싶은데."

아네트는 어깨를 으쓱했다. "그래도 괜찮을 것 같기는 해. 어쨌거나 한번 돌아다녀 보지 뭐. 조용하고 야외에 앉을 수 있는 곳을 찾아보자."

겨우 몇 분 걸었을 뿐이지만 이스탄불의 삶 가운데 얼마나 많은 부분이 길거리에서 일어나는지 알 수 있었다. 아이들이 축구를 하다 주차된 차량을 공으로 때리고 달아나면 자동차 주인이 화를 내며 나타나 주먹을 흔들어댄다. 노인들이 높은 아파트 창문에서 바구니에 밧줄을 달아 아래로 내려주면 조금 더 젊은 이웃들이 바구니에 채소와 과일을 담아준다. 사람들은 소형 오토바이를 타고 식당 입구에서 내리고 잠시 후 친구들 뺨에 입맞춤하는 시늉을 해보이며 물담배를 빼끔거린다. 내 생각에 이곳에 흐르는 편안함은 마치 내일도 따뜻할 것임을 당연히 여기는 여름철의 감상과 유사하다. 그럼 모레는? 모레 날씨도 무척 좋겠지.

우리는 여행자들에게 가장 인기 높은 방법을 이용해 조용한 뒷골목을 지나간다. 바로 가장 예뻐 보이는 길을 선택하는 것이다. 모퉁이를 돌아 멀리 파란색 모자이크 테이블이 있는 작은 카페를 발견한 순간 목구멍이 타들어가는 느낌이 들었다. "이게 무슨 냄새야?" 아네트가 콜록거리며 물었다. 갑자기 시위대 한 무리가 모퉁이를 돌아 달려왔는데, 한 사람이 잠깐 멈춰 서더니 우유 같은 걸 제 얼굴에 끼얹었다. 우리는 어떤 문간으로 몸을 피해 그들이 지나가도록 해주었다. 진압복 차림의 경찰관 네 명이 그들을 뒤쫓았다. 우리는 벽에 찰싹 달라붙었다. 경찰관 한 명이 시위대를 향해 쉭, 소리가 나는 깡통을 던졌다. 최루탄이다. 최루탄은 우리 오른쪽 몇 미터 떨어진 벽에 맞고 떨어졌다. 경찰은 장비와 방패를 들고 방독면을 쓴 채 덜그럭대며 우리 옆을 지나갔다. 가스 연기는 빠른 속도로 퍼졌고 단 몇 초 만에 목구멍을 파고들어 불타오르게 했다.

몸에 아드레날린이 퍼졌다. *움직여. 어디로? 무슨 상관이람. 당장…….*

우리는 시위대와 경찰관들로부터 멀리 달아났다. 다음 모퉁이에도 경찰관 몇 명이 모여 있었다. 조금 떨어진 곳에서 시위대 한 명이 경찰에게, 그러니까 결국 우리 쪽으로 돌멩이를 던졌다.

그럼 저쪽으로 가면 안 되겠군.

돌아서서 달렸다. 숨을 쉬지 않으면서 달리려니 쉽지 않았다. 뛰다 보니 왼쪽에 문이 열린 건물 안마당이 보였다. 아네트가 그쪽을 가리켰고 우리는 안으로 뛰어들어가 문을 쾅 닫았다. 건물 세 채가 공유하는 안뜰이었다. 우리는 철제 난간에 몸을 기대고 캑캑거리며 기침을 내뱉었다.

나는 작고 희미한 틈새로 세상을 바라보았다. "이런, 맙소사…… 이건……." *콜록, 캑캑, 헐떡헐떡.* "……끔찍하군."

"젠장." 아네트는 소매로 얼굴을 문질렀다. "빌어먹을. *최루탄이야?*" 최루탄 냄새를 맡아본 건 평생 처음이었다. 나처럼 집에만 박혀 사는 사람이 최루탄 냄새를 맡는 일이란 쉽지 않다. 엄청나게 불쾌한 경험이었는데, 마치 불에 타면서 동시에 물에 빠져 죽는 것 같았다. "분명해." 나는 셔츠 자락으로 얼굴을 문지르며 말했다. "이름에 어울리는 냄새네."

문이 닫히기 전에 우리처럼 머리칼이 헝클어진 채 캑캑거리는 시위대 몇 명이 나타나더니 안쪽 건물로 들어갔다. 조금이라도 공기가 깨끗할 실내로 들어가고 싶은 마음에 그들을 따라갔다. 건물 안쪽은 술집이었다. 술집의 바텐더가 달려와 우리 얼굴에 아까 본 이상한 우유 같은 액체를 끼얹었다.

"이거 도움 돼요." 바텐더는 다소 엉터리 영어로 말했다. 액체를 얼굴에 바르니 좀 나았다. 뭔지 모를 액체가 우리 눈과 코에서 흘러넘치자 그제야 술집 안 광경이 보였다. 어두침침하고 독특한 분위기의 술집 벽에는 손으로 쓴 낙서가 가득했고 묵직한 보라색 커튼이 바깥의 넘쳐나는 정치적 활동을 완벽하게 가려주었다.

"뭔가 좀 독한 걸 마셔야겠어요." 나는 바 안쪽에서 자기

자리를 지키고 있는 바텐더에게 말했다. 사내는 돌아서더니 라키 술병을 열었다.

"이 술이 나을지 최루탄이 나을지 모르겠네." 아네트는 술을 한 모금 마시더니 술잔을 내려놓았다. 근처 테이블에 있던 시위대 한 사람이 전화를 받더니 일어서서 안뜰로 뛰어나갔다. 테이블에 남은 사람들은 TV를 보고 있었다. 시위에 관한 뉴스가 나오고 있었다. 기자는 우리가 이곳으로 올 때 지나온 도로 중 한 곳에 서 있었다.

우리는 느긋하게 도시 관광을 즐길 수 있으리라 생각했다. 하지만 상황은 빠르게 변했다.

"상황이 어떻게 돌아가는 건지 말해주실 수 있나요?" 나는 바텐더에게 물었다. 휴대전화를 들여다보고 있던 그는 우리에게 걸어와 옆에 있는 의자에 앉았다.

"경찰이 게지 공원 사람들 밀어내요. 공원에 큰 본부 있거든요."

바텐더 사내는 휘파람을 휙 불어 두 테이블 건너에 있는 한 여자에게 신호를 보냈다. 여자는 무릎까지 올라오는 갈색 부츠를 신고 체 게바라 티셔츠를 입었는데, 자신감으로 똘똘 뭉친 것 같은 모습이었다.

"저 친구 영어 훨씬 잘해요." 바텐더가 말했다. 도라라고 자신을 소개한 여자는 시위대 본부 규모가 계속 커지고 있다고 설명했다. 수백 명이 그곳에서 밤을 보내고 있고, 추가로 수천 명이 매일 그들과 합류해 시위를 벌인다. 공원을 쇼핑몰로 만드는 것, 나라가 점점 더 이슬람화·독재화되는 것에 반대하고 있었다. 조금 전 정부에서 공격을 시작했고 투입된 경찰의 목표는 하나였다. 공원의 통제권을 되찾는 것. 시위대가 맞서 싸웠고 점차 격렬해졌다. 우리가 우연히 마주쳤던 것처럼 양측의 충돌이 주변 도로로 퍼져나가는 중이었다.

"어떻게 결말이 날 것 같아요?" 내가 물었다.

도라는 신중하게 말을 꺼냈다. "우리가 이길 거예요. 터키는 지금까지 종교 국가가 아니었거든요. 하지만 대가를 치러야겠죠."

"라키라는 술을 대체 어떻게 드시는 거예요?" 아네트가 물었다.

나는 기침이 나왔다. "멋지군. 우리 이만 갈까?"

아네트는 고개를 끄덕였다. 우리는 일어나서 바텐더에게 고맙다고 말하고 시위대에게 작별 인사를 했다. 아네트는 술집 문밖으로 고개를 내밀고 냄새를 맡았다.

"숨은 쉴 만해?" 내가 물었다.

"그런 것 같아."

"뭘 하고 싶어?"

"운에 맡겨야지 뭐." 아네트가 말했다. "어차피 식욕은 달아나버렸으니까. 처음이야. 다시는 이런 일 없었으면 좋겠어. 그냥 아파트로 돌아가서 상처를 돌보는 게 어때?"

"괜찮은 생각이야."

모퉁이를 두 번 돌아선 우리는 불이 붙어 타고 있는 바리케이드 안으로 들어서게 되었다. 경찰 측의 밴 차량이 바리케이드로 돌진했다. 우리는 먼 길로 돌아가기로 하고 돌아섰다. 길을 잃은 우리는 우연히 이스티클랄 거리로 들어서고 말았다. 이스티클랄은 베욜루 구역의 유명한 쇼핑 거리 가운데 하나로, 탁심 광장으로 직접 연결되는 동맥과도 같은 도로다. 탁심 광장은 게지 공원과 이어진다. 우리는 이스티클랄 거리가 소규모로 뭉친 시위대로 넘쳐난다는 걸 알게 되었다. 시위대는 집에서 준비해온 단단한 모자와 고글, 방독면 그리고 최루탄 방어용 밀크셰이크 등 시위 용품으로 무장하고 있었다. 시위대는 그곳에서 탁심 광장을 향해 이동하면서 경찰에 맞서 최루탄을 맞고 뒤로 물러나서 쉬다가 다시 돌진하곤 했다. 상점들은 시위가 전면전이 될까 봐 보호용 천막으로 가게를 덮고 있었다. 우리 옆에서 젊은 남자가 커다란 종이상자를 옮기고 있었다.

"방독면이요." 사내가 외쳤다. "방독면 팔아요!" 느닷없이 튀어나온 진취적인 자본주의의 모습에 나는 웃음이 터졌다. "중동은 항상 이런 식이에요." 사내가 말했다. "사업이 우선이죠."

우리는 방독면을 하나씩 사서 썼다. 가스를 막는 방독면이라기보다는 집에서 페인트칠을 할 때 또는 느긋하게 도시를 관광할 때 쓰는 하얀색 작업용 마스크에 가까웠다.

우리는 경외감과 두려움, 불확실성이 뒤섞인 감정으로 상황을 지켜보았다. 거리의 다른 사람들도 매일의 평범한 생활(쇼핑, 외식, 민주적으로 선출한 정부에 시위하지 않기)을 하러 나왔다가 우리처럼 길이 막혀 어떻게 하면 빠져나갈 수 있을지 알 수 없어 구경만 하고 있었다.

나는 마스크를 쓴 채 지도를 확인하고 있는 아네트를 바라보았다. "뻔한 얘기를 하고 싶지는 않지만, 상황이 잘 풀릴 것 같지 않네." 아네트의 목소리가 마스크와 사이렌, 시위대의 노랫소리 때문에 잘 들리지 않았다. 아네트의 눈 흰자는 이제 하얗지 않았다. 아까 그 냄새가 다시 돌아왔다.

사람들이 우리 쪽으로 빠르게 움직이기 시작했다. 나는 앞뒤로 서성거렸다.

“어느 쪽 길이 안전할지 모르겠는데.” 아네트가 말했다. “하지만 나오기 전에 확인해뒀는데, 이스티클랄 거리에서 무슨 모임이 있다고 했어. 저기 파란 간판이 있는 식당 위층에서 말이야. 카우치서핑인가 뭔가 그런 건데. 저기 가서 좀 기다려볼까?”

더 좋은 생각은 나지 않았다. 그렇게 하면 거리에서 벗어날 수 있을 것이다. 우리는 가끔 카우치서핑 이벤트에서 좋은 밤을 보낸 적도 있었는데, 온 세계 여행자들과 해당 지역 사람들이 술집에서 만나 서로 이야기를 주고받는 행사였다. 모임이 있다는 곳 주소를 찾아가 보니 찌그러진 철제 출입문 위에 술집 이름이 쓰여 있었다. 술집은 삼 층에 있었다. 안에 사람들이 스무 명 정도 있었다. 술집은 전혀 노력하지 않은 듯 열심히 노력해 일부러 누추해 보이고자 했지만, 철저히 실패한 모습이었다. 가구가 전혀 어울리지 않았고 레게 음악이 나왔다. 카우치서핑으로 모인 사람들은 세 개의 커다란 창문 앞에 모여 바로 우리 아래, 이스티클랄 거리에서 끊임없이 벌어지는 불만 표출의 장면을 지켜보고 있었다.

서로 연결된 진압 경찰의 방패 벽에 의해 한 무리의 시위대가 공원에서 밀려나고 있었다. 방패 벽 위에서 물대포와 최루탄이 쏟아졌다. 시위대 한 명이 여전히 연기를 내뿜는 최루탄을 주워서 경찰 쪽으로 다시 던졌다.

“세상에 저럴 수가.” 인도에서 온 한 여자가 말했다. “저건 영화 속에서나 볼 수 있는 장면이야.”

“무슨 일로 시위하는 거죠? 물론 저들이 에르디겐에 반대한다는 건 알지만요.” 빨간색 야구모자를 쓴 한 캐나다인이 물었다.

“*에르도안이에요.*” 자신을 아흐메드라고 소개한, 수염을 기르고 깐깐하게 생긴 터키인이 발음을 고쳐주었다. 그는 오른손 검지에 작은 에이스 모양 문신을 새겼다. 그의 손톱이 자신의 허벅지를 파고들었다. “에르도안 대통령은…….” 그는 자신의 친구인 빨간 뿔테 안경을 쓴 터키인 여자에게 고개를 돌렸다. 여자가 통역에 도움을 주었다. “폭군이죠.” 사내가 말했다. “그는 처음에 게지 공원을 흔한 모습의 쇼핑몰로 바꾸길 원했는데,”

“하지만 그 전부터 문제였어요.” 여자가 끼어들었다. “에르도안은 의회 제도를 바꿔서 정권을 유지하려 했고 임신중절을 금지했어요. 끔찍한 사람이에요.”

아네트와 나는 그 뒤로 몇 시간 동안 같은 창문 앞에서 밖을 구경하면서 카우치서핑으로 만난 사람들과 이야기를 나누고 술을 마시면서 긴장을 풀었다. 내려다보이는 시위대의 용기와 신념에 깊은 인상을 받으며 시간을 보냈다. 그들은 최루탄과 물대포를 맞고 체포당하고 두들겨 맞고 심지어는 고무탄을 맞을 수도 있다는 걸 잘 알면서도 무장한 경찰과의 싸움에 신념을 갖고 뛰어들었다.

우리는 어린아이가 탄 유모차를 미친듯이 밀고 달리는 어머니가 최루탄 연기를 뚫고 나오는 장면처럼 소소하지만 터무니없는 순간들을 많이 목격했다. 어머니와 아이는 비슷한 모양의 헬멧과 두꺼운 마스크 그리고 안전 고글을 쓰고 있었다. 아이는 어른용 헬멧을 쓰는 바람에 머리통이 거의 보이지 않았다. 아이는 한 손으로 헬멧을 들어 올리면서 작은 눈으로 바깥세상을 내다보았고, 마치 동물원에 갔다가 돌아오는 길인 것처럼 무척 차분해 보였다.

내 생각에 어찌 보면 아이는 동물원을 구경하고 있었다. 인간 동물원.

날이 어두워지고 밤이 되자 밖에서 무슨 일이 벌어지는지 제대로 보이지 않았다. 창문 아래에서 누군가 낡은 안락의자에 불을 붙였고, 서너 명의 시위대가 불이 붙은 의자 주위에서 승리의 춤을 추었다. "이건 아니지, 이 친구야." 아흐메드가 말했다. "우린 평화로운 시위를 해야 해. 그렇지 않으면 우리가 *저*들보다 나을 게 없다고."

불붙은 소파 옆에 한 사내가 쇼핑백을 여러 개 들고 나타났는데, 마치 새로 문을 연 쇼핑몰에 갔다가 주차장에서 길을 잃은 것 같은 모습이었다. 그는 불길 앞에 서서 손으로 갱스터 사인을 해 보이며 스마트폰으로 셀카를 찍었다.

"맙소사, *프렘트셰멘*(수치스러운 일)이로군." 아네트가 이마를 문지르며 말했다. *프렘트셰멘*은 통역하기 어려운 독일어였지만 누군가의 행동에 부끄러움을 느끼는 감정임을 금세 알아차릴 수 있었다. 당황스러운 감정과 닮았다.

"이 사람들 미쳤어요." 함께 창문 밖을 내다보던 아르헨티나에서 온 사내 안드레아가 말했다. 그의 목소리는 조용했지만 인정받을 만한 강렬함을 담고 있었다. 그는 오랫동안 깊은 생각에 빠져 있었다. 눈도 한 번 깜빡거리지 않는 것 같았다. 이상하게도 그는 우리가 보고 있는 광경에 가장 영향을 크게 받은 것 같았다. 나는 화장실에 갔다가 돌아온 다음 그에게 술을 한 잔 사기로 마음먹었다. 그가 긴장을 푸는 데 도움이 될 것 같아서였다. 내 몸속 아드레날린 수치는 떨어졌지만, 안전한 술집에 있어서 놀라울 정도로 기분이 좋았다. 시위대에게, 그들이 스스로 믿는 걸 위해 일어서고 위험을 감내하려고 하는 그들의 행동에, 깊은 인상을 받았다. 그들의 신념은 이 나라를 더 나아지게 만들 것이다.

세 개의 좁고 네모난 화장실 창문이 깨져서 밖에서 최루가스 섞인 공기가 들어왔다. 나는 여전히 마스크를 목에 두르고 있었다. 다시 마스크를 쓰기 전에 창문에 각각 코를 대고 킁킁거리며 어느 쪽 냄새가 건강에 덜 해로울지 확인해 보았다. 화장실에 서서 밖에서 들리는 시위 소리를 들으며 소변을 보는 동안 목이 따끔거렸다. 그 순간 나는 현장감을 생생하게 느낄 수 있었다. 배경은 슬그머니 사라졌다. 나는…… 흥미로웠고 심지어 무엇인가의 일부가 된 기분이었다. 평소처럼 집에서 쉬고 있는 것 같지 않았다.

터키에서는 정치를 찾으러 나설 필요가 없다. 정치가 알아서 찾아오기 때문이다. 평생을 정치에 관심을 두지 않고 살아온 나는 정치의 방문을 받고 갑자기 즐거워졌다. 내가 영국에서 배우면서 자란 것처럼 '의견 차이를 인정하고 싸우지 말기'를 포기하면 어쩌면 삶은 오히려 더 나아질지도 몰랐다.

화장실에서 돌아온 나는 사람들에게 술을 한 잔씩 돌렸다. 안드레아는 아무 말 없이 고맙다는 뜻으로 고개를 끄덕였다. 그는 입을 열었고 다시 입을 다물었다. 몇 번 더 고개를 끄덕였다. 맥주를 한 모금 마셨다. 머리를 긁었다. 얼굴을 찌푸렸다. 그는 우리의 영혼 속을 깊이 들여다보고 우리의 부족함을 발견했다. "알 수가 없어요." 그는 마침내 말했다. 그는 창문 쪽을 가리켜 보였다. "이해할 수가 없다고요. 어느 한구석도 말이죠. 이 나라, 정치, 모든 싸움. 심지어 아르헨티나도 그래요. 당신은 독일에서 왔죠? 독일은 두 번의 세계 대전에 뛰어들었고, 두 번 다 졌어요. 아르헨티나는 한 번도 그런 적이 없어요. 하지만 오늘날 독일은 세계에서 가장 강력한 경제 대국 중 하나고…… 그리고…… 우린 *무일푼이에요*. 우린 우리끼리, 정치인들과 싸우고 있어요. 바로 이곳처럼, 터키처럼 말이에요. 아세요?"

나는 고개를 끄덕였다.

"왜 *우리*는 독일이 아닌 거죠? *당신네*는 왜 아르헨티나나 터키, 아제르바이잔이 아닌 겁니까? 왜 당신네는 북한이 아닌 거죠? 어째서 어떤 나라는 제대로 돌아가고 나머지 나라들은 엉망진창인 겁니까?"

좋은 질문이었다. 나는 그 뒤로 한두 시간 정도 창가에서 생각했다. 대답하기 어려운 질문이었다. 왜냐하면 실제로는 천 개의 질문이 작은 상자 속에 하나로 뭉쳐진 채 들어가 있는 질문이었기 때문이다. 어쨌든 안드레아의 말 가운데 한 가지는 옳았다. 인간 동물원에서 인기 있는 구경거리(뉴욕, 로마, 피라미드, 만리장성, 그레이트 배리어 리프)는 모든 관심과 감탄과 관광의 구십구 퍼센트를 차지하지만, 수십 개의 국가와 수천 개의 도시와 수억 명의 사람들은 그런 곳과 멀리 떨어진, *누구도 들어본 적이 없는 곳*에 살고 있다는 점이다. *사람+자원/시간=제대로 기능하는 사회*라는 평범한 등식이 심하게 뒤틀린 곳에서는 나와 아네트가 독일에서 경험하는 것과 같은 번영과 자유 그리고 (상대적으로) 평등한 상황과는 거리가 먼 결과가 도출되고 있다.

이제 시간은 자정을 넘었다. 시위대의 수는 줄었고, 너무 느려 달아나지 못한 시위대를 둘러싸고 체포 중인 경찰 쪽이 좀 더 성공한 듯하게 느껴졌다. 상당히 많은 양의 최루탄이 사용되었다. 많은 시위대가 속이 빈 최루탄을 주워 가져가는 모습이 보였는데, 아마도 기념품인 듯싶었다. 방독면을 쓴 경찰관 한 명이 물러나는 소규모 시위대를 향해 최루탄을 던졌다. 최루탄은 벽에 맞고 튀더니 이스티클랄 거리 맞은편, 쓰레기가 넘치는 쓰레기통 뒤쪽으로 굴러떨어졌다. 아무도 눈치채지 못한 것 같았다.

다음으로 시계를 확인했을 때는 새벽 1시 30분이었다. 한창 아드레날린에 취한 우리는 저녁 식사를 완전히 잊고 창가에 나란히 서 있었다. 아수라장이던 길거리는 조금 조용해졌다. "지금 나가서 돌아가야 할까?" 아네트가 물었다. 나는 입술을 깨물고 권위적인 태도로 말했다. "문제는 지금쯤 경찰은 밖에 나와 돌아다니는 사람이면 무조건 시위대라고 생각할 거야. 이스티클랄 거리를 건너야 숙소로 돌아갈 수 있는데, 지금 격렬한 상황이잖아. 도로를 건널 수가 없을 것 같아."

"그래, 그러니까 멀리 돌아가는 길을 찾아야지."

나는 고개를 끄덕였다. "그럼 나도 따라가야지. 시위 현장을 멀리 돌아서 다른 길을 찾아낼 수 있을 거야."

우리는 걱정스러운 표정으로 일어나 나머지 사람들에게 작별 인사를 했다. 사람들은 좋은 생각이 아니라는 표정으로 그러지 말라는 듯 양손을 흔들었다.

"앉아요." 아흐메드가 말했다. "기다려야 해요."

우리는 걱정해줘서 고맙다고, 우린 안전할 거라면서 다시 한 차례 작별 인사를 한 다음 출구로 향했다. 그런데 문이 잠겨 있었다. 바텐더가 바 안쪽에서 나오더니 '그 자리에 멈춰!'라는 식의 몸짓을 해 보였다.

"안전하지 않아요." 그가 말했다.

"알아요."

바텐더는 술집 안쪽을 가리켰다. "여기 있어요."

나는 이스티클랄 거리를 가리켰다. "괜찮아요. 사람들 없는 곳으로 갈 겁니다."

우리를 진정으로 걱정하는 바텐더의 태도는 감동적이었다. 이스탄불에 도착한 뒤로 모두가 정말 친절하고 싹싹하게 우리를 대했다. 뭐, 최루탄을 날린 사람들이나 주변 물건에 불을 붙인 사람도 있었지만, 모두 우리에게 개인적 감정은 없다는 걸 확신했다.

"고마워요. 하지만 우리도 위험하다는 걸 알아요." 아네트가 말했다. "우린 괜찮을 거예요."

바텐더 사내는 눈길을 바닥으로 돌렸다. "그러세요." 그가 말했다. "하지만 저쪽으로 가세요."

"그래요. 저쪽으로 가죠." 나는 바텐더가 손가락으로 가리키는 쪽, 이스티클랄 반대편을 따라서 가리키며 말했다.

계단에서는 낮에 뿌려진 매콤한 향기가 났다. *반란의 향기.* 다시 도로로 나오자 아드레날린이 솟구치는 느낌이 들었다. 우리는 거리 반대쪽인 왼쪽으로 방향을 잡았다.

"잠깐만." 나는 근처 바퀴 달린 쓰레기통에 붙은 불에서 뿜어져 나오는 연기를 뚫고 아네트에게 말했다.

아네트는 마스크를 들어 올리며 말했다. "뭐?"

나는 고개를 돌려 반대편을 바라보았다. "여기서 기다려. 금방 돌아올게."

아네트가 다른 말을 하기 전에 나는 이스티클랄 거리를 향해 달리기 시작했다. 도로 모퉁이에 도착한 나는 재빨리 좌우를 살폈다. 왼쪽에는 약 백 미터 떨어진 곳에 경찰 밴이 서 있었다. 주변이 연기로 가득했고 눈물이 흘러 앞이 흐릿하게 보였다. 바보짓을 하고 있다는 사실을 알았지만 왜 그런지 포기하지 못하고 있었다. 최루탄 깡통이 갖고 싶었다. 도로 반대편의 쓰레기통 뒤에 있을 최루탄 깡통. 안전하다는 생각이 드는 순간 기침을 하며 그쪽으로 뛰어갔다. 공기가 독성으로 걸쭉했다. 고작 몇 미터 떨어진 곳에 쓰레기통이 보였다.

바로 그 옆에 금속 물체가 반짝거렸다. 나는 숨을 쌕쌕거렸다. 허파가 화가 나 비명을 질렀다. 진정하고 몸을 가누기 위해 쓰레기통을 손으로 잡았다. 쓰레기통 뒤로 몸을 숙였더니 차가운 금속이 손아귀에 들어왔다. 아직 그곳에 있었다. 손에 넣었다. 왜 그렇게 갖고 싶었는지 정확히 알 수는 없지만, 그런 생각이나 뒤늦은 후회는 나중에 해도 괜찮았다. 깡통을 집어 들었다. 눈을 깜박였다. 아무 일도 벌어지지 않았다. 몇 번 더 눈을 깜박거렸다. 미친 것처럼 기침을 내뱉으며 길거리에 침을 흘렸다. 깡통은 어디서 많이 본 파란색과 은색이 섞인 모습이었다.

아냐. 그럴 리가 없어. 안 그래?

난 지금 막 체포당할 위험을 무릅쓰고…….

이렇게 멍청한 짓을 할 사람이 있겠어?

나는 깡통을 얼굴에 더 가까이 가져다 댔다.

이건…… 아닌데.

이건…… 너무 가늘어.

이건…… 최루탄 깡통이 아니잖아.

이건…… *레드불 깡통이네.*

나는 넌더리를 내며 깡통을 던져버렸다. 최악의 바보짓 기록을 세웠다. 나는 왔던 곳으로 되돌아가기 시작했다. 내 뒤에 아네트가 양손을 옆구리에 얹은 채 서 있었다. 우리는 이제 이스티클랄 거리를 거의 다 건넌 상태였다. 다음에 왼쪽으로 꺾기만 하면 숙소에 상당히 가까이 접근하게 되고 이제 최대 오 분에서 육 분이면 도착할 수 있을 터였다. 나는 그쪽을 손으로 가리켰다. 아네트는 돌아서서 달리기 시작했다. 눈물이 흐르는 눈을 가늘게 뜨고 뺨을 적시며 우리는 달렸다. 몇 걸음 뛰었을 때 경찰관 두 명이 골목에서 나타나 어떤 시위자를 뒤쫓기 시작했다.

아네트는 오른쪽으로 방향을 바꿔 술집을 향해 뛰기 시작했고, 나는 그녀를 뒤따랐다. 문이 잠겨 있다는 걸 발견한 우리는 술집을 지나쳐 뛰었다. 놀랍게도 술집에서 일곱 개에서 여덟 개 정도의 문을 지나자 과일과 채소를 파는 상점의 문이 열려 있는 것 같았다. 가게 안에 네다섯 명의 사람이 보였다. 우리는 문을 열려고 애썼지만 잠겨 있었다. 나는 허리를 접고 맹렬히 기침을 터뜨렸다. 육십 대로 보이는 회색 수염을 깔끔하게 다듬은 사내가 문을 열어주었다. 우리는 두 개의 작은 파란색 플라스틱 의자를 깔고 앉았다. 가게 안에 있던 시위자들이 우리에게 최루탄을 씻어내는 밀크셰이크를 부어주었다. 문을 열어준 사내가 재빨리 차를 내주었다. 여기서는 아무 행동을 하지 않아도 차를 대접받을 수 있다. 그들은 어떤 이유도 없이 차를 나누어 주었다.

시간은 새벽 1시 45분이었다.

아네트의 얼굴은 빨간색이었고, 콧구멍이 커다래진 채 내 맞은편에 앉아 두 주먹을 꽉 그러쥐고 있었다. "날 두고 가다니 믿을 수가 없어!"

나는 눈물이 줄줄 새는 눈을 문질렀지만 눈물은 멈추지 않았다. "미안해. 술집에서 봤을 때는 쓰레기통 뒤에 최루탄 깡통이 있었어. 멍청한 짓이라는 걸 알았지만 기념품으로 가져가고 싶었어."

내 말을 들은 아네트는 무슨 말인지 이해하는 데 한참이 걸렸다. 잘 받아들일 수 없는 것 같았다. "왜? 왜? 왜!" 아네트는 맹렬히 고개를 흔들었다. "어떻게 그렇게 멍청할 수가 있어? 그건 그냥…… 믿을 수 없을 정도로 바보 같은 짓이야." 아네트는 양손으로 얼굴을 덮었다. "이런, 멍청한. 얼굴이 너무 따가워."

"알아." 나는 아네트의 눈길을 피해 바닥만 바라보고 있었다. 아네트는 내 모습을 살펴보았다. "그래, 그 빌어먹을 바보 같은 깡통은 어디 있어?"

"그게……." 나는 말을 멈췄다. "어……." 나는 웃었다. "이런, 맙소사." 나는 조금 더 웃었다. 그리고 눈을 문질렀다. 낄낄대며 웃었다. 아네트는 의자에 앉은 채 나를 바라보았다. 아네트는 이를 갈고 있는데도 나는 주체하지 못하고 웃기 시작했다. 아네트는 계속 화를 내려고 했지만 내가 정신없이 웃음을 터뜨리자 그녀도 참지 못했다. 아네트가 웃음을 터뜨리고 얼마 지나지 않아 우리 두 사람은 얼굴의 모든 구멍에서 눈물과 우유와 차를 쏟아내고 있었고, 둘 중 누구도 우리가 왜 그러는지 이유를 알지 못했다.

"그거…… 레드불 캔이었어." 나는 더듬거리며 말했다.

아네트는 그러쥔 주먹으로 입을 막더니 고개를 돌려서 뭐라고 말하려고 하다 멈추고 다시 고개를 돌려 내 팔을 때렸다. "바보야."

블랙 코미디가 이어지는 동안 가게 주인이 손에 오이를 들고 나타났다. "자, 이제 내일 샐러드에 넣을 오이와 토마토를 사기에 좋은 시간 아닌가요?" 주인이 말했다.

중동 사람들은 장사를 멈추는 법이 없다.

우리는 차 대접에 감사를 표하고 다시 군중 속으로 돌아왔다. 토마토와 오이는 사지 않았다. 내일 먹을 샐러드를 생각하기에 좋은 시간은 전혀 아니었다. 게다가 시간은 이미 내일이었다. 지도의 도움을 받아 멀리 돌아 숙소로 돌아왔다. 새벽 3시 전에 도착했지만, 너무 흥분한 나머지 잠을 청할 수가 없었다. 우리는 종일 뉴스만 방송하는 채널을 틀었다. 기분 전환 삼아 뉴스의 주인공이 되어보는 일은 이상한 느낌을 남겼다.

02

쉬어가기

이스탄불로 떠나기 전날 밤

사람들은 늘 '편안한 구역'이 나쁜 것처럼 말하고, 그런 상태에서 어떻게 해서든 벗어나야 하는 것처럼 군다. 나는 도저히 이해할 수가 없다. 물론 여기서 '구역'이라는 말은 명확하지 않다. 시간 구역, 전투 구역, 기본적인 성감대 구역까지, 느낌이 반대인 의미에서도 사용할 수 있기 때문이다. 하지만 편안함이라는 말을 반대의 의미로 사용할 수 있을까? 이 단어를 부정적인 것으로 만들 수는 없다. 불가능한 일이다. 심지어 '편안한 독재'라고 말해봐도 왠지 성공할 것 같은 신인 포크 밴드 이름처럼 들리지 않는가?

나는 베를린에 있는 내 거실 소파가 제공하는 아주 편안한 구역에 누워서 이런 생각을 했다. 그때 현관문 열리는 소리가 들렸다. 어두운 복도에서 '헤이!'라는 커다란 목소리가 울렸다. 복도 쪽이 어두운 이유는 전구가 깨졌기 때문인데, 그날 전구를 갈아 끼우려는 마음은 있었지만 소파가 제공하는 편안함에 나는 완전히 패배한 상태였다.

아네트는 벽이 무너져라 문을 벌컥 열면서 거실로 들어섰다. 전에도 똑같이 문을 열어서 문고리가 벽을 때린 결과 벽에는 깊게 팬 자국이 남아 있었다. 아네트와 조심성의 관계란 마치 오소리와 서예의 관계처럼 멀다. 아네트는 눈에 잘 띄는 옷을 잔뜩 차려입은 상태여서 마치 어린아이들이 손에 막대사탕을 들고 복잡한 네거리를 건널 수 있도록 교통 지도를 하고 막 돌아온 사람처럼 보였다.

아네트는 특기인 빠르게 말하기를 시작했다. "와, 끝내주는 하루였어. 도무지 쉴 틈이라고는 없고, 이거 막으면 저거 터지고 전부 멍청이들이라고 내가 동료한테 말했다니까. 그런데, 주디스한테서 전화가 온 거야. 사이먼에게 무슨 일이 있는지 자기는 믿을 수 없을 거야. 내일은 온갖 회의와 직원들이 들고 온 문제가 우당탕 또 시작될 테니,"

아네트는 잠시 말을 멈추더니 내가 아주 푹 늘어져 있다는 사실을 알아차렸다. "오늘도 힘들었나봐?"

나는 고개를 끄덕였다. "정신없었지."

아네트는 사이클을 탈 때나 입을 법한 번쩍거리는 옷을

마지막으로 벗어버리고 소파 위로 올라왔다. 우리는 일부러 가구점에서 가장 큰 소파를 샀다. "오늘 저녁에 뭐 할지 계획 있어?"

나는 노트북을 가리켜 보였다. "이러는 게 계획이야."

아네트의 얼굴은 눈에 띄게 일그러졌다. "뭐라도 하자! 난 로프하고 자라하고 만나서 늦게 한잔할까 했거든. 같이 갈래?"

머릿속에서 자연스럽게 사이렌 소리가 울렸다. "오늘 저녁 늦게? *지금보다* 늦게 말이야?"

"오늘 밤, 늦게." 아네트가 확인했다. "저녁 먹고 이따 나중에."

아마도 그건 그날 아침 식사로 사과냐 바나나냐를 선택하는 어려운 문제 이후 내가 내려야 할 가장 큰 결정임이 분명했다. 아침에는 사과를 골랐다. 아슬아슬한 차이였지만, 바나나가 패배한 이유는 껍질에 살짝 멍이 들었기 때문이었다.

"가자. 재미있을 거야. 그리고 그래야 집 밖으로 나갈 거 아니야."

이것 역시 짚고 넘어갈 문제다. 왜 사람들은 집에 있는 걸 늘 나쁜 일이라고 여길까? 집은 인터넷도 되고 소파와

쿠션이 있고 토스트를 먹을 수 있는 편안한 구역이다.

"난 그냥 빼 줘. 그 사람들 만날 때마다 지난번 만났을 때 무슨 얘기를 했는지 기억이 나지 않아서 좀 불편했거든. 아니면 로프의 직업이 뭔지 몰라서, 또는 그에 대해 전혀 몰라서 그렇기도 하고. 그러다가 그 친구가 나에 관한 내용을 기억해내면 내가 나쁜 친구처럼 보이잖아."

아네트는 한숨을 내쉬었다. "자기는 나쁜 친구 맞아. 우린 그 사람들과 일 년이나 알고 지냈는데! 로프는 노동청에서 일하잖아."

"그래, 무슨 관공서에 일하는 줄은 알았어. 어쨌거나 난 그 친구들하고 잘 섞이지 않는 것 같아."

순간 눈동자가 돌아갔다. 물론 내 눈은 아니었다. "이런, 아니야. 그 친구들에게도 이메일 절교 양식을 보낼 거야? 난 그들이 마음에 들어. 자라는 정말 웃기잖아."

"자기는 나갔다 와. 그냥 난 바쁘다고 해줘."

"뭐가 바빠? 스팸메일 보내는 웹사이트 만드느라? 구글에서 자기 이름 검색하느라 바쁘다고 해? 뭐든 책임져야 할 것 같으면 도망을 다니느라 바빠? 쉽게 빠져나가는 방법들만 찾느라고? 댄에게 결혼식 참석한다고 답장은 보냈어?"

"가고 싶지 않아."

나는 눈길을 피하며 말했다. 댄과 나는 학교 다닐 때 십 년 동안 가장 친한 친구였다. 그는 지금도 내 고향인 영국의 작은 마을 셋퍼드에 살고 있다.

"난 가고 싶어! 재밌을 것 같아. 우리가 사귄 지 육 년이나 되었는데 내가 셋퍼드에 한 번도 가보지 못했다는 게 이상하다고 생각하지 않아?"

육 년이라, 젠장. 소파 위에 누워 있으면 왜 그렇게 시간이 잘 가는지. "우리 거기 가본 적 있어. 과장하지 마."

"그래, 자기 할머니 모시러 들렀다가 차를 타고 곧바로 떠났지. 그게 전부야."

"내 말 믿어. 우리 고향 마을은 그걸로 충분한 곳이야."

아네트의 목소리가 커졌다. "자기는 너무 틀에 박혀서만 사는 것 같아. 집에 앉아서 초콜릿 먹고 다큐멘터리 보는 게 전부잖아. 처음에는 아무 일도 하지 않는 게 왜 재미있는지 알겠었어. 그리고 자기 없이도 웹사이트가 돌아가는 건 지금도 신기해. 하지만 이제 충분하지 않아?" 아네트의 입꼬리가 뒤틀렸다. "다시 세상에 나가 뭔갈 해보고 싶은 생각이 없어?"

이 말은 내가 들은 최악의 아이디어임이 거의 확실했다.

나는 입을 삐쭉 내밀고 대답했다. "나도 세상 속에서 살고 있어. 가끔은."

"그렇지 않아. 자기는 그냥 같은 자리에 앉아서 나랑 다른 거의 모든 것을 당연하게 여기고 있어. 난 오늘 밤 친구들을 만날 거고 자기가 혼자만의 행성에서 나와서 함께 가줬으면 좋겠어. 괜찮지?"

나는 어깨를 으쓱하고 근처의 또 다른 행성인 노트북에 진심으로 관심을 가져볼 좋은 순간이라고 결정했다. 아네트는 혀를 차고 녹색 헤드폰을 머리에 쓰더니 자신의 노트북 속으로 빠져들었다. 아네트와 노트북은 서로 만난 지 얼마 되지 않아 여전히 관계가 열기를 띠고 있었다.

한 시간 뒤 아네트는 다시 시도했다.

"자기 안 나갈 거지?"

나는 거절의 뜻으로 고개를 저었다. 아네트는 아무 말 없이 일어서서 신발을 신고 문을 쾅, 닫고는 나가버렸다. 나는 나의 사랑하는 소파 위에 그대로 남았다. 오늘은 정말로 전구를 갈려는 마음이었는데 어긋나버리고 말았다. 나는 구글 사이트에 가볍게 내 이름을 검색하면서 마음의 위안을 얻었다.

괜찮을 것이다. 우리는 내일 이스탄불로 떠나니까(아네

트의 제안이었다). 그곳에 가기만 하면 우리는 느긋하고 멋진 '우리만의 시간'을 많이 가질 수 있다. 나는 이스탄불에도 소파가 있었으면 좋겠다고 생각했다.

03

이스탄불에서 베를린으로

"〈먹고 기도하고 사랑하라〉처럼 끝날까 봐 무섭네."

비행기에서, 낙오자, 〈먹고 기도하고 사랑하라〉

이스탄불에서 베를린으로 돌아오는 비행기에 앉아 있는 동안 나는 기분이 묘했다. 나는 내가 아니라 자신을 괴롭히는 유령 같았다. 숨 쉬는 일조차 그렇게나 힘들었는데, 놀랍게도 이스탄불을 떠나는 일이 슬펐다. 엉뚱하게 매력적이고 카리스마를 풍기는 도시였다. 아시아와 유럽, 전통과 현대, 성급함과 평온함이 최적으로 뒤섞인 유혹의 도시.

이스탄불에 머무는 마지막 기간에 시위의 강도는 약해졌지만, 차이는 크지 않았다. 안전하다고 느낄 때는 게지 공원에서 시위대와 함께 앉아 있기도 했다. 열흘 동안의 시위에서 팔천 명 이상이 다쳤고 사천구백여 명이 체포되었고 다섯 명이 사망했다. 십오 만 개의 최루탄이 사용되었다. 그 가운데 한 개도 기념품으로 챙기지 않았다. 우리는 아다를 몇 번 만났다. 그녀의 친구 가운데 몇 명은 얻어맞거나 체포되거나 얻어맞고 체포되었는데, 그녀와 그녀의 여자친구는 간신히 그런 상황에서 벗어났다.

멋진 여행이었고, 이는 시위대의 에너지 덕분이었다. 우리는 자신이 믿는 걸 위해 일어서는, 자신의 생각이 조국을 더 좋게 만들 수 있다고 생각하는 흥미로운 사람들을 많이 만났다. 우리는 사소한 방법으로 그들에게 동참했다.

기분이 좋았다.

아네트는 통로 쪽 자리에 앉아 노트북으로 뭔가를 보고 있었다. 나는 그녀의 팔을 두드렸다. 그녀는 마지못해 헤드폰을 벗었다. "뭔데?" 심장이 빨리 뛰기 시작했다.

"왜 그러시는데?"

"저기…… 자기가 볼 때 나는 좋은 사람이야?"

아네트는 얼굴을 찌푸렸다. "그건 또 무슨 질문이야? 좋다는 게 무슨 뜻인데?"

"그게, 이스탄불에서 벌어졌던 일이 날 생각하게 했어. 만일 어떤 힘센 분이 내려온다면, 그러니까 일종의 업보를 정산하는 날이 온다면……."

아네트는 눈을 굴렸다. "줄거리에 대단히 정성을 들이셨군, 그래."

"금방은 아니지만 만일 그런 상황이 벌어진다면, 자기가 볼 때 나는 평균보다는 좀 나은 인간일까?"

아네트의 찡그린 얼굴은 내 질문에 짜증이 났다는 걸 보여주었다. 이건 아네트라면 할 만한 질문이 아니었다. 의미도 없고 대답할 수도 없는 데다, 그녀는 완벽한 실용주의의 영역에 살고 있기 때문이다. 우리의 아파트는 아네트가 신발, 배터리, 수건, 전구를 정리하기 위해 만들어낸 지침이 적힌 포스트잇으로 뒤덮여 있다. 아네트는 심지어 껌 한 통 사는 일까지 포함해 모든 금전 거래를 기록해 '주 가계부'라는 엑셀 파일에 정리해두었다. 얼마나 자세하게 정리했는지 슬쩍 들여다보기만 해도 편두통이 몰려왔다.

아네트는 내가 던진 의미 없고 대답할 수 없는 질문에 관해 깊이 생각했다. "자기는 봉사도 안 하고 기부도 안 하고, 선거도 내가 모든 걸 정리해주고 누구에게 투표할지 알려줘야 하잖아. 당신 어머니를 5유로만 받고도 팔아버릴 사람이고. 인류의 보편성에 근거해볼 때 나라면 당신이 미틀로이퍼*Mitläufer*에 상당히 가깝다고 하겠어. *미틀로이퍼*를 영어로 뭐라고 하지?"

"별로 알고 싶지 않은데."

아네트는 고개를 기울였다. "*낙오자*라고 할까? *어중이떠*

중이?"

나는 움찔 놀랐다. "이크."

"나의 *미틀로이퍼지*." 아네트는 내 손을 잡으며 덧붙였다. "하지만 어쨌거나 *미틀로이퍼야*."

안전벨트를 단단히 조이라는 표시등이 켜졌다. 나는 안전벨트를 조이지 않았다. 이미 안전벨트를 매고 있었다. 이제 새로운 나를 위한 시간이었다. 더 나은 나. 나는 의자에 앉은 채 몸을 똑바로 세우고 아네트의 얼굴을 바로 보면서 말했다. "난 이제 *미틀로이퍼* 생활을 끝내려고. 그럴 생각이야. 음, 사실은 잘 모르겠어. 웩."

어쩌면 시작이 될 수도 있었다. 너무 이른 끝맺음일 수도 있고. 나는 다시 좌석에 몸을 기대고 앉았다.

아네트는 안경을 고쳐 썼다. "그런 엉뚱한 얘기나 하자고 날 방해한 거야?"

"그래, 그런 것 같네." 그녀는 이내 무관심해졌다. 아네트는 다시 고개를 노트북 화면으로 돌렸다. 내가 모든 언어 가운데 가장 싫어하는 말을 빨리 입 밖에 내뱉지 못하는 바람에 아네트는 관심을 잃어가고 있었다.

"자기 말이 맞아……." 이런 말을 하는 건 정말 싫었지만 아네트가 옳았다. "나는 틀에 박혀 살아왔어. 내 삶은 너무 쉽고 편안해. 이번 여행은 완벽하고 깔끔하지는 않았지만 뭔가 날것 그대로 만들어지거나 파괴되는 과정을 살짝 목격했어. 그게 뭐였는지는 아직 확실히 모르겠어. 하지만 이번 여행이 엉망이고 현실적이고 불확실하고 위태로웠다고 확신해. 지금이 돼서야 어떤 느낌이었는지 기억나고 그런 걸 좀 더 느껴보고 싶은 것 같아."

"오, 맙소사." 아네트는 두 눈을 가렸다. "결국 〈먹고 기도하고 사랑하라〉 영화처럼 끝날까 봐 무섭네. 자기 자신을 찾고 싶다는 거야?"

나는 어깨를 으쓱했다. "모르겠어. 그럴 수도. 그냥 세상에서 다른 여행자들이 무시하는 장소에 가서 헤매는 거야. 좀 더 내 의문에 접근할 수 있겠지. 자기가 11월에 계획해둔 이탈리아 여행을 얼마나 기다리고 있는지 알지만,"

아네트는 자신의 입술을 손가락으로 두드렸다. "자기는 이탈리아 여행을 취소하고 어딘가 더 도전 의식을 불러일으키는 곳에 가고 싶은 거야?"

"그렇게 해도 괜찮겠어?"

아네트의 눈이 커졌다. "그럼 좋지! 틀에 박힌 생활에서 빠져나가 봅시다, 선생님. 그리고 난 우리가 다음에 어디로 가야 할지 알 것 같아."

04

중국

"끔찍한 곳이네. 사람 잡겠어."

음력 설날, 존 왕과 함께한 끝없는 버스 여행

"*처쑤어, 처쑤어, 처쑤어.*(厕所, 화장실, 원 발음은 처쒀-옮긴이)" 아네트는 야간버스에 올라타는 세 개의 계단 앞에서 새로 산 겨울옷에 묻은 눈을 떨어내며 연습했다.

"*처쑤?* 또 화장실에 가고 싶다는 건 아니겠지?" 그녀를 따라 버스 통로를 걸으며 우리가 누울 자리를 찾던 내가 말했다. "방금 화장실에 다녀왔잖아."

아네트는 가방을 대충 아래층 침상에 차 넣었다. "날 과소평가하지 마."

우리는 탕커우라는 작은 마을에서 출발해 열네 시간 동안 거대 도시 우한으로 가는 야간버스에 막 올라탄 참이었다. 밤에 오래 버스를 타는 게 즐거워서 이 버스의 티켓을 산 것이 아니고, 그렇다고 우한이라는 공업 도시에 가고 싶은 마음이 있었던 것도 아니고, 단지 중국의 음력 설날과 오십 년 만에 찾아온 최악의 날씨가 만나면서 달리 시안 쪽으로 움직일 방법이 없었기 때문이었다. 시안에 가면 수천 명의 테라코타 전사들이 거대한 격납고 안에 서서 우리를 기다리고 있었다. 우리는 정말 시안에 가고 싶었다.

"변하고 싶어?" 아네트는 겨우 한 달 전에 베를린에 있는 공원을 함께 걷다가 말했다. *"투쟁을 원하는군. 자, 내가 투쟁할 거리를 줄게. 내가 자기한테 변화를 줄 거야. 십억 명의 사람이 줄 변화. 우린 중국에 가야 해."*

나는 신음을 냈다. "중국? 너무 깊게 가는 느낌인데. 나라를 기준으로 우선 그냥 얕은 곳에서 좀 철벅거리면 안 될까? 캐나다? 칠레?"

아네트는 한 걸음 펄쩍 건너뛰었다. "저어어얼대 안 돼. 자기는 얕은 곳에서 너무 오래 있었다네, 친구."

삼십 대 초반에 닥친 내 인생의 위기에 관한 그녀의 말이 옳다고 인정한 것은 그녀를 더 자극했을 뿐이었다. 나는 프로젝트의 대상이 되었다. 인간 궁극의 망상은 자신의 배우자를 바꿀 수 있다는 생각이다. 내가 그 망상을 다시 일깨우고 만 것이다. 어쩌면 더 놀라운 일은 그녀의 생각에 나도 유혹당했다는 사실이다. 중국의 설날이라고 하면 불꽃놀이를 구경하고 종이로 만든 용 아래서 춤추고 애국주의를 온화하게 드러내는 모습을 즐기면서 마오타이주를 마실 거라고 상상했다. 그 대신 우리는 적절치 못한 옷차림에 문화적으로 문외한인 상태로 영하의 기온 가운데 지구상에서 가장 대규모인 명절 이동 행렬 속에 실제로 뛰어들게 되었다. 중국의 설날 연휴에는 칠 억 명이 고향을 찾아 이동한다.

올해는 우리까지 칠 억 하고도 두 명이었다.

탕커우에서 우리는 눈보라 속에서 산에 올랐다. 눈보라 속에서 산에 오르기 전이었다면, 나는 그런 일이 불가능하다고 말했을 것이다. 간신히 눈보라 속에서 살아 돌아와서 보니 이제는 그냥 추천하지 않을 정도라고 말하겠다.

버스에는 금속 이 층 침상이 세 줄로 설치되어 있었다. 침상은 승객 몸에 맞는 적당한 크기지만 기준은 중국인들에게 맞춰져 있었다. 내게는 맞지 않았다. 내가 밤을 보낼 집을 보는 것만으로도 몸에 경련이 일었다. 왼쪽 줄 아래층 침상으로 13번 좌석이었다. 13번은 좋은 징조일 것이 틀림없었다. 내 자리 오른쪽에 있는 창문 밖에서 이제는 친숙해진 눈보라가 보였다. 전체 가시거리는 오 센티미터에 불과했다. 내 자리에 올라가 태아 자세와 비행기 비상 착륙 자세를 섞은 창의적 자세를 취했다.

갑자기 목구멍에서 울리는 "크으흡!" 소리가 아네트의 새로운 집, 그러니까 내 옆자리 가운뎃줄 위층에서 들렸다.

"으웩." 아네트는 통로로 고개를 빼고 위층에 있는 나이 든 중국인을 바라보았다. 추측하기에는 사내가 가래와 함께 내뱉기 위해 콧물을 몸속 깊이 들이마시는 소리였는데, 사내는 작은 쇼핑백에 침을 탁, 뱉었다. 그는 쇼핑백을 침상 구석에 걸어두었다. 그건 침 뱉는 가방이었다.

"중국은 역겨워." 아네트는 내게 등을 돌리며 말했다. 중국에서는 '삼키느니 뱉는 게 낫다'는 믿음이 있는데, 그러니 일부러 침을 뱉거나 트림을 하거나 방귀를 뀌는 일이 전혀 아무렇지도 않다. 우리는 서양의 '배출하느니 참는 게 낫다'는 철학을 포기하려고 무척 애썼지만, 쉽게 바꿀 수가 없었다. 위층 사내의 가래보다도 훨씬 더 질겼다.

열네 시간을 가야 한다. 나는 머리를 베개에 얹고 담배 냄새를 무시하려 애쓰며 눈을 감고 잠을 청했다. 다시 체액이 몸에서 탈출하는 커다란 소리가 나는 바람에 나는 갑자기 제정신을 차렸다. "이봐요!" 아네트가 소리 질렀다. 그녀는 반듯하게 누워 위층 침상을 발로 차고 있었다.

"무슨 일이야?"

"이 사람이…… 으, 우웩." 아네트의 귀에서 김이 나오는 것 같았다. 사내가 아래층에 누운 아네트를 내려다보았다. "당신, 흘렸잖아!" 아네트는 사내의 침 뱉는 가방 한쪽에서 흘러내린 가래가 침상 끝을 타고 그녀의 침대로 떨어지는 모습을 가리켰다. 사내는 치아가 거의 다 빠진 모습으로 씩 웃으면서 침 뱉기 가방을 정돈하더니 다시 누워버렸다.

"여기 있는 거 끔찍해." 아네트가 말했다. "역겨워. 날씨는 끔찍해. 우리가 시도했던 건 모두 실패했어. 자기라도 그 과정에서 뭐든 얻었으면 좋겠어. 난 그렇지 못하니까."

"그래. 난 뭔가 얻었다고 생각해." 나는 전혀 다른 의견을 말하는 위험을 감수할 정도로 용감해질 수 없었다. 나는 끔찍하지 않았다. 생생하고 분주하고 이상하고 흥미진진했다. 매일 도전해야 할 일이 가득했다. 하지만 날씨는 가차 없이 암울했다. 그 점에서는 아네트와 의견이 같았다.

한 시간의 여행이 지나갔다. 열세 시간이 남았다.

버스의 앞쪽에서는 승무원들이 큰 소리로 이야기하고 있었다. 버스에는 모두 네 명의 승무원이 타고 있었다. 버스인데 왜 승무원이 네 명이나 있는지 이해할 수가 없었다. 아마도 중국에서는 양동이 하나를 들어도 셋이 함께해야 한다고 생각하기 때문일 터였다. 중국에는 모든 문제를 해결하는 만병통치법이 있는 것 같은데, 나는 그걸 *문제가 해결될 때까지 인력을 투입하는 것*이라고 요약하고 싶다. 창문 밖은 두껍고 푹신한 하얀색 담요가 뒤덮고 있었다.

나는 다시 눈을 감았다.

한 시간 뒤 나는 여전히 잠들지 못하고 있었고, 우리는 그 자리에 그대로 있었다. 나는 침상에서 내려와 버스의 앞쪽으로 느긋하게 걸어가며 나의 거대하고 비실용적인 유럽인의 두 다리를 뻗어보았다. 차창 밖에서 쏟아지는 눈발 너머로 전자식 도로 표지판에 커다란 엑스 자가 번쩍거리는 모습이 보였다. 표지판 뒤에는 차단기가 보였고, 아래로 내려와 있었다. 전통적으로 말해 차단기가 내려와 있는 모습을 바랄 사람은 없다. 차단기가 그런 모습일 때는 재미가 없기 때문이다.

다가가며 들으니 승무원들은 토론에 푹 빠져 있었다. 대장은 당연히 운전석에 앉은 사내였다. 사내는 헝클어지고 숱 많은 머리칼을 한쪽 가르마를 타서 비틀즈 멤버처럼 앞쪽으로 가지런히 빗어 내린 모습이었다. 그의 탄탄하고 유연한 몸은 칭찬받을 만큼 훌륭했고, 색이 바랜 청바지(오래 입어서 바랜 것이지 변덕스러운 유행에 맞춰 입은 것이 아니다)를 붙잡고 있는 허리띠에는 커다란 금속 버클이 달려 있었다. 그는 말하는 중간에 마치 풀을 씹는 소처럼 뭔가를 씹었다. 그의 눈빛은 수천 년 동안 채굴한 강철 같았다. 기사는 내게 중국인 버전 존 웨인을 떠올리게 했다. 아니, 존 왕이라고 해야겠지. 내가 다가가자 승무원들은 마치 내가 무슨 말이라도 할 것처럼 내게 고개를 돌렸다. 하지만 나는 말할 생각이 없었다. 왜냐하면 서로 말이 통하지 않기 때문에 말을 걸 수가 없었다. 그들 두 사람 사이에 작은 위스키 병이 오갔다. 나는 멍하니 바라보았다. 그들도 나를 바라보더니 고개를 돌리고 다시 자기들끼리 대화에 열중했다.

나는 다시 느긋하게 걸어 자리로 돌아왔다. 존 왕이 말하는 걸 상상했다. *제군, 상황이 심각하다. 다리는 폐쇄되었고 오늘 밤 우리 버스에는 서양인 둘이 타고 있다. 한 사람은 영국에서 왔다. 영국이라는 나라는 크기가 커다란 멜론 정도 된다. 저 친구가 가장 오래 여행한 경험이라고는 십이 분 동안 작은 섬나라 전체를 한 바퀴 돌았을 때일 것이다. 우리가 만일 예정대로 우한에 도착하지 못하면 저 친구가 여행의 피로감으로 죽을까 봐 걱정이다. 계획을 세워야 한다.*

어쩌면 이렇게 말하고 있을 수도 있다. *제군, 상황이 심각하다. 남은 위스키가 심각하게 적은 양이다. 다리는 폐*

쇄되었고 난 도대체 우리가 어디 처박혀 있는 건지, 그래서 어딜 가야 술을 살 수 있는 건지 도무지 알 수가 없다.

우리는 첫날 밤을 멈춰 선 버스에서 보냈다. 그날 밤은 길었고, 일 초 일 초가 저주받은 것처럼 그 열 배로 느껴졌다. 폐쇄된 다리는 열릴 기미가 보이지 않았다. 우리는 폐쇄된 다리 앞에서 머물렀다. 창밖에서 엑스 자는 계속 번쩍거렸다. 하늘에서는 끊임없이 얼어붙은 물방울 덩어리를 뿌려댔다. 밤은 장렬히 싸웠지만 결국 이길 수 없는 적인 아침에 항복하고 말았다. 창밖에는 여전히 내리는 눈밖에 보이지 않았다. 중국에 사람이 너무 많이 산다는 건 누구나 아는 사실이다. 실상 중국 대부분의 지역은 달만큼 척박한 땅이다. 도시는 사람으로 넘쳐나고, 그런 이유로 중국은 아직 필요하지도 않은 도시들을 세우고 있다. 예비 도시들, 준비 중인 도시들, 보너스 도시들이다. 텅 빈 집들로 가득 찬 도시들. 육천사백만 호의 주택이 완벽하게 비어 있다. 그런데도 도시 외곽을 벗어나면 어마어마한 공간이 아직 남아 있다.

열 시간이 지났다.

나는 화난 팔다리에게 사과했다. 팔다리가 모여 회의를 하더니 날 쫓아내겠다며 위협했다. 등의 발언이 특히 과격했다. 너무 작은 침상 속에서 비참한 시간을 보내고 있는 등은 변화를 원했다. 시간은 흘러 정오를 향하기 시작했다. 아네트와 나는 버스를 타고 열네 시간만 이동하면서 밤을 보내면 될 것으로 예상했고, 준비해야 할 음식이라고 생각한 건 그저 오백 밀리리터 물 한 병과 크루아상 빵 두 개가 전부였다. 빵 한 개를 아침으로 나눠 먹는 사이 우리의 대담한 지도자는 과감하게 행동했다. 그는 시동을 걸더니 뒤로 돌아서 갓길을 타고 기다리고 있는 차량들을 미친 것처럼 지나 다리에서 멀어졌다.

"빌어먹을, 이제야 움직이는군!" 아네트는 침상에서 일어나 앉으며 말했다. 우리는 통로를 사이에 두고 하이파이브를 했다.

크헙, 퉤.

아네트의 위층 이웃께서 또 침을 뱉어냈다. 아네트는 사내를 향해 으르렁거렸다. 사내의 침 뱉는 가방은 밤새 제법 차 있었다.

열다섯 시간이 지났다.

오후 두 시, 버스는 다시 멈춰 섰다. 내 자리 창문으로 멀리 이십 미터 정도가 보였는데 오두막 두 채가 보였다.

"우한이 모습을 드러내는군." 내가 말했다. 아네트는 침상에서 내려와 신발을 찾았다. "휴게소 화장실 갈 시간인 것 같은데."

우리는 '폐쇄된 다리 호텔'에서 첫날 밤을 보내는 동안 비공식적인 화장실을 사용했다. 사람들은 언제든 버스에서 내려 길가에서 볼일을 보았다. 프라이버시가 보장되지 않았지만 이 나라에서 프라이버시는 블록체인이나 힉스 보손(입자물리학의 표준 모형이 제시하는 입자 중 하나-옮긴이)처럼 상당히 기발한 개념이다.

버스에서 내린 우리는 얼굴에 얼음처럼 찬 바람을 맞으며 오두막으로 향했다. 오랜만에 프라이버시를 지키며 소변을 볼 생각에 기대가 되었다. 화장실에 가까이 가서 보니 출입문이 보이지 않았다. 그냥 나무판자로 얼기설기 세워 둔 벽이 있고 흙바닥에 커다란 구덩이를 파놓은 모습이었다. 마피아 영화에서 경찰에 밀고한 조직원을 파묻으려고 판 구덩이처럼 보였다.

내 앞에 섰던 사람이 구덩이 앞으로 다가가더니 한가운데에다 대고 소변을 봤다. 기다려야 할지 앞 사람 옆에 서서 함께 일을 봐야 할지 알 수가 없었다. 나는 화장실 입구에서 뒤로 한 걸음 물러났다. 버스 승무원 일부와 승객 몇 명이 따라와 뒤쪽에 서서 왜 내가 문도 없는 입구를 막고 있는지 의아해했다. 그들은 날 옆으로 밀치고 구덩이 주변으로 몰려갔다. 그 뒤에 펼쳐진 광경은 테마파크에서 볼 수 있는 춤추는 분수와 다를 것이 없었다. 다만 액체의 색깔이 다르고 리듬을 느낄 수 없었으며, 추가로 뱉어내는 침이 난무했다. 나는 두려움과 믿을 수 없다는 감정이 뒤섞인 채 구경만 하고 있었다. 정상적인 삶 속에서 우리는 레이저 눈 수술, 크렘브륄레, 이스탄불 같은 걸 만들어냈기에 인류가 고도로 진화했다고 믿게 된다. 그러나 일부 다른 경험(교통체증, 출산 과정, 배고픔)을 통해 문명이라는 것이 실제로는 얼마나 엉성한지 깨닫기도 한다. 그럴 때면 인간이 면도한 원숭이에 불과하다는 걸 알게 된다. 남자 여덟 명이 동시에 구덩이에 오줌을 누는 모습을 지켜보는 일도 그런 경험이었다. 나는 그들이 모두 떠날 때까지 기다렸다가 구덩이 가장자리에 자리를 잡고 섰다. 혼자 혼란스러워하며 살짝 방향 감각을 잃은 채 소변을 보려고 애썼지만, 그제야 물을 제대로 마시지 못해 탈수 증세로 소변을 만들어낼 체액이 남아 있지 않다는 걸 깨달았다.

밖으로 나왔더니 아네트가 웅크리고 앉아 눈밭에 손을 문질러 닦고 있었다.

"그쪽은 어땠어?" 내가 물었다.

아네트는 넋이 나간 것 같았다. "이 이야기는 앞으로 절대 하지 말자."

나도 몸을 숙이고 손을 눈에 문질러 닦았다. "남자 화장실은 그냥 커다란 웅덩이더라고."

아네트는 어깨 너머로 여자 화장실 쪽을 돌아보았다. "소리가 최악이었어." 아네트는 말하지 말자던 다짐은 잊은 채 한숨을 내쉬며 말했다. 이상할 정도로 차분한 목소리였다. 마치 자신의 몸을 나눠 사용하고 있는 다른 누군가에게 막 벌어진 일인 것처럼. "동시에 여러 가지 행동을 하더라고. 몸속에 체액이라고는 남겨두지 않았어. 좋게 생각하자면 이제 난 창피함은 전혀 느끼지 않는 사람이 됐어. 자기만 원한다면 바로 지금 자기 앞에서 쉬를 할 수도 있어." 아네트는 청바지 허리띠를 풀었다. "말씀만 하세요, 형씨. 보여드릴 테니까."

나는 아무 말도 하지 않았다. 우리는 따뜻한 버스 안으로 돌아왔다. 열일곱 시간이 지났다.

"우린 이미 오래전에 도착했어야 해." 각자의 침상으로 다시 들어가며 내가 말했다.

"알아, 나도. 혹시 탕커우로 돌아가고 있는 것 같아?"

나는 어깨를 으쓱했다. 물어볼 사람이 없는 것 같았다.

기가 죽고 화가 난 채로 나는 얼굴까지 담요를 끌어 올렸다. 담요에서 담배 냄새가 너무 심하게 났다. 사람들이 대체로 말하길 중국에서는 공공장소에서 애정 표현이 금지된다고 했지만, 우리는 반항적인 생각이 들었고 그래서 통로를 사이에 두고 서로 손을 잡고 있었다. 이야기는 별로 하지 않았다. 할 얘기가 많지 않았기 때문이다. 우리는 갇혀 있었다. 하지만 함께 갇혀 있었다. 작년에 우리는 스페인의 마요르카섬으로 호화로운 휴가를 갔었다. 상황은 얼마나 빨리 변할 수 있는 건지. 발전이라고 하면 누구나 자동으로 긍정적이라고 생각하기 쉽다. 누구나 발전하고 싶어 한다. 그렇지 않은가? 나를 새로운 상황에 몰아넣고, 이스탄불에서처럼 내가 어떻게 행동해 스스로에게 놀라움을 선사할지 기대하기 마련이다. 어쩌면 우리에게 중국은 너무 많은 변화를 너무 빨리 겪게 한 것 같았다.

두 번째 날이 저물었고, 우리는 줄을 선 채 두 번째 밤을 맞았다. 아마도 전날 밤에 줄 섰던 똑같은 다리 앞인 것 같았다. 전날에는 다리 바로 앞에 있었다. 오늘은 줄의 끝에 붙어 있었다. 우리는 어딘지도 알 수 없는 곳에서 낮을 보낸 것이다. 버스 안 분위기는 차분했다. 어느 날 저녁 버스에 올라탔는데, 다음 날 저녁에 버스에서 아직 내리지 않았다는 사실을 조금이라도 걱정스러워하는 사람은 아무도 없는 것 같았다. 반란은커녕 불만스럽다는 낌새조차 없었다. 어떤 승객도 승무원들의 권위에 도전하지 않았다. 모두가 자신의 침상에 그저 조용히 앉아 있었다.

중국에는 정당이 단 하나뿐이다. 바로 중국 공산당(CCP)이다. 중국 공산당은 중앙선전부를 통해 사람들이 공산당에 대해 어떤 이야기를 하는지 또는 누가 무슨 말을 하는지 세밀하게 통제한다. 다행스럽게도 아네트와 나는 독일에서 그렇게 민감하게 말조심을 하면서 살지 않아도 되며, 우리의 의견이 중요하다고 믿어야 한다는 교육을 받고 자랐다. 정부는 우리에게 고마워해야 한다. 그 반대가 아니라. 영국이나 독일에서 만일 버스가 멈춰 움직이지 않는다면, 반란이 일어나거나 폭동이라고 부를 만한 상황까지 가는 데 스물세 시간 오십오 분이나 참고 있을 리가 없다는 생각이 든다.

두 번째 밤이 찾아왔다.

"얼마나 배고파? 일부터 십까지 점수로 말하면?" 나는 아네트에게 물었다.

"여섯 시간 전에는 배가 고팠어. 그때는 십일 점이었지.

지금은 그냥…… 오 점?"

"나도 같은 느낌이야. 음식을 구할 수 없다는 걸 아는지 내 몸이 먹을 걸 달라고 귀찮게 굴지 않네."

아네트는 몸에 혈액이 순환되도록 다리를 허공에 대고 자전거를 타기 시작했다. "그래, 이상하지 않아? 난 사람이 계속 굶으면 점점 더 배가 고파져서 다른 건 아무것도 생각하지 못하게 되고, 결국 수렵과 채취를 위해 밖으로 뛰쳐나가기라도 할 줄 알았는데."

"집에 있을 때는 오전에 초콜릿을 먹지 않으면 두통이 온다고 생각하곤 했어. 이런 여행은 몸이 생각보다 상황에 훨씬 잘 적응한다는 걸 일깨워주는군. 이렇게 또 뭔가 배우는 거야." 나는 몸의 어느 부위도 움직이지 않은 채 말했다.

아네트는 내가 한 말을 생각해보더니 눈을 가늘게 떴다. 그리고 불만스러운 듯 입을 오므렸다. 그녀는 내게 맞장구를 치고 싶어 했다. 심지어 그러려고 열심히 애쓰기도 했다. "그래……. 그게…… 선택할 수 있다면 난 유연하지 않은 쪽을 택할래. 대신 커피와 케이크를 준다면 말이야."

"이번 여행 후회해?"

아네트는 입술을 깨물었다. "그래. 적어도 지금은 그래. 전체적으로 지금이 좋은 순간은 아닌 것 같지만."

"날 비난하는 거야?"

"당연하지! 그래! 완전히! 우린 이탈리아에 갈 수도 있었어. 그래, 중국에 오자고 했던 건 내 아이디어였어. 하지만 날 위해서가 아니라 자기를 위해서였잖아. 그리고 내가 일 때문에 바빠서 보통 때처럼 미리 알아보지 못했잖아. 안 그랬으면 1월에 중국에 오는 건 아주아주 나쁜 선택이라는 걸 알 수 있었을 텐데. 하지만 지금 누구 책임인지 가리면서 논점을 흐리지는 말자고. 자기 책임이지만. 내가 최근 상상 속에서 자기한테 어떤 짓을 했는지 알고 싶지 않을 거야. 여긴 아주 끔찍해. 살인 나겠어."

"살인은—"

"입 다물어. 때리고 싶어지니까."

나는 창문을 향해 돌아누웠다. 만일 진짜 새로운 내가 있다면, 환불 받아 이 모든 일을 되돌릴 수 있을지도 모른다.

스물네 시간이 지났다.

나는 케밥의 고깃덩어리처럼 몸을 굴리며 두 번째 밤을 보냈다. 내 몸의 어디든 아프지 않은 곳이 있는지 찾느라 애쓰면서, 어떻게 하면 몇 분이라도 소중하고 영광스러운 잠을 잘 수 있는지 알아내느라 애쓰면서. 물을 마시지 못해 혀는 퉁퉁 부었다. 나는 크루아상 반 개를 먹고 물 반 병을 마셨을 뿐이다. 절망감에 외로운 눈물 한 방울이 뺨을 타고 흘러내렸다. 신세가 비참했다. "크으으억 퉤." 아네트의 위쪽 침상에 있는 사내가 말했다.

지난 몇 시간 동안 모두가 했던 말 중에 가장 그럴듯한 말이었다.

다음 날 아침 우리는 승무원들이 모여 수군대는 모습을 포착했다. 눈이 여전히 내리고 있었지만 전날보다는 조금 줄었다. 노란색으로 번쩍거리는 엑스 자 표지판은 여행이라는 스포츠에서 우리의 지속적인 패배를 증명하는 공개 점수판이었다. 존 왕의 눈빛이 미친 사람처럼 번쩍거렸다. 당연했다. '첫날 밤을 다리 앞에서 줄 선 채 보낸 다음 포기하고 종일 차를 달리지만 결국 다시 같은 다리로 돌아오는 작전'을 성공이라고 볼 수는 없으니. 하지만 그가 든 활은 시위가 많이 달려 하프에 가까울 정도였다. 하프를 통해 존 왕은 위대할 정도로 독창적인 곡을 연주할 계획임을 나는 알 수 있었다. 내 앞쪽 침상에서 한 할머니가 격려인지 체념인지 알 수 없는 격렬한 기침을 내뱉었다.

존 왕이 그러고 싶어도 우리는 전날처럼 줄 선 자리에서 빠져나올 수가 없었다. 갓길이 다른 차들로 막혀 있었기 때문에 옴짝달싹할 수 없었다. 우리 뒤에 붙어 서서 기다리는 차량의 행렬은 너무 길게 뻗어 있어 눈으로 다 볼 수조차 없었다. 한 시간이 더 지났다. "빌어먹을." 아네트가 절망감에 침상 끄트머리를 발로 차며 말했다. 뒷말을 덧붙이지도 않았는데, 아마도 힘을 아끼기 위해서인 것 같았다. 나는 베개를 주먹으로 때렸다.

갑자기 찬 바람이 훅 밀려 들어왔다. 버스 앞문이 열린 것이다. 존의 전문가 부하 두 명이 밖에 나가 있었다. *왜지? 뭘? 언제? 움직이고 있어. 저들이 뭔가 하는 거라고!*

승무원 한 명이 우리 버스 앞 차량으로 다가갔다. 그는 운전자에게 조금만 앞으로 붙여달라고 부탁했다. 두 번째 승무원은 우리 오른쪽에 있는 차량에게 가서 앞에 생겨난 공간으로 이동해달라고 부탁했다. 그렇게 해서 우리 오른쪽에 공간이 생겼고 뒤에 있던 차량이 그리로 들어갈 수 있었고, 그 영광스러운 전체 과정이 계속 반복되었다. 그건 정말이지 묘수였다. 존은 진정으로 기쁜 마음으로 운전대를 두드려대면서 천천히 버스를 뒤쪽으로 움직여 폐쇄된 다리에서 멀어지기 시작했다. 차량을 한 대씩 우리 앞으로 보내면서 우리는 뒤로 움직이고 있었다. 오랜 시간 뒤 처음으로 움직이고 있었다. 침울했던 분위기가 살아났다. 사람들은 옆 침상 승객과 떠들기 시작했다. 아네트와 나는 축하하는 의미로 마지막으로 남았던 크루아상 반 조각을 먹고 물 몇 모금을 마셨다. 좋은 시절, 최고의 시간이었다.

서른여섯 시간이 지났다.

버스는 길게 늘어선 차량들 맨 뒤에 가까워졌다. 줄줄이 이어진 자동차들이 다리 통행이 재개되기를 기다리고 있었다. 바보들. 버스 뒤쪽으로 텅 빈 도로가 보였다. 우리는 거의 다 빠져나왔다. 버스는 자유를 향해 도로를 가로질러 방향을 뒤쪽으로 바꾸기 시작했다. 자유의 향기를 거의 느낄 수 있었다. 그 순간 멀리서 반짝이는 파란색 불빛이 빠른 속도로 다가왔다.

아네트는 상황을 좀 더 잘 보기 위해 버스 맨 뒤쪽으로 갔다. "경찰이야."

"빌어먹을." 나는 아네트가 새롭게 익혀 자주 쓰는 말을 흉내 냈다. 경찰차가 차량 행렬 맨 뒤에서 반대쪽 차선으로 머리를 사십오 도 내밀고 있는 우리 버스 뒤쪽으로 다가와 멈췄다. 존이 문을 열고 뛰어내려 경찰관과 이야기를 나누기 시작했다. 경찰관은 차분했고 선글라스를 끼고 있었다. 눈보라 속에서 선글라스나 쓰고 있는 사내의 말에 존이 설득당할 리가 없었다. 이 얼간이는 대체 누구지? 버스 속에서 괴로워하는 인민들을 이해하지 못한단 말인가?

꽉 채워진 서른일곱 시간의 괴로움.

존은 과장된 동작으로 땅바닥에 침을 뱉었다. 그리고 소리를 지르면서 줄지어 선 차들과 버스 그리고 버스의 뒤쪽으로 텅 빈 도로를 향해 팔을 휘저어 보였다. 경찰관은 담배를 피우며 지켜보긴 했지만 꿈쩍도 하지 않았다. 중국 사람들은 일 초에 담배를 오 만 개비 피운다. 엄청난 숫자다. 여러분이 이 문장을 읽는 동안 십 만 개비의 담배가 소비된다. 또 십 만 개비.

경찰관은 고개를 흔들었다. 존은 한 번 더 침을 뱉더니 조심스럽게 버스에 올라타 앞으로 고개를 숙였다. 겨우 몇 분 차에서 내렸다가 올라탔는데, 운전석에 다시 자리를 잡고 앉으며 몸에 쌓인 눈을 털어내는 모습이 마치 오 년은 늙은 것처럼 보였다. 그는 뒤로 차를 돌리는 동작을 멈추고 낙담한 모습으로 운전대를 놀려 다시 기다리는 차들 뒤에 붙어섰다. 이제 우리는 뒤에서도 맨 끝에 있었다.

멀리 떨어진 앞에 커다란 노란색 엑스 자가 계속 번쩍거리고 있었다.

“혹시 물 남았어?” 아네트가 물었다. 둘이 한 모금씩 마시고 나자 물은 완전히 떨어졌다.

그때부터 세 시간 동안 분위기는 침울했다. 우리는 정신적으로 어두운 곳에 떨어졌다. 아네트와 나는 눈을 마주치지 않았다. 서로 할 말도, 할 일도 없었다. 대부분의 시간을 자려고 애썼다. 나는 조용히 속으로 화를 삭였다.

서른여덟 시간이 지났다.

갑자기 몇 자리 떨어진 곳 승객들이 웅성거렸다. 카드놀이를 하던 사람들이 멈췄다. 승무원들이 갑자기 활기를 띠며 움직였다. 그러더니 가장 아름다운 소리가 들렸다. 부르릉, 엔진이 깨어났다. 우리 앞에 없던 공간이 생겼다.

그렇다면?

설마?

그렇지.

우리는 조금씩 앞으로 나아갔다.

그리고 조금 더.

진짜?

그렇지. 다리 위 통행이 재개되었다. 눈발이 멈췄다. 할렐루야. 한 시간이 지나자 버스는 차단기를 지나 다리에 올라섰다. 다리를 건너면서 버스 안에서 커다란 환호성이 울렸다. 나는 다리 아래 얼어붙은 강물을 내려다보았다.

"이제 거의 다 온 걸까?" 나는 감히 물었다.

아네트는 눈을 가늘게 떴다. "몰라. 혹시 그런 건지 생각하고 싶지도 않아."

"혹시 다른 다리 앞에서 줄을 또 서야 한다면, 다리에서 뛰어내릴 거야."

우리는 다리를 건넜다. 건너기 전에 그 앞에서 사십 시간을 기다린 뒤였다. 그 뒤로 몇 시간 동안 우리는 방해받지 않고 달릴 수 있었고, 가끔은 시속 이십 킬로미터 이상으로 움직이기도 했는데 거의 어지럽게 느껴질 정도의 속도였다. 아네트는 가방 밑바닥에 숨어 있던 작은 프링글스 과자통을 발견했다. 우리는 (탄수화물) 복권에 당첨된 사람처럼 축하하며 기뻐했다.

우리는 우한행 표지판을 처음으로 발견했다. 얼마나 가야 하는지 정확히 알 수 없지만, 차로 달려 하루 안에 도착할 수 있는 거리가 분명했다. 버스에 탄 사람 모두가 안도의 한숨을 내쉬었다. 우리는 그동안 짊어지고 있던 스트레스를 내던지고 돌아가며 발로 밟았다.

시작할 때 그랬던 것처럼 아무렇지도 않게 시련은 끝났다. 우리는 우한시의 경계선을 넘었다. 눈앞의 오두막들이 단단하고 높은 콘크리트 건물로 바뀌었다. 좁은 도로는 점점 차선이 많아지더니 팔차선까지 늘었고 가끔 태블릿 컴퓨터와 스마트폰 광고 표지판까지 보였다. 버스는 버스 회사의 로고가 그려진 차고 앞에서 몸을 떨며 멈춰 섰다. 우리는 소지품을 챙기고 버스 앞쪽으로 뛰어나갔다. 운전석 가까이 가자 승무원 한 명이 되돌아가라며 손을 휘저었다.

"왜요?" 내가 말했다. "우리 도착했잖아요? 우한 맞죠?"

승무원 사내는 고개를 흔들고 우리더러 침상으로 돌아가라며 손짓을 했다.

우리 말고는 아무도 자리에서 일어나지 않았다. 아네트의 얼굴에는 실망감과 창백함이 십 대 일의 비율로 섞여 있었다.

"아, 이렇게 오래 기다렸는데." 나는 돌아서면서 말했다. 아네트는 양손으로 얼굴을 덮었다. 우리는 침통하게 통로를 되돌아 걸어서 침상으로 돌아왔다. 나는 운전 중 가벼운 범법 행위로 사형을 선고받은 뒤 풀려났다가 주차장에서 다시 체포되어 감방으로 되돌아온 느낌이었다.

승무원들이 내리더니 타이어를 갈고 눈 속을 뚫고 올 때 도움을 준 무거운 체인을 제거했다. 왜 승객을 먼저 내려주고 타이어를 교체하지 않는지 알 수 없었지만 그들은 설명해주지 않았다.

사십오 분 뒤 작업은 끝났다. 그럼 된 건가? 모험의 끝인가? 하지만 그 순간 갑자기 맞은편 식당에서 작은 강아지 한 마리가 뛰어와 버스 밑으로 들어갔다. 개 주인이 막대기를 휘두르며 뒤따라왔다. 이건 은유임이 분명했다. 버스는 삶이고 막대기는 운명, 우리는 모두 강아지였다.

지저분한 앞치마를 두르고 버스 주위를 빙글빙글 돌면서 막대기로 강아지가 숨은 곳을 찔러대는 사내와 짖어대는 강아지의 모습을 도저히 보고 있을 수가 없었다. 나는 절망하며 침상을 두드리고 발로 찼다. 평소의 내 무관심과 자제력은 깨지고 갈라지고 말았다. 이내 나는 절망의 눈물을 흘리기 시작했다. 지난 몇 년 동안 나는 울어본 적이 없었다. 어디에서 수분이 생겨나 눈물이 나오는지 알 수 없었다. 아네트도 같이 눈물을 흘리기 시작했다. 눈물은 우리도 모르게 어느 순간 극단적으로 공격적이고 분노한 웃음으로 바뀌었다.

여러 가지로 아름다운 순간이었다. 내가 상상하기에 사람들이 여행을 떠나는 이유가 될 만한, 그런 순간이었다. 완벽한 존재의 순간이랄까. 소파에서 넷플릭스를 백 일 동안 본 것보다, 천 번의 지루한 사업상 만남보다, 만 번의 평범한 출근길보다 마음속 극장 무대에서 더 오래 상연될 어떤 순간. 일을 겪는 동안 *자신만의* 이야기 가운데 하나가 되리라는 걸 느낄 수 있는 순간. 내가 자주 듣는 '최고 히트곡' 리스트에 속하게 될 노래. 자신의 정체성의 일부.

내가 눈보라 겪은 얘기 해줬나? 그렇군, 자 앉아봐…….

마흔두 시간이 흘렀다.

타이어 교체를 막 끝낸 존과 나머지 승무원들은 막대기를 휘두르는 미치광이를 물러나게 했다. 그들은 차고 한쪽 구석에 모여 강아지를 어떻게 꺼낼지 전략을 수립했다.

"이런, 이거 끝내주겠네." 아네트가 내 침상으로 건너와 함께 구경하며 말했다.

"저들의 계획이 강아지가 성견이 될 때까지 기다려서 몸을 숨길 수 없어 기어 나오길 기다리는 것이라고 해도 난 놀라지 않을 거야." 내가 말했다.

아네트는 가슴을 내밀며 말했다. "말도 안 돼. 이런 멍청이들이 그렇게 그럴듯한 방법을 생각해낼 리가 없지."

승무원 한 명이 한쪽 구석으로 가더니 상자들 속을 뒤졌다. 그는 천으로 만든 자루 하나와 낚싯대 몇 개를 가져왔다. 그는 자루를 존 왕에게 건네주었다. 승무원들은 버스를 향해 되돌아왔다. 존은 버스의 문 쪽으로 움직였다. 나머지 승무원들은 버스 주위로 흩어져서 낚싯대로 버스 아래를 휘저었다. 그들의 새로운 계획(현재 실패하고 있는 계획과 차이가 없어 보였다)은 낚싯대를 사용해 강아지를 차체 아래 한쪽 구석으로 모는 거였다. 그곳에서 계속 찔러대는 낚싯대를 피할 다른 방법이 없는 상황이 되면 강아지는 자신의 의지로 자루 속으로 들어갈 수밖에 없었다.

존은 몸을 웅크리고 자루를 흔들었다. 다른 승무원들은 낚싯대를 휘둘렀다. 낚싯대가 버스 아래로 들어갈 때마다 강아지는 맹렬하게 짖으며 낚싯대를 물려고 했다. 모르는 사내들이 긴 막대로 찔러대는데 강아지가 모든 상황이 잘 돌아간다고 생각하고 숨은 곳에서 나와 자루 속 어둠으로 들어갈 것 같지는 않았다.

몇 분이 지났다. 존이 일어서더니 얼굴을 덮은 눈을 쓸어냈다.

한 여자가 인도에서 상황을 지켜보고 있었다. 이십 대 중반으로 보였고, 포근해 보이는 두툼한 하얀색 겉옷에 하얀색 방울 모자를 쓰고 빨간 목도리를 둘렀다. 양팔을 앞으로 단단히 팔짱을 끼고 있는 모습이 마치 스스로 껴안으려는 것처럼 보였다. 얼굴에는 강아지를 향한 동정심이 강하게 드러나 보였다. 여자는 사내들에게 핀잔을 주고는 버스에서 물러나게 했다. 그리고 몸을 버스 아래로 숙이고 뭐라고 말했는데, 분명히 *이리 와, 귀여운 아가, 착한 아이지? 작*

고 귀여운 강아지 같으니, 그래 여기 있구나. 라는 말을 중국어로 했을 터였다.

강아지는 곧장 버스 밑에서 뛰어나와 두 팔을 펼친 여자 품에 안겼다. 여자의 손길이 필요했던 것일까? 여자는 강아지를 안고 일어서더니 돌아서서 지저분한 앞치마를 걸친 식당 주인 사내에게 건네주었다. 강아지는 배신당한 것이다. 전형적인 팜므파탈이었다. 불쌍한 강아지는 앞으로 살아 있는 동안 다시는 여자를 신뢰하지 못할 것이다. 오래 살아봐야 이 주일밖에 안 되겠지만. 식당 주인은 강아지의 목 뒤쪽 가죽을 움켜쥐고 마치 지휘봉이라도 되는 것처럼 좌우로 흔들면서 도로를 건너 식당으로 되돌아갔다.

승무원들은 다시 버스에 올랐다. 엔진에 시동이 걸렸다. 새로 갈아 끼운, 체인도 덮지 않은 타이어는 쉽게 굴러갔다. 버스는 다시 움직이기 시작했다. 아네트와 나는 안도감에 서로 얼싸안았다.

우리는 우한시 도심으로 들어갔다. 우리가 봤던 다른 모든 중국 도시와 다를 것이 없었다. 고층에 특징 없는 건물들로 이루어진 미로, 직각에 대한 찬사, 스타일과 내구성이 아닌 실용성과 성급함을 위해 디자인한 것 같은 모습. 네온으로 번쩍거리는 진보라는 약속을 믿고 시골에서의 삶을 버리고 찾아온 수백만 명에게 가능한 한 최대의 시각적 충격을 안겨주는 걸 목적으로 삼은 듯한 모습.

우리는 도시의 중심으로 보이는 곳에 도착했다. 승객 모두가 침상에서 뛰쳐나와 출입구로 향했다.

아네트와 나, 두 사람만 제외하고.

이 버스는 양치기 소년처럼 너무 여러 번 울부짖었다. 뭔가 다른 일이 벌어질 것이 틀림없었다. 버스 밖에서는 막대기와 자루가 기다리고 있을 테고, 우리는 뒷덜미를 붙잡혀 다시 버스의 침상 속에 던져질 것이다.

앞문이 열렸다. 첫 번째 승객이 내렸다. 승무원들이 운전석에서 앞문까지 옆으로 붙어 서서 부스스한 모습으로 버스에서 내리는 승객들과 악수를 했다. 그들에게도 이번 여행은 평범하지 않았던 모양이었다.

"진짜 내리는 건가 봐." 아네트가 말했고, 우리는 소지품을 챙겨서 통로로 뛰어나갔다.

"그럴 리가 없어. 그럴 수는 없잖아. 안 그래?"

존은 내게 손을 내밀었다. 갑자기, 그에게 감사하고 싶은 묘한 충동이 일었다. 마치 내 마음속 뒷문으로 침입한 강도처럼, 불현듯 든 생각이었다. 내가 그에게 감사할 일이 뭐가 있을까? 나는 왜 그런 마음이 드는지 생각해봤다. 새로운 감정이었다. 새로운 감정을 느끼는 건 기분 좋은 일이었다. 애매하고 혼란스러운 감정임에도 분명 좋았다.

이 새롭게 느낀 감정이 어떤 모습인지 정리해보려 애썼다. 만일 베를린에서 지하철역에 도착했는데 다음 열차가 오 분 뒤에 온다는 안내 화면을 봤다면 나는 혀를 차고 발을 구르고 속으로 욕설을 퍼부었을 것이다. 하지만 흥밋거리도 제공되지 않는 상황에서 먹거나 마실 것도 거의 없이 마흔세 시간을 보내면서도 나는 최소한의 불만만 느꼈다. 더 나아가 존은 나에게 많은 걸 가르쳤다. 이제 나는 내가 성냥갑보다 조금 큰 공간에서 잘 수 있다는 것, 빵 반 조각으로 하루를 살 수 있다는 것, 사방에서 뻔히 보이는 구덩이에 오줌을 쌀 수 있다는 것, 집에 있는 부드러운 가구들이 필요 없다는 것, 내가 힘든 일이 생기면 피하거나 숨거나 훌쩍거리지 않고 맞설 수 있다는 걸 알게 되었다.

나는 존의 손을 잡았다. 그의 손은 가죽 같았다. 우리는 악수를 했다. 그를 향해 고개를 끄덕여 보였다. 대단한 인사는 아니었다. 그걸로 충분하기를 바랐다.

버스 밖으로 나온 나는 마지막으로 시계를 보았다.

마흔네 시간이 지났다.

우리는 장사꾼들에게 둘러싸였다. 중국인들은 스스로 사회주의자라고 시대에 뒤떨어진 이야기를 하지만, 이곳에서는 자본주의가 판을 치고 있었다. 관광객을 향해 가격을 외치고 작은 장신구들을 둘러보라며 끝없이 말을 걸었다. 우리는 모든 걸 샀다. 전부 샀다. 물, 과자, 컵라면, 과일. 눈이 허기지고 배 속이 텅 빈 우리는 탐닉했다. 오, 정말 욕심을 잔뜩 채웠다.

내 앞쪽 침상에 있던 키가 작고 늙은 할머니가 절룩거리며 지나갔다. 나무 지팡이를 짚고 허리는 굽어 있었는데, 그녀의 등은 거친 시간과 중력에 닳은 모습이었다. 나는 그녀에게 마흔네 시간은 어땠을지 궁금했다. 이번 경험은 아네트와 내게는 특별한 경험이었다. 그간 모든 상황이 제대로 돌아가는 것에 익숙했기 때문이다. 우리는 모든 일이 쉽고 편하고 믿을 수 있고 안전하기를 기대한다. 우리 삶이 지금까지는 늘 그런 식이었기 때문이다.

거리, 시간, 고생. 모든 게 이곳에서는 다른 규모로 존재했다. 이번 여행이 할머니의 인생에서는 특별할 이유가 없으리라는 생각이 들었다. 지금까지 그녀가 살아온 인생과 비교하면 아무것도 아닐 것이다. 목적지가 어딘지 알 수 없고 내릴 가능성도 없는 정치적 변화라는 이름의 빠르게 달리는 차량 속에 갇힌 채 창밖으로 정신 없고 가차 없는 발전의 경치를 흐릿하게 바라보면서 이미 삼십 년을 보낸 마당에 마흔네 시간에 걸친 약간의 불편함이 뭐가 대단하겠는가? 그동안의 발전에는 옥내 화장실, 초고층 건물, 자동차, 스쿠터가 포함되어 있다. 모든 것이 더 커지고 넓어지고 빨라지더니 더 작아지고 납작해지고 반짝거리고, 주변 농촌을 팩맨처럼 먹어치우는 도시들처럼 혼잡해졌다. 할머니는 자신이 여전히 공산주의 국가에 살고 있다고 생각할까? 마오쩌둥 주석 이후 오랜 시간이 지나고 일부 공식이 수정되고 없던 숫자가 더해지고 공산주의 규칙이 제자리를 찾게 되면서 모든 사람이 동등해야 하는 나라에서 세계에서 불평등 지수가 네 번째로 높은 나라로 바뀌었는데? 그것은 한 사람의 인생에서 너무 많은 변화였다.

우리는 제일 먼저 보이는 서양식 체인 호텔에 체크인했다. 멋져 보일 정도로 일반적인 모습의 호텔이었다. 반짝이는 대리석으로 치장한 로비는 호텔이 우리에게 제공할 고급스러움의 기준을 말해주고 있었다. 구덩이에 오줌을 싸던 시절은 이제 지나간 것이다. 방에 들어간 우리는 무상으로 제공되는 푹신한 실내 가운으로 몸을 감싸고 룸서비스를 시키고 물을 꿀꺽거리며 마셨다. 화장실에는 문이 달려 있었다. 지난 시간의 타락에 거의 죄책감을 느낄 정도였다. 우리는 이제 더는 버스 승객이 아니었다.

샤워 시간의 세계 기록을 새롭게 바꿔놓고 욕실에서 나왔더니 아네트는 침대에 앉아 책을 읽고 있었다. "우리 삼 주 내내 여기 있어야 해?" 그녀가 물었다.

"빨리 집으로 돌아가고 싶어?"

아네트는 책을 무릎에 내려놓았다. "자기는 안 그래? 자기는 지금 재밌어? 왜냐하면 솔직히 난 아니거든. 눈보라가 불고 혼란스럽다가 여행이 엉망이 되고 또 눈보라가 조금 불었잖아. 그런데 이런 소동이 끝나고 나면 나는 다시 일터로 돌아가야 해. 자기는 아니지만. 난 솔직히 이런 상황이 되니까 차라리 일하러 갈 때가 기다려질 정도야."

나는 내가 재밌어 한다고 스스로를 설득하기 위해 잠시 애썼다. "중국에 와서 재미를 찾으려는 건 아닐 거야." 내가 말하면서도 수긍이 되지 않았다.

"그럼 우린 왜 여기 와 있는 거야? 휴가는 재미있으려고 떠나는 거잖아."

"이유는 잊어버려. 우린 지금 여기 있어. 다시 말하지만 자기 생각이었잖아. 자기 생각대로 하자고. 버스 여행보다 더 나쁘기야 하겠어?"

"안 그래야지." 아네트는 다시 책을 집으며 말했다.

우리는 시안에 도착했고, 그곳에서 얼어붙은 도로에서 충돌 사고가 날 뻔할 위기에서 가까스로 벗어났다. 우리가 탄 차는 빙글 돌아서 쇠기둥에 부딪혔다. 우리는 진나라의 첫 황제였던 진시황을 죽은 뒤에 보호하기 위해 만든 병마용을 구경했다. 그건 터무니없고(병마용이 이승까지 따라간다고?), 말이 안 되고(흙으로 구워 만든 인형이 싸울 수가 있나?) 불필요한(이승에서 벌어질 수 있는 가장 끔찍한 상황이 뭘까? 또 죽어?) 생각이었다. 그렇지만 황제 자신이 보자면 칭송받을 만한 열정으로 실행한 거대한(병사 팔천 명의 가치를 가진) 도자기 사업이었다.

그 뒤 짧은 기차 여행을 거쳐(천 킬로미터) 베이징에 도착한 우리는 엄청나게 유명한 장벽에 올라 몽골의 침입에 관해 배웠다. 숨 가쁘게 장벽에 오른 우리는 단지 다른 인간들에게 살육당하거나 노예가 되지 않기 위해 그렇게 광대한 건축물을 만들었음에 믿을 수 없을 정도의 경외감을 느꼈다. 추위는 절대 수그러들지 않았다. 여행은 고된 일이었다. 기차 티켓을 사는 것처럼 간단한 일에도 언어가 통하지 않는 데다 개인 공간에 대한 존중이나 줄서기 문화, 공중도덕에 관한 격차 때문에 가끔은 반나절을 고생하기도 했다.

음식을 선택하는 건 복불복의 연속이었다. 베이징에 도착했을 때 나는 감기에 걸린 신경쇠약 환자 신세였다. 만리장성에서 정신을 잠시 차렸던 것 외에는 모든 시간을 호스텔 방에서 평범한 벽을 쳐다보며 보냈다. 수프를 먹고 화장실에 갈 때만 일어날 수 있었다.

우리는 딱 삼 주 동안 버텼다.

집으로 가는 비행기에서 우리는 좌석 사이 통로를 오가며 다시는 중국의 겨울을 견딜 필요가 없다는 걸 알고 행복해했다. 겨울 뿐만 아니라 중국에 갈 필요가 없다. 뭔가를 후회하는 건 아니었다. 모험, 흥분, 불확실, 투쟁으로 가득 찬 이런 휴가를 더 경험하고 싶었다. 우리는 이상하고 기이하고 다른 걸 원했다. 사실은 내가 이런 것들을 원했고, 아네트는 그런 경험을 내게 주고 싶어 했다. 어쨌든 중국은 그런 것들을 제공했다. 하지만 즐거움은 주지 않았다. 오래 머물면 머물수록 나는 중국에서 중요한 건 즐거움이 아니라는 걸 알 수 있었다. 사람들이 중국에 가는 이유는 언젠가 중국이 세계를 이끄는 나라가 될 것임을 알기 때문이다. 어쩌면 그날은 이미 와 있는 것인지도 모른다. 사람들은 중국이 어떤 종류의 수호자가 될 것인지 보려고 그곳에 간다. 중국의 현재 모습이 미쳐 돌아가고 있으며 스스로 말하는 자신의 모습과 조화를 이루지 못하고 있어서 그곳에 간다. 중국을 방문할 이유는 넘친다. 다만 방문 시기가 1월이어야 할 이유는 전혀 없다.

05

가나, 키시

"고전적 느낌의 재미라면 별 재미는 없네."

녹차의 복음, 가나식 손가락 튕기기 악수, 불타오르는 밀주 공장

"다음에 가보고 싶은 곳이 어딘지 알아." 나는 주방 테이블에 앉아 내가 요리한 파스타를 먹으며 말했다. 아네트는 요리가 '열정이 부족'하다며 말도 안 되는 비판을 했다.

"좋아. 어딘데?"

나는 손바닥을 펼쳐 흔들어 보였다. "아아아프리이이카아아야."

"〈라이온 킹〉 어쩌고 하는 거라면, 우린 끝장이야."

나는 양손을 내렸다.

"아프리카는 정말 넓다고. 혹시 딱히 생각해둔 곳이라도 있어?"

내 눈이 커졌다. "나는⋯⋯ 가나를 생각하고 있어."

"왜 가나야?"

"글쎄, 우선 가나는 아프리카에 있고 우리가 한 번도 가본 적이 없으니까. 가나는 묘한 곳이야. 영어를 사용하고 안전하고 날씨도 좋은데 그 누구도 여행 가기 좋은 곳으로 꼽지 않거든. 그래서 그 이유가 궁금하기도 해."

아네트는 술잔을 들어 올렸다. "그리고 우린 그곳에 아는 사람도 있지."

"바로 그거야."

아는 사람이란 진짜 가나 사람으로 진실되고 덩치가 거대한 자르바라는 사람이었다. 나는 베를린에서 팔라펠(병아리콩을 공 모양으로 빚어 튀긴 중동 음식-옮긴이)을 먹기 위해 그를 한 번 만났다. 나는 가나의 시골에 학교를 지어주는 '퓨처 호프 피플'이라는 자선 단체를 운영하는 사람을 알았는데 그가 자르바와 친구였다.

아네트는 엄청나게 맛있는 파스타를 슬쩍 찔러보기만 했다. 〈론리 플래닛(자유 여행자를 위한 여행 안내 책자-옮긴이)〉을 사야겠네." 아네트는 그렇게 말하며 일어서려고 움직였다. 나는 절반쯤 비운 그녀의 접시를 내려다보았다. "그보다 파스타를 다 먹어야 하지 않을까?"

아네트는 이마를 찡그렸다. "왜 내가 다 먹지 않았다고 생각해?"

중국에서의 실수를 되풀이하고 싶지 않았고, 아네트에게 나도 체계적으로 준비할 수 있다는 걸 증명해 보이고 싶은 마음에 자르바에게 질문을 잔뜩 써서 이메일로 보냈다. 자르바는 질문에는 아무 대답이 없었다.

애덤스에게.

이메일에 매우 감사하지만, 오늘은 접속 상태가 좋지 않으니 내일 대답할게.

자르바.

그 뒤 몇 주 동안 아무 소식이 없었다. 그쪽에서는 내일이라는 말을 좀 폭넓게 생각하는 것 같았다. 나는 나와 자르바 두 명 모두와 친구로 지내는 마누엘에게 자르바의 드문드문 연락하는 태도가 정상적인 거냐고 물었다. 마누엘은 자르바가 가까운 시내까지 삼십 분 걸려서 갔을 때만 인터넷을 사용할 수 있다고 알려주었고, 그럴 때마다 자르바가 이용하는 피시방은 휴대전화 한 대의 핫스팟 기능을 이용해 운영하는 곳이라고 했다. 그 결과 이메일 하나를 열어 보는 데 십오 분이 걸릴 수도 있다고 했다. 그걸 알고 나니 이메일을 보낼 때 좀 더 공들일걸 하는 생각이 들었다.

맞춤법이 엉망인 이메일을 열어 보기 위해 그렇게 긴 시간을 들여야 한다면 정말이지 화나는 일일 테기 때문이다. 내 질문에 대한 답을 받았을 때는 우리가 이미 가나의 수도인 아크라에 도착한 뒤였다.

"자르바?" 나는 베개처럼 숨 막히게 짓누르는 습기를 피해 호스텔의 안마당에서 가장 그늘이 짙은 구석으로 가서 가나에서 새로 산 유심 카드를 시험해보며 말했다.

우렁찬 목소리가 전화기의 작은 스피커를 압도했다. "애더어어엄스?"

"자르바! 우리 해냈어. 아크라에 도착했어!"

"우와, 아주 잘했군. 어때, 마음에 들어?" 자브라는 위엄이 넘치는 말투를 사용했다. 마치 오후 산책을 즐기는 잘 차려입은 어르신이 걸어 나오며 건네는 말처럼 들렸다.

나는 이마에서 흘러내리는 땀방울을 닦아냈다. 겨우 구십 초 전에 샤워를 했는데. 구십 초 뒤에 다시 샤워를 해야겠다. "그게…… 그러니까……." 나는 자주 정전이 된다거나 숨이 막힐 것처럼 덥다는 이야기는 건너뛰었다. *"끝내줘."*

"그렇군, 좋아." 자르바가 말했다. "키시에는 언제 와?"

"이틀 뒤에, 화요일. 그때 가도 괜찮아? 안 그러면 우리가 여기서 좀 더 머물러도……."

"화요일? 아주 좋아. 타코라디로 가는 버스를 타고 기사에게 키시에서 내리고 싶다고 말해. 도착하면 전화하고."

어렵지 않게 들렸다. 그러고 나서 화요일 아침, 우리는 모든 사람이 버스 정류장이라고 말해준 곳에 도착했다. 택시에서 내리자마자 우리는 회오리바람처럼 소용돌이치는 인파에 파묻히고 말았다. 거대하고 열광적인 자본주의의 아수라장이었다. 사람들이 과일과 물, 자동차 부품과 온전한 자동차, 살아 있는 닭과 소고기 덩어리를 팔고 있었다. 타야 할 버스는 보이지 않았다.

"조금 정신이 없네." 내가 아네트에게 말하는 순간 스쿠터 한 대가 내 발 옆을 일 센티미터도 되지 않을 정도로 스치고 지나갔다. 아네트는 발끝으로 서서 휴대전화 선불카드를 팔고 있는 판매대 너머를 보려 애쓰고 있었다. 아마도 아수라장 한가운데 갇힌 채 도움을 요청하는 사람들이 사용하는 전화에 필요한 카드인 모양이었다. 가나의 아수라장에서 이상한 점은 시작과 끝을 분간할 수가 없다는 거였다. 사람들이 갑자기 모래바람처럼 나타나는데 미처 저항할 틈도 없이 왜 그런지 알지도 못한 채, 그 중심에서 방향감각을 잃은 혼란스러운 모습으로 서 있게 된다. 지난 며칠간 우리에겐 이미 여러 번 그런 일이 발생한 터였다.

아네트는 지평선을 살펴보았다. "그래도 뭔가 시스템이 있을 거야, 그렇지?"

아네트의 세상을 보는 눈은 '모든 것이 논리적이고 효율적일 수 있게 노력한다'는 전제를 깔고 있다. 그녀의 이런 믿음이 반대되는 증거로 인해 흠집이 나서는 안 된다.

결국 판단보다는 운으로 버스를 찾아냈다. 버스는 녹슨 자동차 부품을 파는 곳을 지나 꼬챙이에 고기들이 걸려 있는 좁은 골목 끝을 백 미터쯤 지난 곳에서 성경 판매대와 청소 도구 판매대와 입구를 공유하고 있었다.

자꾸 보니 뻔히 보이는 곳이었다.

두 시간이나 기다리고 나서야 우리가 탈 버스의 마지막 좌석이 팔렸고(운행 시간표는 없다) 그제야 떠날 수 있었다. 버스가 천천히 아수라장을 뚫고 움직이기 시작하는 순간 내 옆 통로에 웅크리고 있던 한 사내가 갑자기 활기를 띠기 시작했다. 나는 사내가 우리에게 설교를 늘어놓으리라 생각했다. 그런 광경을 여러 번 봤기 때문이다. 차량에 탄 누군가의 여정에 축복을 내리고 모든 이에게 하나님께서 그들을 사랑한다는 걸 상기시키는 일. 그들은 조건 없이, 프로 보노(법률적으로 무료라는 뜻이지 보노라는 가수와는 상관이 없다), 자발적으로, 자유로운 의지로, 공짜로 이런 일을 한다. 오, *제게 기부하고 싶다고요? 진짜요? 글쎄요, 기대도 안 했고 내가 이런 일을 하는 이유와는 절대 연결이 되지 않지만, 뭐 정 원하신다면 어쩔 수 없죠.*

"안녕하십니까, 신사 숙녀 여러분." 사내는 자신이 버스의 기조연설자 자리를 예약이라도 해놓은 듯 자신감에 차서 말했다. "이건 그-강력한 차입니다, 형제자매님들." 사내의 목소리는 움직이는 차량에서 음료 상품을 판매하기 위해 태어난 사람처럼 확실하고 차분했다. 한 손으로는 머리 위 짐칸 선반을 붙잡고 몸을 앞뒤로 흔들면서 다른 손으로는 포장한 차를 높이 들고 의기양양 흔들어댔다.

"이건 여러분이 드시는 *일반 그-차*와는 다릅니다. 그냥 과일 *그-차*가 아니에요. 전혀 다릅니다. 아주 *그-강력하지요.* 물에 넣고 젓고 *그-꺼냅니다.* 그냥 담가두는 게 아니에요. 안 돼죠! 아주 *그-가응력하니까요.* 신사 숙녀 여러분, 선생님 사모님들. 장점. 이 그-차의 자앙점은 말입니다." 사내는 이 대목에서 극적 효과를 위해 고개를 살짝 숙여 보였다가 하늘을 쳐다보았다.

"와우…… 와아우."

우리는 아크라에서 지내는 동안 전기라는 은총을 아주 가끔 받을 수 있었는데, 그럴 때마다 최대한 TV를 많이 보려고 애썼다. 하지만 매번 충격에 빠질 수밖에 없었다. 하나님TV, 찬양TV, 할렐루야TV. 거의 오십 퍼센트가 종교 채널이었고, 지금 차를 파는 사내와 거의 똑같은 차림의 사내들이 출연하고 있었다. 그들은 장사하듯 선교를 했고 이제 장사를, 심지어 녹차의 복음을 전할 때처럼 모든 물건을 팔 때도 선교하듯 행동했다.

"소화에 아주 좋습니다. 두통에도 좋고, 아주 여러 가지 건강에도 좋고, 정말 좋.습.니.다. 그리고 남성 여러분에게도……. 그 왜…… 좋은 거 아실 겁니다." 사내는 윙크를 했다. "으흠, 넵. 그리고 신사 숙녀 여러분, 항암 효과도 아주 좋.습.니.다!"

이십 분이 지나고, 높은 목소리로 정신없이 판매 활동을 마친 사내는 네 상자를 팔고 차에서 내렸다. 사내가 내리고 나니 여행에 특별함이 없는 것처럼 느껴졌다. 그나마 가장 재미난 일은 창문 밖으로 보이는 가나의 광고판 속 상호를 보며 즐기는 일이었다. 가나에서는 사람들의 종교적 경향이 그들의 모든 행동에 스며들었고, 그래서 상호를 짓는 일 또한 신성함과 헌신이라는 면에서 모두가 서로를 이기려 애쓰고 있었다. '살아계신 구원자 패스트푸드'가 가장 마음에 든 이름이었는데 곧 '예수님 찬양 수산'이 그 자리를 차지했고, 다시 사십오 분 뒤에 나타난 '예수님께 감사 플라스틱 의자'에게 왕관을 넘겨주어야 했다.

네 시간 뒤, 아네트가 내 몸을 쿡 찔렀다.

"기사한테 다시 가서 좀 물어볼래?"

"왜 항상 내가 가야 해?"

"그냥 가."

나는 주먹을 꽉 쥐었다. "자기는 페미니스트처럼 행동해야 하는 거 아냐?"

"'페미니스트처럼'이라뇨. 난 *확실한 페미니스트*야."

"그럼 왜 어떤 일은 당연히 남자인 내가 해야 하는 거지? 이를테면 낯모르는 사람에게 말하기, 밤중에 들리는 수상한 소리 확인하기, 에…… 분리수거 같은 거."

아네트는 손목을 꺾는 시늉을 해 보였다. "자기는 페미니즘이 뭔지 잘 모르는 것 같네. 버스 기사한테 갔을 때 그것도 물어보고 와."

"저기요, 기사님." 나는 기사에게 다가가며 말했다. "좀 여쭤볼게요. 버스가 키시에 도착하면 알려주실 거죠?"

기사게 내게 얼굴을 돌리는 순간 버스는 제법 큰 구덩이에 바퀴가 빠지며 덜컹거렸다. "그럼요. 네. 이제 안 멀어요. 십 분요. 아마도, 네?"

왜 마지막에 물음표가 붙는 건지는 잘 알 수 없었다. "에, 멋지네요. 감사합니다."

기사에게 페미니즘에 관해 물어볼까 잠시 고민했지만, 비좁고 여기저기 패인 도로를 달리는 버스를 좌우로 여러 번 흔들리도록 했던 참이어서 더는 그렇게 만들고 싶지 않았다. 겉으로 보기에 가나는 땅속 두더지들과의 전쟁을 벌이고 있는 것 같았다.

두더지가 이기고 있었다.

통로를 다시 걸어서 내 자리로 향했다. 버스의 서스펜션에 가해진 두더지 군단의 묵직한 공격에 나는 갈색 줄무늬 코듀로이 양복 차림의 늙수그레한 신사의 무릎 위에 주저앉고 말았다.

"십 분쯤 남았대." 나는 헐떡거리며 내 자리에 쓰러지듯 앉아 말했다.

아네트는 휴대전화를 들여다보며 인상을 썼다. "한 시간 전에 마지막으로 물어봤을 때도 그렇게 말했는데."

나는 어깨를 으쓱했다. "가나 사람들은 시간 관념이 그다지 명확하지 않은 것 같아."

결국 키시에 거의 다 왔다는 걸 알려준 사람은 기사가 아니라 옆자리에 앉은 다른 승객(녹차를 샀기에 곧 암에서 해방될 사람)이었다. 우리가 일어서는 걸 본 그는 기사에게 멈춰야 한다고 소리를 질렀고, 기사가 갑자기 브레이크를 밟으며 멈추는 바람에 승객들의 몸이 크게 흔들렸다.

버스에서 내려보니 우리는 주유소 앞에 서 있었다. 마치 버림받고도 눈치 없이 매달리는 전 애인처럼 열기가 우리를 휘감았다. 우리는 근처 나무 그늘에서 숨을 돌렸다. 자르바에게 전화를 걸었다. 자르바 역시 '십 분이면' 우리가 있는 곳에 온다고 말했다.

이십오 분 뒤(가나의 기준으로 보면 훌륭할 정도로 시간을 지킨 셈이다) 독일 힙합 음악을 시끄럽게 뿜어내는 낡은 도요타 한 대가 우리 앞에 나타났다. 운전하는 사람을 금세 알아볼 수 있었다. 우선 형광 노란색의 보루시아 도르트문트 독일 축구팀 유니폼과 모자를 쓰고 있었다. 이 나라에 도르트문트 팬이 몇 명이나 있겠는가? 두 번째로 운전자는 몸집이 어마어마했다. 운전대 뒤에 앉은 모습은 마치 골프 카트에 앉은 코끼리 같았다. 요즘 세상에서는 바보처럼 보이는 모자를 쓰거나 소수자들에 대한 정치적 지지를 드러내는 것처럼, 뭔가 악의 없는 행동을 하는 것만으로도 사람이 '실제보다 커 보인다'는 사실은 나도 알고 있다. 하지만 내가 자르바를 두고 커 보인다고 말할 때는 원래 의미로 커 보인다는 뜻이다. 자르바는 높이 이 미터에 폭 칠 미터짜리 근육 벽과 같았다.

"애덤스!" 자르바는 차에서 튀어나오며 악수를 시도했지만 손을 조작하는 몸통의 근육 때문에 마치 내 팔이 포도라도 되는 것처럼 뭉개려고 레슬링 선수가 달려드는 모양새가 되어버리고 말았다. 그는 이런 애정 어린 공격을 거대한 곰의 그것처럼 보이는 손가락을 서로 튕기며 마무리했다. 그에게서 되돌려 받은 내 팔은 축 처진 채 시장 가치를 잃어버리고 있었다.

"성공했군." 자르바는 돌아서서 아네트를 끌어안으며 말했다. "여행 어땠어?"

아네트는 수년 동안 배운 권투 때문인지 포옹을 조금 더 잘 견뎌내는 것 같았다. "좋았어." 그녀가 말했다.

나는 생기를 불어넣기 위해 팔을 흔들었다. "그런데 버스 기사는 키시가 어딘지 잘 모르는 것 같더라고. 두 시간 내내 십 분만 더 가면 된다고 하면서 말이야."

자르바는 웃었다. 깊고 묵직하고 펑 터지는 듯한 웃음이었다. 땅바닥이 울렸다. 우리가 몸을 숨기고 있는 그늘을 준 나무에서 잎이 몇 개 떨어졌다. 파푸아뉴기니에서 서핑을 즐기는 서퍼들은 평소보다 파도가 거세졌다고 보고했을 테다. "가나 사람들은 시간 관념이 별로 없어. 아마도 너희처럼 시간을 챙겨야 할 필요가 없기 때문이겠지. 여기는 정확성을 따지는 나라가 아니니까."

그의 말을 절제된 표현이라고 말하는 것이야말로 절제된 표현이었다. 우리는 아크라에 있을 때부터 이미 그런 상황을 겪고 있었다. 사람들을 붙잡고 길을 물으면 답을 모르는 건 당연했고, 그들은 질문을 듣고 갑자기 스스로 어디에 있는지 잊어버리는 것처럼 보였다. 사람들은 마치 절벽에서 뛰어 내려가는 만화 속 주인공 같았는데, 아래를 내려다보지 않아야만 계속 달릴 수 있는 것처럼 보였다.

도로를 벗어나 더 좁은 흙길로 접어들자 바닥이 훨씬 울퉁불퉁했다. 기어를 1단으로 내리고 움직이자 차는 신음을 냈는데, 그 소리가 오디오에서 터져 나오는 힙합 음악과 묘하게 어울리는 느낌이었다. 마치 내가 1990년대 초반에 만든 MTV 뮤직비디오 속에 들어와 있는 것 같았다. 자브라는 차를 타고 가며 만나는 모든 사람을 알아보았다. 가짜 바르셀로나 축구팀 유니폼을 입은 키 작은 사내가 뭔가 외치자 자브라는 소리 높여 웃음을 터뜨렸다. 중간에 길이 매우 험해져서 차가 아주 느리게 움직였는데, 움직이는 중에도 열린 창문으로 자브라가 친구와 악수를 할 수 있을 정도였다. 물론 그러자마자 후회할 것이 뻔했다. 이번에도 악수는 손가락 튕기기와 함께 끝났다. 가나인들의 손가락 튕기기 악수였다.

이제 기어를 2단으로 올린 자동차는 조심스럽게 왼쪽으로 방향을 바꿔 키시 시내로 들어섰다. 착한 사람들이라면 키시의 흙길과 이름 없는 도로 그리고 물에 잠긴 축구장(염소들이 센터 서클에 마지막으로 남은 약간의 잔디를 뜯어 먹고 있었다)을 '훼손되지 않은', '시골 풍경' 또는 '그림처럼 아름답다'고 표현할 것이다. 나는 중간 정도로 착한 사람이라서 그냥 '진정한', '가능성이 보이는' 그리고 '존재하는'이라고만 말하겠다.

자동차는 우리가 지금까지 지나쳐온 그 어떤 건물보다 적어도 세 배는 더 커 보이는 벽돌 건물 앞에 멈췄다. "드디어 도착했어, 애덤스." 자브라의 집은 인상적이었다. 그곳은 퓨처 호프 피플의 본부로 사용되었기 때문에 NGO에서 일하는 자원봉사자들이 사용할 예비 공간이 있어야 했다. 우리가 방문했던 기간에는 자브라와 그의 아내인 모니카, 네 명의 아이들 그리고 우리밖에 없었다. 자브라는 트렁크를 열고 짐을 모두 내리고는 전부 한 손에 들었다. 마치 딸기를 담은 광주리라도 되는 것처럼. 모니카는 넓은 베란다에서 우리를 기다리면서 푸푸(커다란 나무 몽둥이로 계속 으깬 얌으로 만든 음식-옮긴이)를 만들고 있었다.

"저기, 앉아요." 모니카는 플라스틱 의자를 가리키며 말했다. "환영해요." 그녀는 부족한 영어 단어 솜씨를 풍성한 감정 표현으로 대신했는데, 한 번도 활짝 웃는 미소가 얼굴에서 사라지는 법이 없었다. 태양을 가릴 수도 있을 것 같은 큰 웃음이었다. 가나에서 큰 것은 아름다움이었다. 크다는 건 부를 상징하며 사용해 없앨 열량을 가지고 있음을 의미하기 때문이다. 푸푸를 기다리는 동안 나는 이국적이거나 도달할 수 없는 것들을 아름답다고 생각하는 인간의 별난 습성을 생각했다. 그래서 유럽인들이 피부를 검게 만들기 위해 인공 선탠을 하고 몸무게를 줄이려고 공원을 뛰며 땀을 흘리는 동안 아시아인들은 하얀 피부색을 위해 얼굴을 가리고 가나 사람들은 몸매를 불리기 위해 닭튀김을 두 배로 먹는다. 스스로 괴롭히는 걸 좋아하는 우리 인간은 여러 면에서 상당히 괴상하다.

베란다에서 잠시 휴식을 취하고 있는데 현관에 교복을 차려입은 작은 인간들이 나타났다. 이들 가족 가운데 나이 많은 아이 세 명이었다. 아들인 나나와 딸인 줄리와 주디스였다. 나나는 아홉 살이었다. 가장 어린 테레사는 겨우 두 살로 이미 우리 발아래서 놀고 있었다. 나나는 모습을 드러내자마자 빗자루를 들고 이미 깔끔한 거실을 부지런히 쓸었다. 나는 나나를 구석으로 몰아넣고 손가락 튕기기 악수를 연습했다. 착한 나나는 내 부족한 기술을 보며 그저 잔뜩 웃어대기만 할 뿐이었다.

"자기는 놀라울 정도로 차분하네." 나는 그날 밤 침대에 오르며 아네트에게 말했다. 십여 개의 날카로운 매트리스 스프링이 등을 찔렀다. "아야."

"왜 그래?"

"아무것도 아니야."

"내가 지금쯤이면 난리를 피울 거로 생각했던 거야?"

"글쎄……. 어쩌면 조금 그랬을지도 몰라. 아니면 적어도 이 집의 주방 서랍을 정리해주던지."

아네트는 몸을 굴려 내 얼굴을 들여다보았다. "내가 무슨 공주님이라도 되는 줄 알아? 이런 곳에서는 살아남지도 못하는? 난 텔레비전만 들여다보는 당신보다는 열정적인 사람이라네, 게으름뱅이 선생님."

"당신이 공주님이라고 생각하지 않아." 나는 침대 스프링과 내 몸 때문에 푹 꺼진 공간에서 몸을 빼내려 애쓰며 말했다. "하지만 집에 있을 때, 인터넷이 끊기기라도 하면 우리 관계는 삼십 분마다 한 번씩 심각한 위험에 빠지곤 하잖아. 여기 와서 우리는 나흘이나 인터넷에 접속하지 못했단 말이야. 거의 먹지도 자지도 씻지도 못했어. 그런데도 여전히 우리는 제법 잘 지내고 있단 말이지."

"무슨 말인지 말아." 아네트가 말했다. "조금 전 화장실에 갔을 때는 문짝이 떨어졌어. 그런 다음 물이 없는 것도 깜박하고는 물을 내렸단 말이야. 다시 침대로 돌아왔는데 너무 어두웠지. 왜냐면 물과 마찬가지로 전기도 없으니까. 그래서 침실 문에 머리를 부딪혔어. 다행히도 떨어져 나가진 않았지만, 문짝 말이야. 별로 짜증이 나지도 않았어. 물론 난 짜증을 잘 내는 사람이지. 베를린에 있을 때 주변 상황이 어떻게 돌아갔으면, 하고 바라는 수준과 좀 다른 것 같아. 그곳에서는 그냥 차분하게 있을 수가 없어. 하지만 이곳 가나에서는 도전 모드로 바뀌는 것 같아."

"이런." 나는 고개를 끄덕였다. "고전적 느낌의 재미라는 면에서는 별로 재미있지가 않네. 즐길 수 있는 느낌 말이야. 한 번 더 하자, 하는 느낌."

"그렇지. 사실 난 이 휴가를 보상받기 위해 다른 휴가가 필요할 수도 있어. 왜냐하면 자기는 통제할 수 없는 취미생활만 하고 있지만 나는 직업을 갖고 있거든."

"그래, 어쩌면 내 일상적인 삶이 요즘 휴가처럼 되어버려서, 휴가를 떠나면 일처럼 느끼고 싶어 하는 것 같아."

다음 날 자르바는 우리를 차에 태워 동네 학교에 데려갔다. "여기 사립이야, 공립이야?" 내가 물었다. 그 순간 자동차가 도로의 파인 구멍에 빠지면서 자브라는 좌석에서 튀어 올라 머리를 자동차 천장에 부딪혔다. 천장은 충격을 느꼈지만 자브라는 느끼지 못했다. "그건 좀 복잡한데, 애덤스. 이론적으로 정부가 교육을 제공해야지. 하지만 예산이 학교까지 도착하는 일은 절대 없어."

"왜 그런데?"

자브라는 어깨를 으쓱했다. "부패는 늘 있어, 애덤스. 우리가 지금 보러 가는 공립학교는 퓨처 호프 피플이 대부분 건설한 거야."

학교는 네 개의 사각형 콘크리트 건물이 운동장을 둘러싼 형태였는데, 그나마 한때 운동장이었던 것으로 보였다. 지금은 운동장이라기보다는 그저 넓은 공간에 불과했다. 전(前) 운동장이라고 할까. 쉬는 시간이었고 약 백여 명의 아이들이 나와 놀고 있었는데, 모두 녹색과 흰색이 섞인 교복을 단정하게 입고 있었다. 각 교실 위쪽에 흰색 페인트로

반 이름이 적혀 있었다.

"자기 이름이 애덤스가 아니라고 말하기는 할 거야?" 아네트는 차에서 내리면서 물었다.

"아니. 이제 와서 그러기도 이상하지. 자기도 날 그냥 애덤스라고 불러 제발, 아네'츠'."

자브라는 우리보다 앞서 성큼성큼 들어갔다. 그의 모습은 금세 멀어졌다. "이제 교장을 만날 수 있도록 해줄게." 그는 말했다. "확신하건대 두 사람 분명히 교장한테 묻고 싶은 게 있겠지."

'확신하건대'라는 말은 다른 인간에게 불확실성을 만들어내는 데 가장 빠르고 절대적인 방법일 것이다. 아네트와 나는 당황해 서로 바라보았다.

교장은 키가 작고 얼굴이 동그란 사내로 검은색의 둥근 안경을 썼다. 대개는 지하에서 사는데 주변을 확인하기 위해 땅 위로 튀어 올랐지만 분위기가 그다지 마음에 들지 않는 듯한 모습이었다. 그는 교장실에서 우리를 열렬히 환영해주었다. 교장실 창문 밖으로 노는 아이들이 보였다. 벽에는 장식용 시계가 걸려 있었다. 공기는 짙은 먼지가 섞여 끈적한 수프 같았다. 커다란 책상 반대편에 교장이 앉았고 책상 양쪽 옆에는 각각 여자 한 명씩이 앉아 있었다. 한 여자는 반짝거리는 은색 셔츠 차림이었는데 옷이 몸에 전혀 맞지 않았다. 다른 여자는 약간 실망한 표정을 짓고 있었다. 교장은 두 여자를 소개하지 않았다. 아네트와 나는 책상 앞에 자리를 잡고 앉았다.

마치 지원하지도 않은 구직 면접장에 앉은 기분이었다. 자르바는 문가에 서 있었는데, 단지 그의 덩치를 가구가 안전하게 받아내는 일이 불가능하기 때문인 것 같았다.

교장은 공손하게 자르바를 바라보았다. "자르바는 이 지역에서 큰 인물입니다." 아하, 또 그놈의 가나식 절제된 표현이로군. 자르바라면 콩나무 꼭대기에 사는 거인이라고 해야지. "위대한 분이죠. 우리 학교의 위대한 친구입니다. 두 분께서도 퓨처 호프 피플에서 오셨나요?"

아네트와 나는 우리가 어디에서 왔는지, 왜 우리가 그곳에서 더는 일하지 않는지 정확하게 알 수가 없어 서로 눈길만 주고받았다. 나는 아네트가 뭔가 말하길 기다렸고 아네트는 내 말을 기다렸다.

"그럼 혹시 자원봉사자이신가요?" 교장이 다시 물었다. 그 말은 우리가 뭐가 아닌지에 대한 모든 불확실성을 증대시키는 작용만 했다.

아네트는 어깨를 으쓱했다. "아뇨, 저희는 그냥 휴가 왔어요."

교장은 양쪽에 앉은 여자 두 사람을 차례로 바라보았다. 두 여자는 교장을 바라보았다. 자르바는 전에 운동장이었던 곳을 내다보았다. 교장은 혼자 껄껄 웃었다. 여자들도 웃었다. 자르바는 실례한다고 말하더니 밖으로 나갔다.

"아마도 질문이 있으신가 보네요?" 교장이 물었다. 나는 아네트를 보았고 그녀는 나를 보았다. 나는 교장을 바라보았다. 그는 나를 바라보았다. 그러더니 양쪽의 여자를 바라보았다. 두 여자는 나를 바라보았다. 나는 아네트를 보았다. 그녀는 나를 보았다.

"질문이요, 그렇죠." 나는 더듬거리며 말했다. "흠…… 흠……." 나는 어떤 종류든 질문을 생각해내려고 애썼다. 사람이 할 수 있는 어떤 일반적인 질문이라도. "뭐가…… 그러니까…… 흠……. 학교에 학생은 *몇 명*이나 되나요?"

훌륭해. 통찰력 넘치고 연관성도 있어. 딱 집어낸 거야.

교장은 전에는 이런 질문을 한 번도 들어본 적 없을 터였다. 교장이 대답했지만 나는 귀를 기울이지 않았다. 다음 질문을 생각하느라 바빴기 때문이다. 다음에 내가 한 질문은 첫 번째 질문만큼이나 훌륭했지만, 비판적인 사람이라면 이전 질문의 학생이라는 단어를 교사로 바꾼 것 빼고는 똑같은 질문이라는 사실을 알아차릴 수 있을지도 몰랐다. 그런 식으로 대여섯 개의 질문을 하고 나자 나는 기력이 다 빠지고 말았다. 발로 아네트를 쿡 찔렀다. 그녀는 모르는 척했다. 다시 아네트를 발로 건드렸다. 그래도 도움이 되지 않았다. 이번에는 그녀의 발 옆쪽을 걷어찼다.

"아야. 자기 왜 자꾸—"

"아네트." 내가 말했다. "자기도 나처럼 질문이 좀 있는 거잖아?"

아네트는 나중에 두고 보자는 무시무시한 눈길을 내게 보내더니 헛기침을 했다. "자르바 말로는 학교 시스템에 부패 문제가 있다고 하던데요?"

교장은 공감하듯 고개를 끄덕였다. 여자들도 고개를 끄덕였다. 교장은 *으흠*, 소리를 냈다. 그가 낸 소리가 실내에 울렸다. "예산이야 충분히 있습니다." 그가 말했다. "넘치도록 있죠! 하지만 우리에게 오기 전에 지방 위원회를 거쳐야 하고 지역 위원회를 통과한 다음 학교 운영 위원회를 통과해야 합니다. 상상하실 수 있겠지만, 너무 손이 많아요. 그래서 안타깝게도 우리는 *두 분 같은* 외부 후원자에게 의존하게 되는 겁니다."

여자 두 명이 고개를 끄덕였다. 한 명은 *으흠*, 소리도 냈다. 매끄럽게 이어지는 작업이었다.

뱃속이 울렁거렸다. 우리가 '외부 후원자'라고? 난 우리가 순진하고 혼란스러운 여행객인 줄 알았는데? 다행스럽게도 자르바가 제시간에 돌아왔고, 우리의 정체와 질문을 둘러싼 위기는 모두 끝났다.

"애덤스, 아네트. 학교 구경 좀 하겠어?" 자르바가 물었다.

"좋은 생각이군요." 교장이 대답했다.

으흠.

교장은 여자 가운데 한 사람에게 가서 안사 부인을 데려오라고 부탁했다. 안사 부인이 즉시 교장실에 나타났다. 그녀 역시 열량 면에서는 상당히 축복받은 몸으로 상반신이 하반신을 압도하는 것처럼 보였고, 마치 무너지는 결혼식 케이크처럼 몸이 앞으로 구부러지고 있었다.

"안녕하세요!" 그녀가 말했다. 질문처럼 해야 할 말이었지만 마치 사실을 열거하는 것처럼 들렸다. 매우 품위가 넘치는 그녀는 손님을 맞이하게 되어 무척 기쁜 것 같았는데, 어쩌면 우리가 학교에서 가르치는 아이들보다 얌전하리라고 생각한 것인지도 몰랐다. 우리는 이미 이곳의 모든 걸 봤다고 확신했기 때문에 정확히 뭘 더 보여준다는 것인지 알 수가 없었다.

안사 부인은 우리를 하급생 반인 기초 1반으로 데려갔다. 작은 나무 책상 뒤에 스무 명의 아이들이 앉아 있었다. 그녀는 우리를 교실 앞쪽 칠판 근처로 데려갔다. 칠판에는 로마자 알파벳이 쓰여 있었다.

"주목!" 순식간에 아이들의 관심이 우리에게 쏠렸다. "여러분, 오늘은 독일에서 특별한 손님들이 오셨어요." *특별 손님*이라. 그 정도 명칭은 참아낼 수 있었다. 적절하게 모호한 표현이었다.

학생들이 모두 일어섰다. 뒷줄에서 의자 한 개가 넘어졌다. "환영합니다. 안녕하세요?" 아이들이 소리쳤다.

아네트와 나는 서로를 보며 부자연스럽게 웃었다. 예상하지 못한 광경이었고, 조금 어색했다. 나는 아네트가 뭔가 말하길 기다렸다. 그녀는 내가 말하길 기다렸다. 우리는 뭔가 시스템을 마련해야 했다. 제대로 정의하지 않았지만, 우리 사이에 나름의 시스템이 있는 것 아닌가 하는 생각이 들었다. 그건 바로 남자가 먼저 말하는 거였다.

"안녕하세요, 여러분." 나는 자신감 넘치는 목소리를 내려 애쓰면서 가나의 어린이들에게 또는 그냥 어린이들에게 또는 보통 사람들에게 평소처럼 말하듯이 말했다.

"우리는……." 나는 침을 꿀꺽 삼켰다. "좋아요. 감사합니다. 그리고, 에…… 모두 잘 지내죠?"

아이들은 조금의 망설임도 없이 소리쳤다. "좋습니다."

그렇게 말하더니 아이들이 다시 앉았다.

그러고는 아무도 말하지 않았다.

그리고 우리는 그냥 서 있었다.

나는 물어볼 것이 없었다.

아네트도 물어볼 것이 없었다.

아이들도 질문이 없었다.

아이들은 우리를 멍하니 바라보았고, 어떤 아이는 옆에 앉은 아이에게 속삭이며 말을 건네기도 했다. 아이들의 선량한 눈빛이 내 몸을 꿰뚫는 기분이었다. 어쩌면 아이들은 전에도 NGO에서 온 서양 사람들을 만나볼 기회가 많았을 것이다. 친절하고 잘 공감해주는 사람들이 아이들을 돕기 위해 여기 와서 이들과 함께 일하며 이 나라를 개선했을 것이다. 나는 그런 사람들 가운데 한 명이 아니었다. 나는 한 구역을 걷기 싫어서 아마존닷컴에서 전구를 사는 사람이다. 나는 음식물 쓰레기가 담긴 비닐봉지를 종종 일반 쓰레기통에 버리는 사람이다. 심지어 나는 대부분의 구호 활동에 의문을 품는 사람이다. 내가 이곳에 온 이유는 내면의 탐구라는 개념을 제대로 정의하지 못했기 때문이다. 나는 착한 사람이 아니다. 아이들도 분명히 그걸 알아볼 수 있으리라 생각했다. 나는 안사 부인을 바라보았다. 그녀는 날 보고 웃었다. 나는 자신의 책상에 앉아 뭔가를 읽고 있는 선생님을 보았다. 그는 고개를 들더니 살짝 고개를 숙여 보이고 다시 책으로 시선을 옮겼다.

우리는 물어볼 것이 없었다.

한참 세월이 흐른 것처럼 느껴졌지만 아마도 삼십 초 정도의 시간이 흐른 뒤에, 아네트는 손으로 출입문 쪽을 가리켰다. 안사 부인은 안도한 듯 고개를 끄덕였다. 우리는 출입구 쪽으로 걸어 나왔다. 까다로워질 수도 있었을 법한 또 한 번의 사회적 상황을 잘 처리해낸 것이다. 나는 이마에 강물처럼 흐르는 땀을 닦으며 예전에 운동장이었던 마른 땅으로 내려섰다. 긴장된 순간이었다. 하지만 이 학교 방문은 금세 지나갈 것이며, 우리는 자르바와 함께 그의 집 베란다에서 마우마우 카드놀이를 하던 때로 돌아갈 수 있을 터였다. 우리는 자동차를 향해 몇 걸음 움직였다. 하지만 안사 부인은 그러지 않았다.

"이쪽입니다." 그녀는 뒤쪽을 가리키며 말했다. "2학년이에요."

누가 2학년 이야기를 한 사람이 있었던가? 하지만 그녀는 이미 두 번째 교실에 한 발을 넣은 상태였다. 무례를 범하지 않고는 빠져나갈 방법이 보이지 않는 것 같았다. 그래서 우리는 2학년 교실로 걸어갔다. 그리고 얼마 지나지 않아 우리는 다시 교실 앞쪽에 서 있었다. "여러분, 독일에서 특별한 손님들이 오셨어요……."

"환영합니다. 안녕하세요?"

"네, 안녕하세요? 잘 지내죠?"

"좋습니다." 한 글자도 다르지 않고 같았다.

그렇게 우리는 또 서 있었다. 침묵이 흘렀다. 질문은 없었다. 스무 명의 아이들이 우리를 바라보고 있었다. 나는 아주 훌륭한 교실이라는 둥 뭔가를 중얼거리고 나서 문으로 향했다. 밖으로 나온 우리는 자동차 쪽으로 몇 걸음 걸었다.

"자, 그럼 3학년으로 가시죠." 안사 부인은 우리를 옆 교실로 안내했다. "교실이 몇 개나 있는 거지?" 아네트가 속삭였다. 건물 바깥쪽에 하얀색 페인트로 너무나 명확하게 쓰여 있어서 쉽게 말할 수 있었다. 교실이 여섯 개나 더 있었다. 거의 압도적인 어색함이었다. 우리는 가짜였다. 가짜 전시품. 이곳에 도움을 주러 오지 않은 사기꾼. 자원봉사자가 아닌 사기꾼. 질문도 없는 사기꾼. 가난한 여행객. 목을 길게 뺀 구경꾼. *미틀로이퍼.* 이어지는 이십오 분 동안 우리는 남은 교실을 돌며 "좋습니다." 합창을 들었다.

우리는 마지막 교실을 벗어나 껑충 뛰어내려 운동장을 다시 가로질러 컴퓨터 센터로 가서 자르바와 합류했다. 그는 센터 베란다에서 한 교사와 이야기하고 있었다.

"구경 끝났어, 자르바." 아네트가 말했다. "모두 잘 있다고 하네."

"좋아, 좋아. 아주 잘했군, 그래."

"그럼……." 아네트는 자동차가 있는 쪽으로 고갯짓을 해 보였다.

"아, 그렇지. 애덤스와 아네트. 아직 해야 할 소소한 일이 남아 있어. 내가 고학년 아이들 몇 명에게 부탁해 두 사람이 마을을 둘러볼 수 있도록 했거든."

소년 두 명이 나타났다. 마치 상황이라는 모자 속에서 갑자기 나타난 토끼 같았다. 아이들이 어디서 솟아난 것인지 도무지 알 수가 없었다. 어쩌면 도로 구덩이 속에서일까?

"착한 아이들이야." 자르바가 말했다. "얘들아, 두 분에게 밀주를 어디서 만드는지 확실히 보여드려."

"얘들은 수업이 없나?" 내가 물었다. 자르바는 어깨를 으쓱했다. 그는 한두 시간이 교육에 크게 영향을 미치리라 생각하지 않는 듯했다. 그는 고개를 돌리고 아이들에게 미소를 지어 보이더니 쿵쿵거리며 자동차로 향했다. 세계의 지진계들이 갑작스러운 지각 활동을 기록했을 테다.

두 소년은 우리를 향해 씩 웃었다. 아이들은 이 학교의 고학년으로 열세 살에서 열네 살 정도로 보였다. "안녕하세요." 한 아이가 열정적으로 악수를 하며 내게 말했다. "제 이름은 코피입니다." 아이는 보기 드물게 부드러운 목소리를 가졌는데, *모든 게 잘 될 거라*는 기운을 강력하게 뿜어냈다. 두 번째 아이는 얼굴이 동그랗고 머리칼에 뭔가를 잔뜩 바른 모습이 특이했다. 이름은 마이클이라고 했다. 아이는 내 손을 더듬거리며 악수를 하려다 실패했다.

"오늘 어떻게 지내고 있어요?" 내가 물었다.

"좋습니다." 두 아이의 대답은 놀랍지 않았다.

"가나에는 무슨 일로 오셨나요?" 코피가 물었다.

"우린 휴가를 왔단다." 아네트가 말했다.

아이들은 웃었다. *"가나로요?"*

새로 만난 보호자들과 함께 우리는 조금 머뭇거리며 학교를 벗어나 다시 마을 쪽으로 향했다. 가능하면 어떻게든 햇볕을 피해 보려고 했지만 방법이 없었다. 얼마 지나지 않아 코피와 마이클의 친구인 학생 세 명이 합류했고 우리는 함께 지저분한 흙길을 따라 마을로 걸어갔다. 아이들은 재미있고 떠들썩했다. 가나 사람들은 장난스럽고 느긋하게 살았다. 그리고 그들은 어디서나 서로 이야기를 나누었다. 달리 정보를 얻을 수 없을 경우 대화는 매우 유용한 방법이다. 그날 하려는 일이 잘 풀리지 않을 때는 유머 감각을 발휘하고 자존심을 죽이는 것이 어쩌면 큰 도움이 될 수도 있다. 국가에 많은 부분을 의지할 수가 없으므로 모든 일은 누군가와의 협상으로 해결해야 한다. 그래서 대화라는 어둠의 마법을 익히는 것이 유용하며 심지어 이득이 되기도 한다. 가나 사람들은 어디서나 앉아 있거나 아무 물건에 기대어 있었고, 점잖게 서로 농담을 나누었다. 삶의 속도는 느렸다. 이렇게 많은 사람이 이렇게 아무것도 안 하면서도 이렇게 정답게 지내는 곳은 한 번도 가본 적이 없었다.

"키시에는 교회가 몇 개나 있나요?" 아네트가 학생들에게 물었다. 이제 아네트가 질문을 다 하네! 아이들은 숫자를 세기 시작했다. 모두가 교회가 아홉 개라는 사실에 동의할 수도 있었지만, 한 명이 죽어도 열 개라고 우겼다. 천오백 명이 사는 마을에 교회가 열 개나? 포장도로도 잔디도 없고 전기도 제대로 공급되지 않는 곳에? 우선순위를 잘못 관리했다는 결론을 내리기 쉬웠다. 우리는 짓고 있는 열 번째 교회 앞을 지나갔다. 그곳을 지나 아이들은 우리를 마을 북쪽의 들판으로 데려갔다. 우리는 덤불 안쪽에 숨겨져 있는 양철 오두막에서 멈춰 섰다. 몸을 숙이고 안으로 들어가니 다섯 명의 사내가 보였다. 세 명은 왼쪽 벽에 붙어서 나란히 앉아 있고, 두 명은 오른쪽 빨간 플라스틱 의자에 앉아 있었다. 그들 뒤, 오두막 안쪽에 커다란 철제 물통이 있었는데 동물에게 여물을 먹일 때 사용하는 여물통 모양이었다. 오두막의 안쪽 절반에는 다양한 드럼통이 보이고, 그 사이를 튜브들이 연결하고 있었다. 내 오른쪽에 있는 드럼통에서 맑은 액체가 여물통으로 떨어지고 있었다.

강한 에탄올 냄새에 눈이 따끔거리고 코가 매웠다. 실내에 있는 모든 사람은 잠들어 있거나 죽은 것 같았다.

"밀주 공장인 모양이군." 내가 말했다.

아네트는 기침으로 동의했다.

코피는 동네 수제 양조 기업인 이곳의 관리자들에게 뭐라고 말을 걸었다.

그들은 깨어나지 않았다.

코피는 다시 더 크게 말했다.

그래도 깨울 수가 없었다.

코피를 소리를 질렀다.

우리 왼쪽에는 의자에 앉은 채 뒤로 몸을 기울이고 앉은 사내가 있었는데, 마침 의자가 오두막 벽에 부딪혔다. 사내가 투덜거렸다. 사내의 얼굴은 이목구비가 세상에서 사라져버리기라도 한 것처럼 평평했다. 사내는 움푹 들어간 눈을 비비더니 일어섰지만 몸이 살짝 흔들렸다. 사내와 코피는 알아들을 수 없는 언어로 몇 마디를 나누었다.

선잠을 깨운 죄책감을 느끼며 나는 긴장한 채 사내를 향해 웃어 보였다. 사내의 퀭한 얼굴과 빨갛게 충혈되어 툭 불거진 눈을 보니 그는 완성된 제품의 맛을 보면서 꿩도 먹고 알도 먹던 중인 것이 분명해 보였는데, 결국 자신이 생산한 물건에 완전히 취해버린 모양이었다.

사내는 뒷주머니에서 꺼낸 헝겊으로 얼굴에 묻은 때를 닦더니 크게 한숨을 내쉬고는 양조 과정을 설명하기 시작했다. 코피가 오두막 안쪽에 있는 드럼통을 가리키며 통역했다. “여기서 물이 들어갑니다. 그리고…… 저걸 영어로 뭐라고 하더라?” 코피는 다른 아이들을 바라보았다. 아이들은 어깨를 으쓱했다.

마이클은 단어가 생각나지 않아 답답해하며 발을 굴렀다. “에…… *화학 약품?*”

코피는 고개를 끄덕였다. "그래, *화학 약품*을 추가해요. 그러면 뜨거움을 만들어요."

사내가 자기가 먹고사는 일에 관해 제대로 설명을 못하는 건지 코피가 통역을 못하는 건지 분명하지는 않았다. 내 생각에는 양쪽이 조금씩 섞인 것 같았다. 사내가 허리를 숙이고 손가락으로 여물통 속 액체를 젓더니 코피에게 뭔가를 말했고, 코피는 만족스럽게 받아들였다.

"술이 나옵니다." 나도 알코올이 만들어진다는 사실은 의심하지 않았다. 만들어진 술 대부분이 주위 사내들, 적어도 그들이 깨어 있을 때는 그들의 입속으로 들어간다는 사실도 의심하지 않았다. 나는 감사를 표하고 사내가 다시 오전 낮잠 속으로 돌아가기를 바라며 문을 향해 돌아섰다.

"한번 드셔보실래요?" 마이클이 아네트와 내게 물었다. 마이클의 말에 아이들은 엄청나게 좋아했다. 하지만 내 내장 기관들은 그다지 반기지 않았다. 아이들이 우리 주위로 몰려들었다. 사내는 발치에 있던 지저분한 오렌지색 플라스틱 바가지로 손을 뻗었다. 사내는 바가지 헹군 물을 바닥에 버리더니 바가지로 여물통의 술을 떠서 내게 내밀었다. 나는 사내의 얼굴을 바라보았다. 살아는 있지만 머릿속은 오래전부터 텅 빈 것처럼 보였다. 그의 상품 광고를 듣고 있자니 마치 장님 사내가 콘택트렌즈를 팔고 있는 것 같았다.

무례한 행동을 할 것이냐, 아니면 밀주를 마실 것이냐? 결정하기 어려웠다. 내가 결심하는 과정을 많은 사람이 지켜보고 있어서 더욱 그랬다. 이 술은 분명히 사람에게 유해할 것이다. 숲속 양철 오두막 안에서 생산되는 것 중에 사람에게 좋은 게 있을 리 없다. 하지만 술을 권하는 사내는 많이 마셨지만 괜찮은 것 같았다. 사내는 양철 오두막 속 플라스틱 의자에 앉아 자면서 하루를 보냈다. 그의 눈빛은 한겨울 같은 색깔이지만, 여전히 살아 있었다. 내가 보기엔 살아 있는 것 같았다.

마실 수밖에 없었다. 아니면 마시는 척이라도 해야 했다. 고개를 끄덕이고 사내로부터 바가지를 넘겨받아 입으로 가져갔다. 사회적으로 받아들일 수 있을 정도로, 최대한 조금만 마셨다. 액체는 혀를 태우고 걷잡을 수 없는 산불처럼 아래로 퍼져나갔다. 아이들이 웃었다.

"이거……." 콜록콜록. "좋네요." 낮은 목소리의 재즈 가수처럼 흐릿하고 매끄러운 목소리를 내며 내가 말했다. 과학적이라고 표현할 수 있는 맛이었다.

그 술이 가진 능력, 기능은 오직 한 가지뿐이었고, 맡은 바 임무를 잘 해낼 것임은 너무나 확실했다. 그게 뭐냐고? 살면서 무엇이든 잊고 싶었던 끔찍한 것들을 잊게 해주는 일이다. 잊고 싶은 기억과 비교하면 이 밀주를 마시는 건 괜찮을 선택일 수도 있었다.

나는 사내에게 감사를 표하고, 그가 하는 일이 불법이긴 하지만 꼼꼼하게 일하는 방식을 칭찬했다. 사내도 웃음으로 화답했다. 벌어진 입속에 치아가 보이지 않았다. 내가 생각하기에 사내는 이제 오로지 밀주의 힘으로만 살아가고 있어서, 더는 치아가 필요 없기 때문인 것 같았다. 그만의 진화가 진행 중이었다.

우리가 돌아서서 오두막을 나오려는데, 뒤쪽에서 커다랗게 쿵, 소리가 들렸다. 그러더니 한 번 더 쾅, 소리가 났다. 돌아서서 보니 멀리 안쪽의 한 드럼통에서 액체가 쏟아져 나오고 있었다. 드럼통에 불이 붙었다. 불꽃이 천장으로 솟구쳤다. 사내는 펄쩍 뛰더니 오두막 안쪽으로 뛰어 들어가면서 나머지 동료들에게 도움을 청했다. "*뛰어.*" 사내는 최소한 영어 단어를 하나는 알고 있음을 증명하며 소리쳤다. 아이들은 출구를 향해 뛰었고 우리는 바로 뒤에 붙어서 달렸다. 문으로 나오기 직전에 돌아보니 사내가 오두막이 폭발하기 전에 미친 사람처럼 밸브를 잠그면서 불길을 잡으려고 애쓰고 있었다. 다른 네 명의 사내는 뭘 하고 있었느냐고? 그들은 꿈쩍도 하지 않았다.

아네트와 내가 숲을 빠져나와 다시 흙길로 나섰을 때, 아이들은 이미 미친듯이 낄낄거리며 마을로 향하고 있었다. 사내가 불길을 잡았는지 전혀 알아낼 수 없었지만, 나중에 베란다에서 살펴보니 마을이나 하늘에 불이 났다는 흔적은 찾아볼 수가 없었다.

우리는 카드놀이를 조금 더 했고 자르바는 혹시 반칙을 하는 것이 아닌가 싶은 의심이 들 정도로 계속 이겼다.

나는 카드를 섞었다. "많은 사람이 아프리카를 망쳐놨다면서 백인들을 욕하지. 자네는 어떻게 생각해?"

자르바의 눈썹이 깃발처럼 올라갔다. "비난? 우리가 왜 백인을 비난해?"

"영국에게 식민 지배를 받지 않았더라면 오늘날 가나는 좀 더 발전했으리라 생각하지 않아?"

"가나를 비난하려면 가나 사람들을 비난해야겠지. 하지만 애초에 왜 비난해? 지금도 상황은 좋아. 토고나 *나이지리아*에 가 봐."

나는 카드를 섞던 손을 멈췄다. "난 나이지리아가 꽤 발전했다고 생각했는데? 석유도 있고 놀리우드(나이지리아와

할리우드를 합성해 나이지리아의 영화 업계를 가리키는 말-옮긴이)도 있잖아?"

"아니. 전혀 아니야! 애덤스, 나이지리아에 가 봐. *제에발* 좀. 거기 갔다가는 살아나오지 못할걸. 테니스 치러 한 번 가 봤지. 절대, 다시는, 다시는 가지 않을 거야! 가나하고는 전혀 달라. 우리야말로 아프리카의 성공적인 본보기라고."

아이들도 바닥에 교과서를 펼쳐놓은 채 우리와 함께 베란다에 있었다. "아빠, 나랑 하나님은 뭐가 달라요?" 나나는 공부하고 있는 언어인 영어로 물었다.

자르바는 턱수염을 어루만지면서 나나의 질문에 대해 깊이 생각했다. "어디 교과서를 좀 보자."

나나는 조심스러운 발걸음으로 교과서를 가져왔다. 나나는 생각이 깊어 보이는 조용한 아이였다. 자르바는 교과서를 들여다보며 뒷머리를 긁적거렸다. 한 페이지를 더 넘겼다. 조금 더 읽었다. 수염을 쓰다듬었다. 교과서를 몇 페이지 앞으로 넘겼다. 조금 더 읽더니 갑자기 눈이 커지면서 손뼉을 쳤다. 근처 주택 몇 집이 무너졌을 테다. "쉬운 거야, 아들." 그는 나나의 어깨를 감싸 안으며 말했다. "너랑 하나님의 차이는 네가 죄인이라는 거야!"

아네트의 입이 벌어졌다. 나는 고개를 세웠다. 이건 미친 짓이었다. 나나는 세상 누구라도 죄인이라고 정의할 수 없는 그런 아이였다. "하나님은 죄인이 아니시지." 자르바가 말을 이었다. "너는 죄인이야. 그게 너랑 하나님의 차이점이란다. *그렇게 쓰렴.*"

나는 나나의 교과서를 보여달라고 했다.

일반적인 학교 교과서였다. 영어 문법, 곱셈, 원자의 구조 등을 다루고 있었다. 하지만 네다섯 페이지마다 엄격히 말해 그다지 학문적이라고 할 수 없는 내용이 섞여 있었다. 하나님, 지옥, 교회의 경이로움, 기적, 천지창조설.

내가 건네주자 아네트도 교과서를 넘겨보며 혀를 차고 한숨을 내쉬다가 내게 돌려주면서 교과서 표지에 쓰인 '오순절 교회 기증'이라는 문구를 가리켜 보였다. 그걸 보니 가나라는 나라에 관해 많은 걸 알 수 있었다. 가나 사람들은 어려서부터 종교를 심각하게 받아들이고 있었다. "학교 교과서는 전부 교회에서 기증받은 것들이야, 자르바?"

그는 잠시 생각하더니 자신의 XXL 사이즈 몸을 조금 더 긁었다. "그래. 그런 것 같은데."

"문제가 된다고 생각해?"

"문제라고, 애덤스? 왜 문제야? 우리나라에서 교회는 좋은 일을 많이 해. 만일 그들이 책을 제공하지 않는다면 누가 하겠어?"

"나라에서 하지 않을까?"

자르바는 의자에 무너지듯 몸을 묻으며 낄낄 웃었다.

"자르바와 이 가족은 정말 사랑스러워." 아네트는 그날 밤 잠자리에서 말했다. "하지만 얼른 집에 돌아가고 싶어." 휴가를 보내면서 보통은 이런 감정을 느끼지 않는 법이다. "더위나 오락가락하는 전기 때문이 아니야. 도로 사정이나 음식 문제, 할 일이 별로 없어서도 아니야. 이렇게 많은 사람이 정말이지 너무나 뻔한 뭔가에 에너지를 투자하고 있는 모습을 지켜보니 마치 막다른 골목에 몰린 것 같은 기분이야."

나는 몸을 굴려 자세를 바꾸고 그녀를 바라보았다. "난 모르겠어. 이곳에서는 왜 종교가 매력적인 메시지인지 이유를 알 것 같아. 지금 삶보다 더 나은 삶이 있을 수도 있다고 생각하게 해주잖아."

"하지만 내 말이 그 말이잖아! 만일 이곳 사람들이 종교에 시간을 낭비하고 돈을 바치지 않는다면 상황을 더 좋게 만드는 데 투자할 수 있어. 종교는 이들에게 필요한 것과 정확히 반대야. 이곳 사람들은 현재에 초점을 맞춰야 해."

할리우드 영화가 아니니까 전혀 생각하지도 못했는데, 그때 울퉁불퉁 근육질의 가나인 슈퍼 히어로가 맨몸으로 우리 침실 문가에 나타났다.

"애덤스, 당장 병원에 가야 해. 모니카가 뭔가 매우 이상해." 나는 벌떡 일어나 벗어둔 옷을 찾아 들고 거실로 나가면서 바지에 다리를 넣었다. 거실에서는 자르바가 모니카를 부축해 현관으로 향하고 있었다. 잠옷 바람의 모니카는 땀에 흠뻑 젖은 채 자르바를 뿌리치면서 뭔가 알아들을 수 없는 말을 중얼거렸다. 표정을 보니 제정신이 아니었다.

"집사람을 차에 태울 수 있게 도와줘." 자르바는 모니카의 한쪽 겨드랑이에 팔을 넣은 채 소리쳤다. 나는 반대쪽 팔을 부축했고, 함께 모니카를 들어서 자동차가 있는 곳까지 작은 언덕을 내려갔다. "아네트, 여기 좀 맡아줘." 자르바는 어깨 뒤로 소리를 질렀다. "아이들 좀 봐달라고."

"뭐?" 아네트는 기겁했다. "내가 그걸 어떻게 해?"

아네트는 사람들이 돌멩이에 맞는 걸 싫어하는 정도로 아이들을 싫어했다. 아네트는 아이들이 존재한다는 걸 인식했고 그걸 막을 도리가 없다는 것도 알았지만 아이들의 존재를 즐기고픈 감정은 전혀 느끼지 못했다. 어쩌면 아이들이라는 존재가 효율성에는 아예 무관심해서 그럴 수도 있었다. 다행스럽게도 자르바의 아이들은 어쩌면 결점이 라고 말할 수 있을 정도로 마냥 착하게 굴었다.

우리는 차에 도착하기까지 십 미터에 이르는 내리막 흙길을 비틀거리면서 움직이는 동안 모니카가 넘어지지 않도록 조심했다. 우리가 그녀의 웅크린 몸을 자동차 뒷좌석에 밀어넣는 동안에도 그녀는 알아들을 수 없는 말을 중얼거리고 입에 거품을 물었다.

철저하게 두려운 상황이었다.

자르바는 기어를 1단으로 두고 길을 따라 덜컹대며 움직이는 동안 자동차가 구덩이나 틈에 빠질 때마다 절망감에 운전대를 손으로 치며 욕설을 퍼부었다. 나는 아래를 내려다보고 그제야 너무 급하게 서두는 바람에 신발도 신지 않았음을 알아차렸다. 나는 자르바의 발을 보았다. 그 역시 맨발이었다. 마을을 빠져나온 우리는 전에 보지 못했던 길로 접어들었다. 경사지고 구부러진 길을 따라 달리던 자동차는 어둡고 네모진 건물 앞에서 멈췄다. 병원이었다. 우리는 자동차의 바퀴가 회전을 미처 멈추기도 전에 차에서 뛰어내렸다. 내가 자동차 뒷문을 열고 모니카에게 달려들어 반대편 문 쪽으로 그녀를 밀어냈고, 반대편에서 자르바가 그녀를 끌어냈다. 결국 우리는 모니카를 밖으로 빼냈고 그녀가 취객이라도 되는 것처럼 다시 양쪽에서 부축해 움직였다.

나는 그렇게 조명이 어둡고 사람이 없는 병원은 난생처음 봤다. 간호사가 침대가 세 개 놓인 병실을 손으로 가리켰다. 우리는 가장 가까운 침대를 골라 모니카를 엉덩이부터 힘겹게 침대 위로 올렸다. 우리는 그녀의 팔과 다리를 붙잡고 들어 올려 병원 침대에 똑바로 눕히면서 거칠게 씩씩거리고 있었지만 모니카는 여전히 정신이 맑지 않은 미라 같은 상태였다.

자르바는 의사를 찾아 사라졌다. 나는 정신을 차리고 병실을 둘러보았다. 침대에는 시트도 없었다. 옆 침대에는 참새처럼 마른 몸의 늙은 여자가 누워 있었는데, 피부가 나무껍질 같았다. 호흡이 산발적으로 거칠었고 힘겹게 숨을 몰아쉬느라 몸이 떨리고 있었다. 사람이 죽어갈 때 몸에서 나는 소리가 있다는 말을 들어본 적은 있지만, 그날 그 순간까지 실제로 들어본 적은 없었다. 그 소리가 내 모든 냉소주의와 무관심을 파고들었다. 언젠가 나도 저렇게 되겠지. 내가 앞으로 사랑할 모든 사람들에게도 같은 상황이 찾아올 것이다. 한 젊은 여자가 이 죽어가는 여자의 손을 어루만지며 숨죽여 울고 있었다. 간호사가 병실에 들어오더니 모니카의 입에 알약을 밀어 넣었다. 자르바는 두려움과 걱정이 가득한 얼굴로 문가에 서 있었다.

나는 모니카가 걱정스럽기도 하고 동시에 도움이 될 일이 전혀 없어 어색해하며 복도에서 기다렸다. 인류 사회가 허리를 굽히고 땅바닥에서 먹을 것을 채취하면서 시간을 보낼 필요가 없을 정도의 정교한 수준으로 발전했다는 사실은 좋은 일이다. 하지만 이제 우리는 모두 요가 강사나 그래픽 디자이너, 작가가 되었고, 우리가 실제 생존 기술을 얼마나 갖고 있지 못한지, 진정으로 중요한 일에 대한 능력, 즉 죽고 사는 문제에 있어 얼마나 엉성한지에 대해서는 너무 쉽게 잊고 있다. 만일 좀비들이 나타나 사회가 무너진다면 내가 할 수 있는 일은 뭐가 있을까? 내가 제공할 수 있는 능력이 있을까? *은유법?* 그저 의사나 물리학자 또는 프로 축구 선수가 뒷문으로 안전하게 빠져나갈 수 있도록 시간을 벌 수도 있다는 희망을 품고 몰려드는 좀비 무리에게 내 몸을 희생하는 편이 적절할 것이다.

자르바가 다시 모습을 드러내자 나는 제정신을 차릴 수 있었다. 자르바는 공포심에 휩쓸려 쪼그라들었는지 그 순간은 작아 보였다. 모니카가 누워 있는 병실 밖 나무 벤치에 앉아 있던 내 옆에 자르바는 자리를 잡고 앉았다. "이제 조금 나아졌어. 병원에서 뭔가 약을 줬고 모니카는 잠들었어. 자네를 다시 태워다 줄게. 아이들에게도 걱정하지 말라고 말해줘야 하고."

"의사가 무슨 병인지 알아?"

"아니. 더 복잡한 뭔가가 있나봐. 모니카가 조금 나아지면 근처 도시에 데려가 검사를 받아야 해."

다행스럽게도 모니카는 다음 날 퇴원했다. 아네트와 나는 떠나기 전에 잠깐 모니카를 볼 수 있었다. 우리는 아크라로 버스를 타고 돌아오면서 이번 여행에 관해 이야기했다.

"집에 돌아가니 좋아?" 나는 껌을 찾느라 짐을 뒤지면서 아네트에게 물었다. 찾은 껌을 그녀에게 건네주었다.

"아, 좋지. 아주 좋아. 자기는?"

나는 껌을 씹던 입을 잠시 멈췄다. "아니……. 난 별로 좋지 않아. 지금 당장 집에 가봐야 날 위한 것도 별로 없잖아. 밀주나 눈보라 그리고 최루탄 같은 것도 없으니까. 난 이런 경험을 좀 더 원해."

길거리 구덩이를 메우고 그 대가로 돈을 요구하는 십대 소년 세 명을 스쳐 지나면서 버스가 휘청거렸다. 내가 볼 때 메운 구멍은 하나 뿐이고 그대로인 구멍이 열 개는 되는 걸로 봐서 메우는 척하고 있는 것 같기도 했다.

"자기가 예전의 열정을 되찾은 건 기쁜 일이야." 아네트가 말했다. "하지만 만일 자기가 운이 좋다고 느끼지 못하거나 지금 누리는 믿을 수 없을 정도로 행복한 삶을 즐기지 못한다면, 그건 뭔가 이상한 거야."

나는 고개를 끄덕였다. "나도 고쳐보려고 하는 중이야."

"다행이네. 하지만 난 이미 그런 과정에서 충분히 스트레스를 받고 있거든."

"이런." 대화가 어디로 가는지 눈치챈 나는 창밖을 바라보았다.

"난 자기가 하루의 절반 동안 물이 안 나오고 전기는 그보다도 적게 공급되는 어딘가로 떠나고 싶어 할 때마다 모든 걸 내던질 수는 없어."

"이런."

"그리고 가장 재미난 사건이 양말을 담갔던 술을 마신 일인 곳도 별로야. 아니면 어떤 미치광이 독재자가 자기 이름을 따서 요일 이름을 바꾸는 곳도."

"이런."

아네트는 내 어깨를 밀었다. "내 말 듣고 있는 거야?"

"이런."

"그 말 좀 그만해. 난 그저 내게 필요한 것도 생각해달라고 요구하는 것뿐이라고."

"그러면 위험한 선례가 될 수도 있거든."

아네트는 혀를 찼다. "그래, 그러시겠지."

다행스럽게도 모니카는 회복했다. 검사를 해보니 약한 간질을 앓았고 지금은 약을 먹고 있다고 했다.

독일에 돌아와 나는 가나에서 겪었던 일을 다시 생각해 보았다. 나는 왜 그곳의 매력이 더 많은 전 세계 관광객들을 끌어들이지 못했는지 놀라워 했을까? 디젤 차량으로 가득 찬 가나의 수도, 혼란스러운 아크라를 다시 떠올렸다. 탄수화물 가득한 부드럽던 음식을 생각했다. 오래 걸리고 덜컹거리던 여행. 해변을 덮은 쓰레기. 온통 조직화된 종교. 졸린 저녁 뭔가 시간 보낼 일을 찾아 어두운 길을 따라 걷던 일.

아니, *그리 놀랄 것은 없었다.*

하지만 가나가 자신의 모습을 감추려 애쓰지 않는 태도가 마음에 들기도 했다. 가나는 과시하지 않는다. 가나는 여러분이 왜 왔는지 뭘 원하는지 이해하지 못하며, 잘난 체하며 그걸 알아내려고 하지도 않을 것이다. 나는 자르바가 생각하는 방식에 동의하게 되었다. 모든 나라가 독일처럼 되려고 노력하지는 않는다. 인생에는 효율성보다 중요한 것이 있다. 물론 변화는 일어날 수 있지만, 꼭 중국식의 맹렬한 속도는 아니어도 괜찮다. 나 자신, 그리고 나의 재창조 프로젝트에서 그런 점을 기억하려 애썼다.

가나는 가나일 뿐이다. 자신만의 모습이 있다. 가나는 아프리카의 성공작이다.

06

이스라엘, 텔아비브와 예루살렘

"불길을 느낄 수 있나요?"

르네상스 시대 이전의 사람들,
와인 괴물들과 음모론 미치광이들

나는 베를린 쇠네펠트 공항에 혼자 도착했다. 아네트도 함께 떠나는 여행이었지만, 그녀는 나보다 이 주 짧게 머물 예정이어서 베를린의 다른 공항에서 다른 항공편을 이용하게 되었다. 출발 로비에 갔더니 키가 작고 수염을 기른 엘 알(EL AL, 이스라엘의 국적 항공사-옮긴이)의 직원이 사전 체크인 카운터 데스크에 접근하기도 전에 나를 미리 맞이했다. 새로운 방식이었다. 사내는 진한 검은색 눈썹에 동그란 모양의 가느다란 철테 안경을 쓰고 있었다.

"안녕하세요. 제 이름은 레비입니다." 사내는 씩 웃으며 내 여권을 받았다. 그는 키 작은 유대인 치어리더 같았는데, 그의 얼굴은 자신의 존재라는 경이로움을 억누르는 데 영원히 실패하고 있었다. 그는 침울하고 권위적인 공항 보안 검색의 환경 속에서도 유쾌하고 긍정적인 존재로 보였다. 곧 내게 벌어질 온갖 이상한 상황 속에서도 그 얼굴은 늘 말했다. "저는 전적으로 당신 편입니다, 친구."(그의 나머지 몸 전체가 아무리 단호하게 "넌 절대로 여길 통과할 수 없어!"라고 말하고 있기는 해도)

"자, 애덤." 레비는 일을 시작했다. "이스라엘은, 말이죠. 아시다시피……." 적절하게 섬세한 표현을 찾느라 그의 눈동자가 비스듬히 위쪽으로 올라갔다. 그의 말투는 반에서 가장 공부를 못하는 학생에게 기본 산수를 설명하는 교사 같았다. "우리는 말이죠. *그러니까*, 조금 특별하거든요. 그래서 약간의 추가 질문이 있을 겁니다. 하지만 문제가 없다면 체크인 카운터로 가실 수 있을 겁니다. 괜찮죠?" 레비는 자신의 왼쪽에 있는 카운터를 가리켜 보였다. 그곳에는 따분해 보이는 여자 한 명이 앉아 누군가 제대로 대답을 해내서 자신을 만나러 오기를 기다리고 있었다.

"그럼요, 괜찮습니다." 달리 선택의 여지가 없고 아무것도 숨길 게 없었다. 이스라엘이 특별하다는 건 이미 알고 있었다. 그래서 그곳에 가는 것이다. 중국과 가나는 기억에 남을 만은 했지만 재미가 덜했다. 혼자 여행하고 싶은 게 아니라면 즐거움과 위험 그리고 고난 사이에서 좀 더 균형

잡힌 목적지를 찾아내야 할 필요가 있었다. 많은 이들이 이스라엘을 극찬했는데, 쓰레기 없는 해변과 훌륭한 음식, 재미있는 사람들 그리고 긴장감을 즐길 수 있다고 했다. 가나에 다녀온 후 나는 종교와 국가가 더 강하게 결합한 어딘가를 보고 싶었다. 이스라엘에서 유대교는 선택하는 것이 아니라 유대교인으로 태어날 뿐이다. 유대인은 그 자체로 종교다. 모든 것이 언제나 정치인 나라가 이스라엘이었다.

"왜 영국이 아니고 독일에서 출발하시는 거죠?" 레비가 물었다.

"이곳 베를린에 살고 있기 때문입니다."

"베를린에 얼마나 오래 살았습니까?"

"아마 삼 년일 겁니다."

"아마라고요?"

나는 헛기침을 했다. "삼 년입니다."

레비의 눈이 반짝거렸다. "혹시 약간 이스라엘인처럼 생기시지 않았나요?"

뭐라고 대꾸해야 할지 알 수가 없었다. 평균적인 이스라엘 사람이 어떻게 생겼는지 알지 못했기 때문이다. 내가 지금까지 만나본 이스라엘인은 레비 한 명뿐이었다. 그가 여권에 찍힌 입국 도장들을 확인했다. 좀 더 오래 살펴본 입국 도장은 이스라엘이 싫어하는 무슬림 국가에서 찍어준 것들이었다. 이스라엘이 좋아하는 무슬림 국가는 없다.

"감사합니다, 애덤. 여기서 잠깐만 기다려 주세요. 금방 돌아오죠."

나는 긴장을 풀었다. 모두 끝났고 이제 재미있는 휴가를 즐길 수 있겠다 싶었다. 레비가 체크인 카운터 옆에 서 있는 무섭게 생긴 사내에게 다가갔다. 나이트클럽 경비원처럼 생긴 사내였다. 귀에 꽂은 이어폰의 줄은 사내가 입은, 몸에 딱 붙는 파란색 항공사 셔츠 속으로 사라졌다. 셔츠는 사내의 근육들을 감싸려는 과도한 노력에 스트레스를 받는 것처럼 보였다. 사내는 나보다 근육량이 세 배는 되는 것 같았고 그 모든 근육의 팽팽함을 성공적으로 유지하고 있었다. 벼락 같은 얼굴로 화를 낸다는 표현이 있는데, 사내의 얼굴은 온갖 나쁜 일기 현상 가운데 벼락을 만들어낼 수 있을 것 같았다. 그렇게 사내가 만들어낸 벼락 전체가 내게 쏟아져 내릴 수도 있었다.

레비는 죽을 얻으러 가는 고아 올리버 트위스트처럼 사내에게 조심스럽게 다가갔다. 근육질 사내는 마치 끔찍하게 상처 입은 가젤을 보는 사자처럼 나를 바라보았다. 두 사람이 대화를 나누더니 사내가 고개를 천천히, 완벽하게 냉정을 유지한 채 흔들었다. 레비는 정말이지 모든 일이 완벽한 것처럼, 오늘이 그의 인생에서 최고의 날인 것처럼 웃으며 돌아왔다.

"아주 좋습니다. 기다려 주셔서 감사합니다." 레비는 마치 내게 다른 선택의 여지가 있던 것처럼 말했다. "오늘 몇 가지 질문을 더 드려야 할 것 같네요. 괜찮겠죠?" 내 어깨가 앞으로 무너졌다. "직업이 뭔지 말씀해주실 수 있을까요, 애덤?"

어려운 질문이었다. 나는 직업 비슷한 것을 전혀 갖고 있지 않으면서도 인간으로서 제대로 기능할 수 있는 내 능력에 자부심을 느껴왔다. 르네상스적 교양인이라는 개념을 들어본 적이 있을 것이다. 말하자면 나는 어떤 기술도 전혀 갖추지 못한, 르네상스 이전의 교양인이라 할 수 있다. 엄밀히 말하자면 나를 '저널리스트'나 '작가'라고 할 수 있다. 하지만 그런 직업을 자인하는 일은 지옥으로 가는 여행을 위한 특별한 암호를 입에 담는 일이나 다름없다. 어느 누구도 자기 나라에 저널리스트나 작가가 오길 원하지 않는다. 그들은 뭔가를 글로 쓰는 버릇이 있고, 그들이 쓰는 내용은 심지어 가끔 진실일 수도 있기 때문이다.

"작게 사업을 하고 있습니다. 몇 가지 웹사이트를 운영합니다." 내가 한 말은 진실이고 그걸로 버는 돈은 글을 써서 버는 것보다 살림에 훨씬 더 도움이 된다.

"어떤 일을 하는 웹사이트죠?"

"힙스터리라는 웹사이트에서 상품을 판매하고요, 더티 디렉토리라는 웹사이트에서 해당 상품을 추천합니다."

레비는 고개를 곧추세웠다. "*이게* 직업이라고요?"

"압니다, 좀 그렇죠? 하지만 그렇습니다."

"이스라엘에 가셔서 이런 웹사이트 관련한 일을 하실 예정입니까?"

"아뇨. 솔직히 말하자면 이곳 베를린에 있을 때도 관련 일은 거의 하지 않습니다."

레비는 팔짱을 꼈다. "흠, 멋지군요. 저는 종일 공항에서 질문을 하는데, 어떤 사람들은 그냥 웹사이트에서 돈이 생긴단 말이죠. 세상은 정말 이상하지 않습니까? 혹시 어떤 웹사이트인지 제게 보여주실 수 있나요?"

"그럼요." 나는 대답했다. *휴가를 떠나려면 다른 방법이 없기 때문이었다.* 레비는 근육질 사내 '헐크'가 있는 쪽으로 나를 안내했다. 헐크는 나를 유심히 바라보았다. 그가 입술을 핥는 걸 본 것 같았다. 나는 헐크 근처 카운터 위에 놓여 있는 지나치게 보안이 투철한 항공사 노트북을 이용해 레비에게 내가 운영하는 웹사이트를 보여주었다. 레비는 다시 헐크에게 가서 보고했지만 이번에도 헐크는 고개를 저었다. 나는 마치 게임 프로그램 출연자가 된 기분이었다. 내가 뭐든 말할 때마다 크게 '땡!' 소리가 나는 것 같았다. 레비는 활짝 웃으며 즐거운 표정으로 내게 돌아왔다. 마치 오늘이 내 생일이라서 딸기 스펀지케이크라도 준비한 것 같았다.

"몇 가지만 더 질문하죠."

나는 한숨을 내쉬었다. 이스라엘 사람들이 편집증이 있다는 말은 들었지만 이 정도일 줄은 상상도 하지 못했다. 난 그저 휴가를 즐기고 싶은 것뿐인데.

"한숨 쉬지 마세요." 레비는 마음이 아픈 것 같았다. "잘하고 있습니다. 이제 거의 끝났습니다. 다음 질문입니다. 어디서 묵을 예정입니까?"

나는 가방에서 에어비앤비 숙소 예약증을 꺼냈다. 레비는 신성한 물건처럼 서류를 받아들었다. "여기 예약증에는 두 사람이 묵는다고 쓰여 있네요." 그는 과장되게 한숨을 내쉬며 손으로 가리켰다. 그의 표정이 지붕 테라스에서 떨어진 깨진 달걀처럼 금이 가며 변했다.

적발 사항 일 번. "아까는 혼자 여행하신다고 하지 않았습니까!"

우리는 한 팀이었다. 그는 내 뒤를 받치고 있었다. 하지만 이제…… 이건…….

"제가요?" 나는 얼른 자세를 바꿨다. "사실 *이동만* 혼자 하는 거죠. 여자친구는 다른 비행편을 이용합니다."

오답을 알리는 버저음이 울렸다.

"우리는 각자 다른 시기에 따로 돌아올 예정입니다. 여자친구는 몇 시간 전에 루프트한자를 타고 떠났어요."

레비는 아네트의 이름을 적어 헐크에게 가져갔다. 헐크는 움직이지 않았다. 레비는 발끝으로 걸어서 되돌아왔다. 약속된 땅으로 체크인을 하러 가는 길에 몇 차례 속도 방지턱이 있긴 했지만, 우리가 서로 진실을 말하며 협조하기만 한다면 극복하지 못할 일은 없었다.

"모든 것이 아주 잘되고 있습니다." 레비는 거짓말을 했다. "한두 가지만 더 질문하겠습니다. 이스라엘에 아는 사람이 있습니까? 점령 지역을 방문할 의사가 있습니까?"

나는 불규칙성이라고 표시된 상자 속에서 나를 꺼내려 애썼다. "아는 사람 없고, 방문할 생각 없습니다. 텔아비브에 사는 친구가 추천 목록을 보내줬습니다. 여자친구와 저는 아마도 그 목록에 따라 여행할 것 같습니다."

적발 사항 이 번. 레비의 얼굴에서 핏기가 사라졌다. "이스라엘이 아는 사람이 없다고 말씀하셨는데, 조금 전에 친구로부터 추천 목록을 받았다고 하셨네요?!"

"제가, 에, 그러지는……." 나는 머뭇거렸다. "그게……." 말을 이으려고 애썼다. "저……. 얼마 전에 콘퍼런스에서 어떤 여자를 만났습니다. 이야기를 나눴는데 제가 이스라엘에 갈 예정이라고 했더니 이 목록을 보내줬습니다." 나는 A4 용지 한 장을 꺼내 레비에게 건넸다.

"그 여자 이름이 뭐죠?"

성은 기억나지 않고 이름만 겨우 생각났다. 내 말을 듣고 레비는 개인적으로 아주 심하게, 화가 난 것 같았다. 내가 기억해낸 여자의 이름조차 육십이 퍼센트밖에 확신이 들지 않는다는 사실은 말하지 않았다. 여자가 보내온 목록은 그냥 바와 레스토랑의 이름을 죽 적고 '에그 베네딕트 꼭 먹어볼 것!' 같은 추가 설명이 달린 수준이었다.

레비는 목록이 적힌 글을 마치 암호를 해독하기라도 하듯이 자세히 들여다보았다. 목록과 에어비앤비 예약증, 여권을 들고 다시 헐크에게 갔지만 그는 이번에도 고개를 가로저었다.

진짜? 내가 그렇게나 수상한 사람이라고? 얼굴이 약간

이스라엘 사람처럼 생겼고 직업이 불확실하고 보이지 않는 여자친구가 있고 콘퍼런스에서 만난, 에그 베네딕트를 추천해준 사람의 이름을 기억하지 못하기 때문에?

레비는 한여름 들판의 한 마리 양처럼 뛰어 내게 돌아왔다. "정밀 소지품 검사를 받으셔야겠습니다." 그는 마치 내가 오스카상이라도 받은 것처럼 말했다. "물론 걱정하실 건 전혀 없습니다."

인생에서 가장 걱정스러울 순간에 정확히 '전혀 걱정할 필요가 없다.'고 말하는 사람이 많다는 건 웃기는 일이다. 마치 그들 자신을 설득하려고 애쓰는 것처럼 들린다. 사람들이 스스로 부인하는 다른 고전적인 말들, 이를테면 '그냥 작은 혹일 뿐입니다.', '금방 수정하도록 하죠.', '몰라도 손해 입으실 일은 없습니다.' 같은 이야기와 같다.

헐크는 당연히 내게 손해를 끼칠 수 있다. 그의 눈길만으로도 이미 상당히 힘들었다. 그가 지긋이 꿰뚫듯 바라보기만 해도 숨을 제대로 쉴 수가 없었다. 레비는 체크인 구역을 나와 함께 가로지르며 내 옆에서 디스코 춤을 추듯 걸었다. 불길해 보이게 아무런 표시도 없는 문 앞에 철제 의자가 하나 놓여 있었다. 우리는 이제 사람이 많이 모여 있는 체크인 구역에서 이십여 미터 떨어진 곳에 있었다. 차분함을 유지하려고 애썼지만 어떻게 해야 그럴 수 있을지 알 수 가 없었다. 레비는 나를 의자에 앉혀두고 방으로 들어갔다.

내 두뇌는 기억의 지하 저장소를 열고 지금까지 내가 저지른 잘못들을 모두 찾아내느라 종종걸음을 치고 있었다. 잘못한 일은 정말 많았다. 열두 살 때 문방구에서 연필깎이를 훔친 적이 있다. 입장권이 다 팔린 행사에 참석하려고 기자인 척한 적도 있다. 불법 다운로드도 해봤다. 좋아, 그 정도면 짧은 목록이지만, 목록이 짧은 이유는 진짜 끔찍한 잘못은 내가 일부러 생각해내지 않았기 때문이다.

레비는 '이제 전하를 알현하실 수 있습니다.' 같은 표정을 지으며 돌아왔다. 그를 따라 작고 창문 없는 공간으로 들어섰다. 사무용 회전의자에 앉은 털이 많은 사내가 얇은 고무장갑을 소리 내 착용하며 내게 눈길을 보냈다.

"사람들이 걸어 들어올 때마다 그런 식으로 장갑으로 소리를 내시나 봐요?"

사내는 턱을 내밀고 눈을 가늘게 떴다.

"전 바로 밖에 있겠습니다." 레비는 마치 아이를 유치원에 맡기는 부모처럼 기쁘게 말했다. "행운을 빌어요."

잠깐, 내가 왜 행운이 필요한 거지?

딸칵, 문이 닫혔다.

나는 이 모든 어이없는 상황에 웃음이 나왔다.

"옷을 벗으세요." 사내가 말했다.

나는 웃음을 멈췄다. "옷을 전부 벗어요?"

"아뇨. 속옷은 벗지 않아도 됩니다."

오, 이렇게 친절할 수가 있나. 나는 팬티만 남기고 옷을 벗었다. 사내는 내 입속을 들여다보면서 내가 기침을 하도록 만들었고, 미래형 테러 방지용 로보캅 지팡이 같은 물건으로 내 모든 물건을 문질러 확인했다.

"휴대전화를 작동하는 모습을 확인할 수 있을까요?" 사내가 물었다. "예를 들어 사진을 찍는다든지."

전문 사진작가가 아닌 나는 본능적으로 몸을 뒤로 돌려서 구석에 놓인 컴퓨터의 사진을 찍었다. 컴퓨터가 시스티나 성당의 지붕은 당연히 아니지만 우중충한 실내에서 피사체로 잡을 만한 유일한 물건이었기 때문이다. 사내가 휴대전화로 달려들었다. "그쪽은 안 됩니다." 사내가 소리쳤다. "보안 사항입니다."

이 모든 경험은 아무리 제대로 해내려 애써도 수없이 많은 일이 잘못될 수 있다는 사실을 일깨워주었다. 옷을 입었더니 밖에 나가 기다리라고 했다. 이십 분 정도 시간이 흘렀다. 문이 열렸고 사내가 멀리 있는 레비를 소리쳐 불렀다. 레비는 춤추듯 다가왔다. 삶에 대한 그의 열정은 그를 마치 우주 속 낙타를 탄 이누이트처럼 눈에 확 띄게 했다. 그는 아무 표시도 없는 방으로 사라졌다. 문이 닫혔다. 딸칵, 문 잠그는 소리가 났다.

나는 털썩 의자에 앉았다. 몇 분이 지나고 레비가 내 노트북을 들고 돌아왔다. 불법 다운로드가 문제였군. 그럴 줄 알았다. 새로 나온 〈레고〉 영화의 해적판 복사본을 저들이 찾아낸 거야. 난 끝장이야. "화면이 조금 들뜬 것 같아서요." 레비는 노트북 스크린을 만지며 말했다.

"네, 조금 부서졌어요. 테이프로 붙인 겁니다."

"배터리 부분도 마찬가지로 테이프로 붙인 건가요?"

"네, 배터리도 부서졌거든요. 그것도 곧 고칠 겁니다."

또 거짓말을 했다. 나는 어쨌든 르네상스 시대 이전의 사람이니까.

체크인 구역은 텅 비었고 공항에 늦게 도착한 승객 한두 명만 남아 있었다. 마지막 탑승 안내 방송이 나왔다. 이 모든 과정이 두 시간 가까이 걸렸다. 나는 스트레스를 받았고 준엄한 의심의 대상이 되는 일에 지쳤다. 레비는 다시 헐크를 만나러 갔다. 거부에 지친 나는 그쪽으로 눈길조차 보낼 수 없었다. 레비는 어느 때보다 들뜬 모습으로 돌아왔다.

"멋지군요, 플레처 씨. 우리는 이제 보안 검색을 모두 마무리했습니다. 너무 괴롭힌 게 아니었으면 좋겠군요."

진짜 끝난 건가? 나는 믿기지 않았다. 우한에서 탔던 야간버스와 똑같은 상황이었다. 어느 순간이든 강아지가 나타날 터였다.

"아주 괴로웠습니다." 나는 투덜거렸다. 레비는 홱 돌아섰다. "아…… 그렇다면 죄송합니다. 제 동료가 탑승 구역까지 안내할 겁니다. 이스라엘 여행 즐겁게 하세요."

강아지는 나타나지 않았고, 나는 나지막이 안도의 탄성을 냈다. 땅딸막한 여자 한 명이 뽐내듯 내게 다가왔다. "일어나세요." 여자는 마치 소파에 올라간 개에게 내려오라고 지시하는 것처럼 말했다. "경비 구역으로 안내해드리죠."

우리는 걷기 시작했다. 처음에는 같이 걷다가 내가 한두 걸음 뒤처졌다. 신문 가판대 앞을 지나게 되었는데 그곳에서 파는 온갖 초콜릿 상품에 정신이 팔렸기 때문이다. 나는 스트레스를 받을 때는 늘 초콜릿이 먹고 싶고 스트레스가 없으면 더 먹고 싶었다.

여자는 돌아서서 나를 바라보았다. "제 *뒤에서 걷지 마세요.*"

"네?"

여자는 목소리를 더 낮추었다. "제 *앞에서 걸어야 한다고요.*"

나는 쏘아붙였다. "그만 좀 하세요! 이건 정말 말도 안 되는군요."

여자는 양손을 허리에 얹었다. "국제 보안이 말도 안 되는 짓이라고 생각하세요?" 여자는 자세를 풀지 않았다. 하루 이틀 해본 솜씨가 아니었다. 나는 헛기침을 했다. 단호하게 얘기한다고 달라질 것 같지 않았다. 여자를 지나쳐 몇 걸음 걸었다. 우리는 아무 말 없이 움직였다. 내가 한 걸음 앞서서 걸었다. 여자가 정말 미웠다. 비행기 타는 일이 정말 싫었다. 이스라엘이 증오스러웠다. 이스라엘에 실제로 한 번도 가본 적이 없다는 걸 고려하면 상당히 대담한 의견이었다. 하지만 그게 내 잘못은 아니었다. 나는 노력하고 있었고 할 만큼 했다. 여자는 비행기 출입문 앞까지 가는 내내 나를 안내했다. 나는 쓰러지듯 좌석에 앉아 조용히 속을 끓였고, 네 시간 동안 비행기로 날아가는 내내 그런 상태를 유지했다. 그러는 사이 다른 사람들은 쳐다보지 않았는데, 다른 승객들이 어쩌면 내가 오사마 빈 라덴의 심복이라고 생각할지도 모르기 때문이었다.

아네트는 벤구리온 공항 도착 로비에서 날 기다리고 있

었다. 그녀는 나보다는 훨씬 편안해 보이는 모습이었다. 나는 시내로 들어가는 택시 안에서 공항에서 겪은 이야기를 들려주었다. 아네트는 내가 발가벗고 수색을 받았다는 대목에서 진심으로 웃음을 터뜨리며 눈물까지 흘렸다. "다시는 엘 알 항공 안 탈 거야." 내가 말했다.

"글쎄, 어차피 거기서 당신을 안 태워줄 것 같은데."

다행스럽게도 우리가 텔아비브에 도착하면서 긴장도는 내려갔다. 잠깐이지만 내가 굴욕적 의식을 치를 새로운 지역에 도착한 것이 아니라 마치 휴가를 온 것처럼 느껴지기도 했다.

텔아비브는 대체로 느긋한 분위기로 물가를 제외하면 꽤 괜찮은 곳이었다. 슈퍼마켓에서 요구르트 한 병을 들어 가격을 보면 적대감을 품게 하려고 그런 숫자를 붙였다는 결론을 내리지 않을 수 없었다. 자본주의로부터 날아든 짧은 편지였다. '애덤, 엿이나 먹어.'

총도 있었다. 아주 많았다. 느긋하게 쉬는 데는 전혀 도움이 되지 않았다. 특히 무기를 들고 돌아다니는 사람들이 너무 어려서 그들을 불러 세워 어깨에 멘 기관단총을 가리키며 묻고 싶어졌다. "자네 부모님이 그런 걸 들고 다니는 걸 알고 계신가?" 중무장한 사람들은 의무 복무 중인 군인들로 남성은 이 년 팔 개월, 여성은 이 년을 근무해야 한다. 텔아비브에는 군인들이 득실거리는 느낌이다.

텔아비브의 느긋함의 정도를 낮추는 또 다른 한 가지는, 이곳에 사는 모든 사람들이다. *모든 이스라엘 사람이 매일* 머릿속을 떠나지 않는 실체적 압박 속에 살아간다는 것이 그들의 성격에 영향을 미치게 되리라는 건 합리적인 추론이다. 간단한 원인과 결과다. 누구든 어느 순간에 이란이나 사우디아라비아에서 날아든 무기로 자신이 사라질 수도 있다고 생각한다면 입 다물고 가만히 있을 수밖에 없을 것이다. 어차피 밖으로 나가야 한다면, 화끈하고 재밌게 놀거나 술을 마시거나 담배를 피우거나 섹스를 하거나 아니면 길을 건너는 동안 기다려주지 않는 자동차 속 어떤 사내와 핏대를 올리며 싸우는 편이 나을 수도 있다. 내가 볼 때 이스라엘의 진짜 화폐 단위는 세겔이 아니라 *야유*인 것 같았다. 교통은 엉망이고 건물은 이미 오래전 최고 높이를 넘어섰고 모든 물가가 적정선보다 세 배 높다. 독실한 교인들이 자유주의자와 무신론자와 불가지론자 그리고 경전 토라보다 주식 시장에 관심이 더 많은 사람들 바로 위에 군림하는, 작고 복작거리는 도시 속에서 순간적인 절망감을 뿜어내는 *야유.*

완벽히 즐거웠던 하루가 저물기 시작할 무렵, 우리는 길거리 카페 의자에 앉아 가격이 불쾌한 수준인 석류 주스를 마시면서 이런 마찰이 반복해서 일어나는 모습을 지켜보았다. 한 정통파 유대교인이 밝은 오렌지색 산악 자전거를 타고 긴 수염을 바람에 펄럭이며 빠른 속도로 언덕을 내려가는데, 자동차 한 대가 그를 아슬아슬하게 스치며 추월하자 그는 운전자를 향해 주먹을 들어 흔들어 보였다. 아기 같은 얼굴의 무장한 군인들 한 무리가 그 옆을 걸어갔다. 반대편에서 걸어오는 젊은 여자가 든 가방에는 '내가 레즈비언이면 좋겠어'라는 문구가 적혀 있었다. 세 명의 프로 모델(평균적인 이스라엘 여성들)이 커피를 사러 카페에 들렀다. 늦여름이라 이십 대들은 파도타기용 반바지에 조끼, 탱크톱 차림에 레이밴 선글라스를 낀 모습으로 어슬렁거리며 돌아다녔다. 일부는 팔과 다리에 부족 문신을 새겼다. 나는 그런 미학적 특징을 '내가 어떻게 보이든 상관없어. *하지만 나 멋지지 않아?*'라고 표현하고 싶다.

여기저기 총이 보이는 가운데서도 우리는 멋진 시간을 보냈다. 다음에는 좀 덜 느긋한 곳으로 유명한 예루살렘을 방문할 예정이었다. 그 말을 들은 에어비앤비 숙소 주인 애덤은 자신의 의견을 살짝 드러내 보였다. "거기 가지 마세요. 세 시간 전에도 공격이 있었어요. 팔레스타인 사람들은 겨우 뉴스에 이 분 등장하기 위해 자살 테러를 합니다. 바보 같은 일이죠. 예루살렘에 가는 것도요."

지난 몇 주 동안 이스라엘에 들어온 팔레스타인 사람들의 테러 공격이 여러 번 벌어졌고, 지금은 이스라엘을 방문하기에는 특히 민감한 시기였다. 심지어 팔레스타인 사람들이 세 번째 대규모 시위를 벌일지도 모른다는 예상도 나왔다. 출발하기 전에 뉴스를 보면서 살짝 걱정스럽기도 했지만, 우리가 예약한 이스라엘행 비행편은 취소할 순 없었기에 어쨌든 출발하기로 했었다. 하지만 지금 가장 많은 공격이 벌어지는 장소인 예루살렘의 안전은 장담할 수가 없었다. 우리는 어깨를 으쓱해 보이고 애덤에게 저녁을 먹으면서 생각해보겠다고 말했다.

그날 저녁 식사에는 오데드라는 이스라엘인 사내가 동석했다. 친구의 친구였다. 그에 관해 아는 것이라고는 이스라엘의 좌익 신문사 기자라는 사실 뿐이었다. 우리는 오데드가 잠깐 시간을 내서 좀 더 많은 정보에 기반한 의견을 주기를 기대했다. 우리는 동 파이프와 철 구조물을 노출하는 식으로 실내를 꾸미고 자가 제조 맥주를 파는, 최근에 인기를 얻고 있는 식당에서 만나기로 했다.

식당에 도착한 우리는 잔 받침을 초조하게 쥐어뜯는 마른 남성, 오데드를 발견했다. 그의 검은 곱슬머리는 뭉게구름처럼 숱이 많아서 '대머리 진행형'인 나는 즉시 질투심이 생겼다. 너무 작고 너무 비싸고 불필요할 정도로 이국적인 맥주 석 잔을 마시면서 우리 세 사람은 서로를 알아갔다. 우리는 예루살렘 방문에 대한 그의 의견을 물었다. "저는 그곳에서 칠 년 살았습니다." 오데드가 말했다. "요새는 용기가 날 때 가끔 방문합니다." 이스라엘인들은 R 발음을 극단적으로 기분 좋게 강조하는데 영어로 말할 때는 마치 자동차에 달린 에어백처럼 기본으로 그렇게 발음한다. "이곳도…… 소풍 온 분위기는 아닙니다만, 그래도 날카로운 물건을 들이대는 사람은 그쪽보다 더 적죠. 요즘은 하도 테러 공격이 많아서 그런 이야기가 뉴스에 크게 나오지도 않습니다. 보험 광고 사이 뉴스 요약에서나 보이는 정도죠."

날카로운 물건을 들이댄다니. 오데드는 말솜씨가 좋았다. 일반인에게는 그럴 테지만 내게는 수면제 같기도 했다. 가끔은 그처럼 똑똑하고 완벽할 정도로 완성된 인간을 만날 수가 있다. 온통 결함투성이인 '현실' 속에서 그런 사람이 눈앞에 존재한다는 걸 믿을 수가 없다. 마치 신문 판매

대에서 하리보 젤리를 고르다가 한니발 렉터를 만나는 격이다. 만일 오데드가 캐서롤(서양식 찜 냄비-옮긴이)이라면 요리의 재료는 다음과 같을 것이다.

이요르(〈위니 더 푸〉에 나오는 당나귀 캐릭터-옮긴이) 한 개

정신적으로 우울한 우디 앨런 반 컵

작가 데이비드 포스터 월리스 이백오십 그램

밴드 '더 큐어'의 보컬 로버트 스미스 약간

모든 재료가 약간 혼란스러워질 때까지 무표정으로 뒤섞인다. 나는 그와 금세 깊은 플라토닉 러브에 빠져들었다. 함께함을 즐길 수 있는 '진짜' 이스라엘 사람이 내게 제공되었고, 나는 후추를 치듯 질문하기 시작했다. 나는 질문이 많았고 늘 갖고 다니는 메모장이 있었다. 네 번째 질문을 하자 오데드는 내 메모장을 보고 말했다. "사실은요, 이스라엘 특파원 노릇을 하는 것이 기분이 좋지는 않아요."

"그래요?" 인간은 대개 다른 사람들에게 자신의 의견을 색종이 조각처럼 뿌려댈 기회를 매우 좋아한다. 이스라엘에서는 더욱 그렇다. 여행 사흘째였지만, 내가 보기에 많은 이스라엘 사람들은 질문을 기다리지도 않은 채 먼저 큰 소리로 대답을 던져대곤 했다.

"당신의 문학적 노력은 완전히 무익해요." 오데드는 사

무적으로 말했다. "성공하지 못할 겁니다. 한 국가를 어떻게 설명할 수 있습니까? 불가능해요. 심지어 말도 안 되는 일이죠. 그건 그저 거짓말에 지나지 않을 겁니다."

나는 테이블 모서리를 움켜쥐었다. "하지만 그런 논리라면 우리가 이야기할 수 있는 건 거의 없잖아요. 이 테이블에 관해서도 이야기할 수 없죠. 저는 이 테이블을 무슨 나무로 만들었는지조차 모르겠는데요."

오데드는 부자연스럽게 웃었다. "네, 그럴 겁니다. 대신 테이블의 기능에 관해서만 이야기해야 할 수도 있죠. 이 테이블은 우리가 마시는 맥주를 올려놓기에 아주 좋지 않나요? 제 맥주잔을 여기 올려놓으니까 아주 든든한데요."

"좋아요. 테이블 얘기는 그만합시다." 나는 손바닥으로 테이블을 내려치며 말했다. "그럼 이제 제가 손에 들고 있는 잔에 관해 얘기해볼까요?"

오데드는 기운 넘치게 고개를 끄덕였다. "좋은 잔이죠. 제 생각에 당신이 마시는 맥주는 잔 속에서 아주 안전한 느낌이 들 겁니다." 오데드의 입가에서 일그러진 미소가 보였다. 그날 저녁 처음 보는 웃음이었다. "미안합니다, 애덤. 하지만 저는 당신 의견에 꼭두각시 노릇을 하고 싶지는 않아요. 그리고 저는 이스라엘 사람입니다. 이런 문화에 흠

빽 젖은 사람이에요. 아주 많은 사람이 우리를 설명하려고 애썼어요. 전부 헛수고였지만요."

물론 그의 말이 옳았다. 하지만 어쨌거나 나도 애써볼 권리는 갖고 있었다. 나르시시즘은 작가에게는 가장 큰 힘의 원천이다. 나처럼 아주 가끔 글을 쓰는 작가라고 해도. 열어둔 식당 문 앞으로 군복 차림의 젊은 병사 세 사람이 지나갔다. 아네트의 시선이 그들을 따라갔다. "당신도 군대에 갔다 왔나요?" 오데드가 총을 든 모습은 상상하기 어려웠다.

그는 한숨을 내쉬었다. "아뇨. 저는 군대를 가고 싶지도 피하고 싶지도 않았어요. 열일곱 살 때 어느 쪽을 선택하면 어떤 파급 효과가 있을지 전혀 몰랐어요. 당국에서 저를 네 시간이나 면담한 뒤에 제가 '정신적으로 군 복무에 적합하지 않다'고 결론을 내렸습니다."

"놀라운 결과였나요?" 아네트가 물었다.

오데드는 술잔 아래쪽을 손가락으로 두드리며 아네트의 질문에 대해 생각했다. "별로 놀라지 않았어요. 왜냐하면 네 시간 동안 면담하면서 대부분 내가 얼마나 우울한지, 얼마나 내 머리통을 직접 날리고 싶은지 그런 얘기를 했거든요. 또, 면담 전날에 누군가에게 축구공으로 머리를 맞았어요. 그래서 한쪽 눈이 긴장한 것처럼 계속 꿈틀거리는 상태였고요. 면접관들에게는 아주 뜻밖의 일이었을 겁니다."

머리에 축구공을 맞은 일을 두고 뜻밖의 일이라고 할 수 있는 사람은 오데드밖에 없을 것이다. "면담 마지막에 그들은 제게 폭탄 해체 임무를 해볼 생각이 있느냐고 물었습니다. 아마 이렇게 생각한 것 같아요. '이 녀석은 어쨌거나 자살하고 싶어 하잖아. 어차피 죽을 거 기여할 수 있는 기회를 주자'고 말이죠." 오데드는 다시 뒤틀린 미소를 지었다. "저는 정중하게 거절했습니다."

오데드는 가장 진한 검은색의 블랙 코미디였다. 자신의 트라우마에 긴밀하게 연결되어 있고, 정직하게도 트라우마로 자기비하를 하다 못해 그걸 보타이처럼 몸에 걸치고 있다. 좋은 일이 생기길 원하지도 않는, 그런 사람이다. 좋은 일이 생겨도 그걸로 뭘 할지 알지 못하는 사람이기 때문이다. 만일 오데드가 바닥에 떨어진 100세겔 지폐를 발견한다면 그걸 주우려고 허리를 숙이다가 삐끗해서 병원에 가서 500세겔짜리 치료를 받게 될 것이다. 하지만 그는 멋졌다.

"군대에 가기 싫어서 거짓으로 정신적 문제가 있는 척하는 사람이 많나요?"

"네. 군대 가기 싫어했던 친구 한 명이 있었는데, 매일 아침 점호 전에 일부러 침대에서 오줌을 쌌습니다. 결국에는 군대에서 쫓겨났어요."

"군 복무를 하지 않은 사람들은 장기적으로 오명을 안게 되나요?" 아네트는 웨이터에게 와인을 한 잔 더 달라고 신호를 보내며 물었다.

"구직 면접에서는 항상 군 복무 여부를 물어봅니다. 저는 알고 보니 정신적 문제가 있었다고 대답합니다. 그러면 사람들이 절 보면서 말하죠. '제가 볼 때는 멀쩡해 보이는데요.'"

오데드에게는 여러 면이 있지만, 멀쩡해 보이지는 않았다. 잠시 대화가 끊어졌다. 나는 잔 속에서 안전한 느낌이 드는 맥주를 몇 모금 마시면서 군대에 가기를 거부했다는 것이 정신적 문제가 되는 세상에서 어떻게 살 수 있는지 생각했다. 나로서는 전쟁에 끌려 나가면서도 발길질을 하거나 비명을 지르지 않는 사람들이야말로 더 걱정스럽다.

"지금도 우울한가요, 오데드?" 내가 물었다.

"아뇨. 지금은 좋은 정신과 의사를 만나고 있어요. 그분에게 들어가는 돈이 제 수입의 삼 분의 일입니다. 하지만 그럴 만한 가치가 있어요."

"그걸 어떻게 알죠?"

"글쎄요. 처음에 의사를 만나러 갔을 때 저는 완전히 자기혐오에 빠져 있었습니다. 지금은 그렇지 않아요. 정신과에 다니지 않습니까, 애덤?"

"안 가요." 나는 양 손바닥을 들어 보이며 말했다. "몸에서 뭔가 썩어 떨어지지 않는 한 병원에는 가지 않을 겁니다."

"흠." 오데드는 쿠클럭스클랜(KKK단)의 새 지도자가 장애가 있는 흑인 레즈비언 이민자라는 사실을 알게 된 사람처럼 놀라며 말했다. "제 친구들은 모두 정신과에 다녀요. 제 생각에는 정신과 진료가 이스라엘 사람들의 진정한 국가적 취미인 것 같습니다." 그는 내 메모장을 내려다보았다. "원하시면 지금 말한 내용은 책 쓰실 때 넣어도 될 것 같습니다만……." 오데드는 책이라는 단어를 불운하게 자신과 엮이게 된 무언가처럼 말했다.

"애덤은 언제나 자신이 제일 잘 안다고 생각해요." 아네트가 끼어들었다. "못 말리는 사람이라니까요."

오데드는 눈을 가늘게 떴다. "아주 놀랍네요. 당신은 분명히 문제가 있어요, 애덤. 도움이 필요한 사람이에요."

"*맞아요!*" 아네트가 말했다. "제가 지금까지 늘 하던 말이에요!"

"뭐?" 나는 테이블을 내리치며 말했다. "그런 말 말아요, 오데드. 나는 문제가 없어요. 완벽하게 멀쩡합니다. 뭔가 있다면, 자기혐오가 아니라 자기애 속에 빠져 사는 것뿐이죠."

"바로 그거예요." 오데드는 고개를 끄덕였다. "바로 그거요. 그게 문제라니까요. 당신은 정상이 아니에요, 애덤. 안 좋은 상태죠. 정신과 의사를 만나보셔야 해요."

아네트와 오데드는 하이파이브를 했다. 오데드는 동지애가 넘치는 인간적인 행동에 놀랐는지, 더는 잔 속에서 안전한 느낌이 들지 않는 맥주를 몸에 조금 흘리기까지 했다.

우리는 숙소로 걸어가는 동안 예루살렘을 방문해야 할지 결정하려 애썼다.

"가지 말아야 할 것 같아." 아네트가 말했다. "너무 위험한 것 같고, 가볼 수 있는 다른 곳은 많아. 하이파는 어때?"

"예루살렘이 우리가 이 나라에 온 가장 큰 이유잖아."

"그래, 하지만 안정되어 있을 때 얘기지. 비교적 말이야."

"난 가야 한다고 생각해. 이스라엘에 와서 예루살렘에 가보지 않는 건 치과에 가서 입을 벌리지 않는 일과 같아."

"그건 이상한 비유인데."

"고마워." 나는 횡단보도에서 신호가 바뀌길 기다리며 말했다.

"칭찬 아니었어."

"아. 어쨌든, 이스라엘 사람들은 매일 이런 위험 속에서 살면서 움직이고 있어. 겨우 사흘인데, 우리도 괜찮지 않을까?" 신호가 바뀌었다. 우리는 도로로 내려섰다. 아네트는 몇 걸음 걷는 동안 아무 말도 하지 않았다. 자전거 한 대가 우리를 무시한 채 쌩, 스쳐 지나갔다. 아네트가 말했다.

"우리의 보통 생활과 비교하면 무척 위험하지만 그래도 상대적으로 그리 위험하지 않을 것 같긴 해. 폭탄처리반 병사와 비교하면 말이야."

내가 아네트를 껴안자, 그녀가 깜짝 놀라 넘어질 뻔했다.

"좋았어! 분명히 가볼 만한 가치가 있을 거야. 자기도 알게 될 거라고."

다음 날 우리는 배낭을 메고 기차역으로 향했다. 구급차 두 대가 우리 옆을 지나가는 바람에 손으로 귀를 막아야 했다. 등줄기를 따라 아드레날린이 쏟아져 나오는 느낌이 들었다. 맥박이 빨라졌다. 앞에 보이는, 기차역으로 가는 도로가 경찰이 둘러친 테이프로 막혀 있었다. 테이프 뒤쪽 도로 위에는 한 여자가 주저앉아 발작하듯 울고 있었다. 여자로부터 일 미터 떨어진 곳에 커다란 핏자국이 보였다. 누군가 여자에게 다가가 그녀를 껴안았다. 무슨 일이 벌어졌는지 모르지만 방금 벌어진 일 같았다. 우리는 텔아비브에서도 안전하지 않았다. 이스라엘 사람들도 마찬가지였다. 그 장면이 많은 걸 설명해주었다.

기차를 타고 이동하는 동안 가끔 손이 떨렸다. 불안 증상이었다. 우리가 도착한 예루살렘역은 경비가 아주 삼엄했다. 예약한 호스텔로 가는 노선버스를 기다리는 동안 다른 사람들을 의심의 눈초리로 보지 않을 수가 없었다. 혹시라도 누군가 갑자기 칼이나 총을 꺼낼 수도 있었다. 지난 몇 주 사이 버스를 대상으로 한 수많은 테러 공격이 발생했다. 바로 우리가 서 있는 버스 정류장에서도 사건이 벌어졌는데, 정류장은 뼈대만 남아 있을 뿐 유리창은 사라지고 없었다.

"자기도 나처럼 생각하고 있는 거지?" 아네트는 버스에 함께 자리를 잡고 앉으면서 말했다.

나는 깊게 숨을 들이마셨다. "날 날려버리는 건 아닐까 모든 사람을 의심스럽게 지켜보는 거? 그럼."

아브라함 호스텔 로비에 도착한 뒤에 나는 훨씬 마음이 가벼워졌는데, 배낭을 내려놓았기 때문은 아니었다. 우리는 즉시 바에 가서 술에 취하기로 했다. 아네트는 독일에 있을 때는 거의 술을 마시지 않았지만 휴가를 떠나자마자 무슨 와인 먹는 괴물이라도 된 것 같았다. 특히 스트레스를 받을 때는 더 심했다. "와인 한 잔 더 해야겠어." 그녀는 공용으로 사용하는 식당 공간의 테이블에서 일어서며 말했다. "해피아워가 금방 끝날 것 같아. 뭐 마실래? 와인이라도? 한 잔 값에 두 잔이야. 네 잔 가져올게."

아브라함 호스텔은 예루살렘에서 가장 크고 유명한 호스텔이다. 나는 다른 여행자들을 둘러보며 휴가로 예루살렘에 오는 사람들은 어떤 이들인지 파악하려 애썼다. 바에서 아네트의 목소리가 들렸다. "아뇨. 이건 그냥 두 잔이잖아요. 두 잔에 두 잔 무료를 원한다고요. 이런 빌어먹을. 그냥 병째로 가져가면 어때요? 도매상은 빼버리고……."

아네트가 자리로 돌아오는데 래리라는 이름의 키가 크고 마른 금발의 미국인이 우리가 앉은 자리에서 한 자리 떨어진 곳에 앉은 중년의 영국인 커플에게 말을 걸기 시작했다. 래리는 실제로는 서핑하러 한 번도 가본 적 없는 서퍼 같은 느낌을 주는 사람이었다. 사이즈가 두 개는 더 큰 빨간 티셔츠를 입었는데, 마치 한 번도 쏟아낸 적 없는 이야기들이 넘쳐 흐르기를 기다리는 것 같았다.

"선거를 다시 할 것 같지는 않아요." 그가 말했다. "오바

마가 헌법을 바꿀 거니까요. 오바마는 악의 화신이에요. 그가 매주 목요일에 백악관 지하에서 비밀 회의를 여는 걸 아세요? 그 주에 살해할 사람들의 명단을 만드는 겁니다."

커플 가운데 남자가 불편한 듯 앉은 채 몸을 꿈틀거렸다. "에. 흠. 그렇군요."

아내가 일어섰다. "글쎄요, 여보 우리 가서 *그거* 해야 하잖아요……. 방에 가서……, 가야죠……."

"만나서 즐거웠습니다." 사내는 그렇게 말하고는 아내를 얼른 따라갔다.

"그래요. 제가 링크를 좀 보내드리죠." 래리는 사라지는 커플에게 소리쳤다. 그는 일어서더니 주방에서 설거지를 하는 아시아인 남자에게 다가갔다. 래리는 사회 통념에서 허락하는 거리보다 두 걸음은 더 가까이 상대에게 다가섰다. "놈들은 우리를 바보 같은 상태에서 깨어나지 못하도록 물에 화학 약품을 넣고 있어요." 래리가 말했다. "저는 이 웹사이트에서 읽었어요. '해방된 정신'이요. 아세요? 그렇죠, 서방 제국주의 미디어에서는 전혀 들을 수 없었을 겁니다. 아니, 아니에요. 그들은 살인자들을 위해 일하는 꼭두각시죠."

래리는 손가락 두 개를 모아 비누 섞인 물에 담갔다가

아시아인 사내의 코끝에 문질렀다. 사내는 놀라 얼어붙었고 그가 손에 든 보라색 플라스틱 접시에서 타일 바닥으로 비누 거품이 뚝뚝 떨어졌다. 사내는 무슨 일이 벌어지는 건지 파악하려 애쓰다가, 어떻게 하면 이 상황을 멈출 수 있을까 고민하던 중에 몸이 굳어버린 것 같았다. 래리는 귀 뒤쪽으로 머리칼을 쓸어넘겼다. "어떤 사람들은 그냥 들은 걸 전부 믿어버려요. 저요? 조금 더 깊게 파보는 걸 좋아하죠. 그들이 말해주지 않는 걸 찾는 거예요."

'그들'이 누구인지는 래리가 침실들이 있는 쪽으로 사라지기 전까지도 확실히 밝혀지지 않았다. 아네트는 반대편에서 호스텔의 도서관을 살펴보는 척하고 있다가 내게 손을 흔들어 보였다. 나는 와인 잔을 들고 움직였다. 조심할수록, 취할수록 좋으니까.

"옆으로 두 자리 떨어진 곳." 아네트는 내 귀에 속삭였다. "여자 랍비 수련생들이 '개더링'이라는 행사의 주최자 한 명과 이야기하고 있어."

만일 인생이 스크래블 게임이라면, 여자 랍비 수련생을 찾아낸 사람은 점수를 세 배로 따낼 수 있다. 우리는 그들과 가장 가까운 곳에 자리를 잡고 앉았다. 아네트는 와인병이 마치 오래된 친구라도 되는 것처럼 끌어안았다. "여자 랍비가 많나요?" 한 사내가 물었다. "저는 랍비라면 거의 다 남자인 줄 알았는데요?"

"유명한 랍비들은 남자죠." 수련생 중 한 명이 말했다. 그녀는 짧은 머리칼을 빨간색으로 염색했는데, 작고 둥근 코가 자기 주장이 강하지 않을 것 같은 인상을 주었다. "하지만 여자들도 랍비가 될 수 있어요."

"와우, 멋지군요." 사내가 말했다. 사내의 말투는 솜씨 좋은 중고차 판매상 같았는데, 어떻게 해야 협상을 마무리할 수 있는지 정확히 알고 있었다. "여러분의 헌신과 열정 앞에 겸손해지지 않을 수가 없군요. 저는 개더링이라고 부르는 대규모 기독교 행사를 시작한 사람들 가운데 한 명입니다. 손목에 보라색 밴드를 착용한 사람을 주위에서 많이 볼 수 있을 겁니다. 그들이 전부 개더링 참가자들입니다."

우리는 보라색 손목 밴드를 착용한 사람들을 많이 목격했다. 한 무리는 우리가 '한 잔 전' 와인을 마시고 있을 때 둥글게 서서 즉석 기도를 올리기도 했다. 와인 한 잔 마실 때마다 잘라서 시간을 가늠하는 방식은 완벽하게 마음에 들었다. 고대 그리스인들도 분명히 그랬을 것이다.

"개더링은 세계 최대 규모의 기독교 축제입니다. 만오천 명이 모여 예배를 볼 수 있으리라 기대하고 있습니다. 기도를 올리는 사람은 모두 작게라도 하나님께 호소하지만, 우리가 하나로 뭉치면 그 소리를 증폭할 수 있습니다."

"그렇겠죠." 빨간 머리는 경험 많은 기도 전문가처럼 권위 넘치게 대답했다.

"제 생각에 우리는 진정한 약진을 앞두고 있는 것 같습니다. 그분께서 우리에게 뭘 원하시는지 배우는 거죠. 내일이 바로 그날이 될 것입니다. 개더링의 힘은 그저…… 멋집니다. 싱가포르에서 첫 번째 행사를 치른 뒤, 저는 더할 나위 없이 큰 힘을 얻었습니다. 도취된 겁니다. 아시겠어요?"

"그렇군요." 수련생이 고개를 끄덕였다.

"그래서 택시를 타고 집에 돌아오는 길에 기사에게 그리스도의 힘에 관해 말했습니다. 집에 도착해서는 기사에게 제가 갖고 있던 성경을 주었죠. *제가 개인적으로 사용하던 걸요.* 혹시 기사가 저랑 얘기하고 싶어 할까 봐 성경에 제 전화번호를 적었습니다. 삼 년 뒤 전화를 받았습니다."

이야기를 듣던 수련 랍비들은 날카롭게 숨을 몰아쉬었다. "말도 안 돼요!"

사내는 윙크를 했다. "이런, 이런. 바로 그 택시 기사였어요. 그는 말했습니다. '그날 선생님께서 제 인생을 바꿔놓았다는 걸 알려드리고 싶었어요. 삼 년이 흘렀지만 저는 여전히 그리스도의 길을 따르고 있답니다.'"

"와우." 빨간 머리가 말했다. "진짜 감동적이네요."

"아멘." 다른 수련생들이 말했다.

"그게 바로 개더링의 힘입니다." 사내가 말했다.

나는 예루살렘 신드롬이라는 말을 떠올렸다. 예루살렘에 온 여행객들은 도시의 종교적 분위기에 압도당해 그들이 경영 컨설턴트나 골프 강사, 청소부라는 사실을 잊고 스스로 예언자라고 믿기 시작한다. 호스텔에서 한 발자국도 벗어나지 않았는데도 우리 주위 모든 사람은 이미 이곳 도시에 어떤 식으로든 영향을 받은 것 같았다. 우리는 압도당한 채 잠자리에 들었다. 개더링의 힘 때문이 아니라 와인의 힘에 영향을 받아서였다. 두 사람 모두 여전히 포도주의 길을 따르고 있었다.

잠에서 깨니 여전히 아름다운 파라다이스에서의 하루가 시작됐다. 구도심을 방문할 시간이었다. 거미줄처럼 연결된 좁은 골목길과 모든 방문객을 혼란스럽게 만드는 동굴로 이루어진 곳. 그날은 안식일로 유대교에서 일주일마다 돌아오는 휴일이었는데, 대개는 집에서 가족과 보내는 날이었다. 도착하자마자 우리는 주요 교차로의 경비가 삼엄하다는 걸 알아차렸다. 어떤 지역은 방문자보다 경찰의 수가 더 많았다. 우리는 처음으로 '통곡의 벽'과 그 위에 자리 잡은 '성전산'을 볼 수 있었다. 이곳은 이슬람, 기독교, 유대교 등 세 개 주요 종교의 중심지이자 아마도 세계에서 가장 다툼이 많은 땅일 것이다. 이런 상황만 보면 세상의 주요 종교들 사이에는 차이보다는 유사성이 많을 수도 있다는 결론이 합리적인 것 같았다. 그러나 슬프게도 인류는 무한한 완고함 속에서 이 한 조각 땅을 위해서 서로 다투고 죽이기를 선택했다. 종교가 없는 나로서는 모든 상황이 터무니없게 느껴졌고, 마치 놀이터에서 세 아이가 누구의 상상 속 친구가 가장 먼저 존재했는지를 두고 싸우고 있는 것 같았다.

나는 야구모자를 하얀색 유대인 전통 모자로 바꿔쓰면서 남성 참배객들에게 배정된 구역으로 걸어 들어가 벽을 향하는 경사지로 내려섰다. 그러는 동안 참배객들이 웅얼거리며 내는 소리를 처음으로 듣고 그들이 몸을 앞뒤로 흔드는 모습을 봤다. 유대교에서 만들어내는 독특한 동작으로 셔클링이라고 부른다. 한 손으로 벽을 짚고 나머지 몸을 떨면서 경전 토라를 외는 것이다. 내 왼쪽에 있는 사내가 더 큰 소리로 기도했다. 몇 명의 사내가 합류하더니 그들의 기도가 벽을 따라 울렸다. 한마디도 알아들을 수가 없었다.

이루 말할 수 없이 아름다웠다. 이 벽은 다른 많은 벽처럼 공간을 나누었지만, 동시에 모든 종교와 국가를 하나로 묶어주고 있었다.

손을 뻗어 벽에 댔을 때 뭔가를 느낄 수 있으리라 진정으로 희망했다. 많은 것이 아니어도 괜찮았다. 여행에서 영적 각성을 기대하지는 않았다. 그렇긴 하지만, 주위에 있는 남자들이 느낀 것 가운데 한 조각이라도 경험할 수 있다면 아주 반가울 터였다. 어쩌면 내가 혼자가 아니라는 느낌? 이 모든 상황에 뭔가 의미가 있으리라는 것? 하늘에서 어떤 계획, 어떤 프로젝트의 관리자가 굽어보고 있으리라는 사실? 내가 복잡하고 무관심한 수많은 시스템의 무작위에 의한 결과 그 이상의 존재라는 것? 나는 시스템이 내게 제공하는 조정과 매개에 관해 스스로를 속이며 매일 그 안에서 움직여왔다. 나는 죽음의 작은 팡파레가 울릴 때까지 짧은 기간 그럭저럭 좋은 시간을 보내기 위해 세상에 온 것만은 아닐 수도 있었다.

벽 앞에 서 있는데, 갑자기 내가 종교를 엉뚱하게 분석하고 있는 것 같았다. 나는 *'하지만 그들이 틀렸어'*라는 부분에 너무 열중하고 있었다. 그런 부분은 알 수 있게 된다고 해도 그다지 중요한 일이 아니다. 나는 *'(틀렸을 수도 있*

지만) 그들처럼 해보면 어떤 느낌일까'라는 부분에 초점을 맞췄어야 했다. 당신은 커다란 믿음이라는 수확기 속 작은 톱니가 된다. 당신은 하나님이 선택한 사람들에 속해 전체 구조를 알고 규칙과 함께 훌륭한 모자를 얻는다. 물론 약간의 자유 의지와 분별력, 베이컨을 포기해야 하지만 대신 공동체, 목적, 사회성을 얻는다. 내가 이 프로젝트를 시작한 이유는 내가 얼마나 혼자 고립되었는지 깨달았기 때문이다. 내 삶은 너무 단순하고 늘어져 있었다. 그걸 바꾸려 애쓰고 있다. 뭔가 나보다 더 거대한 존재와 나를 연결하기 위한 노력이었다.

나는 내 왼쪽에 선 사내를 바라보았다. 사내는 눈을 감은 채 하늘을 향해 머리를 살짝 들고 아주 열심히 몸을 흔들며 울부짖고 있었다. 사내가 양 손바닥을 차가운 통곡의 벽 석회암 표면에 뻗었다.

내 느낌은…….

그러니까…….

뭔가 느껴졌다!

속이 살짝 울렁거린 느낌뿐이었다. 뱃속이 꼬인 것 같았다. 뱃속의 내용물이 갑자기 빠져나오려는 느낌 그리고 그런 일이 벌어져도 내가 통제를 할 수 없을 것 같은 기분. 이

것이 하나님으로부터의 메시지일까? 만일 그렇다면 분명히 이상한 일이었다. 눈을 감았다. 울렁거림이 가라앉는 것 같았다. 아, 이게 실마리인가? 나는 다시 눈을 떴다. 울렁거림이 되돌아왔다.

오.

나는 영적 각성을 경험한 것이 전혀 아니었다. 세계 각국에서 여행 온 사람들은 통곡의 벽 틈새에 기도를 적은 종이를 밀어 넣었다. 벽의 틈새에는 수천 개의 종잇조각이 끼워져 있었다. 이게 문제였다. 나는 환공포증 비슷한 증상으로 고생했는데, (매우 불합리하지만) 뭔가 잔뜩 뭉쳐 있는 걸 보면 두려운 마음이 들었다. 환공포증이 궁금하다면 구글 검색을 해보라. 하지만 예쁘고 끔찍한 키위, 멜론, 벌집의 내부 사진을 보고 싶을 때만 그렇게 할 것.

내 속이 메스꺼웠던 이유는 *그것* 때문이었다. 하나님은 내게 말을 걸지 않았다. 이제 떠나야 할 시간이었다. 여전히 신을 믿지 않는 채로, 여전히 혼자, 여전히 실존적 불안에 시달리면서. 여기는 내가 속할 곳이 아니었다. 나는 선택된 사람이 아니었다. 통곡의 벽은 내게는 그냥 평범한 벽으로 남을 것이다.

그날 밤 호스텔로 돌아온 아네트와 나는 다시 다른 사람들의 대화를 지켜보았다. 챙 넓은 야구모자를 쓴 미국인이 야외 활동용 복장을 특별히 갖춰 입은 벨기에 사람과 이야기하고 있었다. 두 사람은 내가 '리얼 체험 테니스'라고 부르는, 여행자들에게 인기가 높은 게임을 하고 있었다.

미국인의 서브. "통곡의 벽에 가보셨나요?"

"그럼요, 두 번이요." 벨기에인이 머뭇거리지 않고 막아냈다.

"두 번이요?" 미국인의 대답은 백핸드로 받아내는 슬라이스였다. "저는 오늘 이곳에 사는 수염 기른 분과 대화를 했습니다. 정말 끝내줬어요."

"그 사람 랍비였나요?" 벨기에인이 포핸드로 되물었다.

미국인은 베이스라인으로 돌진했다. "아뇨, 빵 굽는 사람이요. 빵을 팔더라고요. 그런데 아주 독특한 빵이었습니다." 어려운 자세에서도 솜씨 좋게 리턴을 해냈다. 벨기에인은 아주 독특한 빵을 파는 빵집 주인을 만나본 적이 없었다. 미국인이 십오 대 영으로 앞서나갔다.

아네트는 그녀만의 하나님인 와이파이를 좀 더 가까이 영접하기 위해 로비로 가버렸다. 그녀는 스카이프로 로비에서 말도 안 되는 일이 벌어지고 있다는 내용의 메시지를 보내왔다. 나더러 서둘러 와보라고 했다. 로비로 가보니 하얀색 반소매 셔츠를 입은 풍채 좋은 금발의 사내가 있었다. 셔츠는 상당히 오랫동안 다리미와 만나본 적이 없어 보였다. 사내는 호스텔 입구를 서성거리면서 낡은 소파, 반쯤 빈 자동판매기 그리고 열다섯 살도 안 되어 보이는 자원봉사자가 서 있는 리셉션 데스크 주위를 돌아다녔다. 사내의 차림새 중 가장 관심을 끈 것은 셔츠의 화려한 주름이 아니었다. 이스라엘의 국기 무늬가 박힌 그의 넥타이였다.

겉으로 보기에는 공항에서 마지막으로 남은 동전으로 괴짜 삼촌을 위해 무심코 산 신기한 문양의 넥타이 같았다. 사내는 멋을 부리려고 넥타이를 맨 것 같지는 않았다. 그런 넥타이를 하는 게 이치에 맞는다고 생각하는 것 같았다. 물론 예루살렘에서는 그럴듯하게 보였다. 하지만 예루살렘은 논리가 그다지 필요 없는 곳이다. 예루살렘에 완벽하게 어울리는 넥타이지만 또 어떤 사람들은 머리를 긁적이며 신기한 넥타이를 잡아당기기도 할 것이다.

사내의 얼굴 윗부분은 아랫부분이 대답해주지 못하는 질문을 하고 있었다. 그는 공중전화로 가서 전화를 걸더니 로비에서 조금 더 돌아다니다 중얼거리고 우리로부터 몇 자리 떨어진 곳에 앉아 팔을 긁고 관자놀이를 문지르더니 일어서서 그 모든 과정을 반복했다. 그동안 그는 같은 문장을 반복해 말했다. "오 년 동안 가족을 만나지 못한다는 걸 상상할 수 있습니까?"

"나는 대사관에 전화해야 해."

"나는 이스라엘을 지지한다!"

밖에서 여자 한 명이 로비로 들어왔다. 키가 작고 가만히 있지 못하는 중년의 그녀는 볼품없는 회색 겉옷을 걸치고 유령처럼 움직였다. 여자가 옆에 앉자 사내가 말했다. "저들이 내 가족을 데려갔어요. 난 대사관에 전화를 걸어야 해요."

여자의 손이 자신의 가슴으로 올라갔다. "누가 가족을 데려갔어요?" 여자는 미친듯이 로비를 둘러보았다. 마치 사내의 가족을 방금 전에 누군가 천으로 얼굴을 덮어씌워 출입구로 끌고 나가 표식 없는 밴에 태워 간 것처럼.

"노르웨이 정부예요!" 사내의 손톱이 자신의 팔뚝을 파고들었다.

여자는 눈썹을 추켜세웠다. "가족을 잡아갔어요? 그들을 어디로 데려갔죠?"

"노르웨이로요. 그들이 날 내쫓았어요. 이제 저는 가족을 잃었습니다."

여자는 어떻게 최선의 도움을 줄 수 있을지 잠시 생각했다. 친절한 여자였다. 시간을 내어주고 도움을 제안했다. 모두가 그러지는 않는다. 여자의 해결책은 상당히 혁신적이었다. "기도를 해보셨나요?" 여자가 물었다.

"네. 당연히 기도를 해봤죠."

여자는 더 똑바르게 앉았다. "만일 기도를 하시면 하나님께서 선생님의 가족을 돌려주실 거예요."

아네트와 나는 입을 벌린 채 *'이게 진짜야?'*라는 표정을 주고받았다. 우리는 이스라엘에 도착한 뒤로 이 표정을 상당히 많이 사용하고 있었다.

여자가 일어섰다. 나는 여자가 남자를 안아주려 한다고 생각했다. 그러면 좋았을 것이다. 마약을 대신할 포옹? 하지만 그러는 대신 여자는 사내를 내려다보았다. 아니, 그러려고 했지만 남자가 앉아 있는데도 자신의 키가 너무 작다는 걸 알아차렸다. 여자는 남자의 머리 위로 손가락 하나를 사십오 도 각도로 뻗은 다음 원을 그리기 시작했다.

"음……." 여자는 중얼거렸다. "성령과 예수 그리스도를 당신의 주인이자 구세주로 받아들입니까?"

"네." 남자는 머뭇거리지 않고 대답했다.

여자는 손가락을 더 빨리 돌렸다. "불을 느낄 수 있습니까? *불길을 느낄 수 있습니까?*"

남자는 우리와 시선이 마주쳤다.

"오오, 예수 그리스도시여……." 여자가 중얼거렸다. "주님, 우리의 구원자시여. *불길을 느낍니까?*"

남자는 뭔가를 느끼고 있었다. 내 생각에는 아마 거북함일 것이다.

"모르겠어요. 보이는 것 같기도 한데." 남자는 어깨를 늘어뜨리고 온순하게 말했다.

"음……. 음……. 이걸 느낄 수 있습니까? 예수를 찬양하라! 불길을 느낄 수 있습니까?" 여자는 손가락으로 원을 그리는 속도를 점점 빠르게 했다. "그분을 맞으라. 그분을 찬양하라. 주 예수께 기도를. 불길을 느낄 수 있습니까? 불길을 느낄 수 있습니까?"

"글쎄요……." 남자는 진정으로 불길을 느끼고 싶어 하는 것 같았다. 기꺼이 불길의 열기를 맞이할 것 같았다. "아, 아마 그런 것 같습니다." 남자는 자기 발을 내려다보면서 말했다. "그런데 제 속에는 불이 아주 많아요."

여자는 남자의 시들한 대답에 만족하고 웃음을 지었다. 과업을 완수하고, 또 하나의 영혼을 구제한 그녀는 물러나 앉았다. "예수님께 기도하면 가족을 돌려주실 겁니다."

나였다면 이런 상황에서 이렇게 질문해서 반박했을 것

이다. '애초에 예수께서 왜 가족을 데려가셨나요?' 하지만 사내는 오히려 이렇게 말했다. "이미 기도했습니다." 그리고 양손으로 숙인 머리를 움켜쥐었다. 아마도 다시 기도하려는 것 같았다.

"기도가 충분하지 못했어요." 여자는 대답하더니 소지품을 챙겼다. "나는 가야 해요. *이제 나는 가야 합니다.* 교회에서 기도를 올려야 해요." 그 말을 남기고 여자는 다시 출입문 밖으로 사라졌고, 묵직한 유리문이 흔들리며 닫혔다. 남자는 일어나 공중전화로 다가갔다. 아네트와 나는 꼼짝도 하지 않은 채 앉아서 아무 소리도 내지 않았다. 이 사람들은 누구일까? 더 중요한 건 우리가 이들이 하는 낮 공연도 예매할 수 있는 걸까?

"오, 이런. 맙소사. 난 이 나라 너무 좋아." 나는 말하기 능력을 되찾은 뒤 말했다.

"나도. 자기처럼 돈도 없는 사람에게 이렇게 훌륭한 볼거리를 제공하는 나라는 어디에도 없을 거야."

"이 나라에서 사는 걸 상상할 수 있겠어?"

"죽었다 깨어나도 안 돼. 불이 너무 많아." 아네트는 일어나 손가락으로 내 머리 위에서 원을 그려 보이며 말했다. "와인을 좀 더 가져와야겠어. 자기 뭐 필요해? 혹시 와인이라도? 네 잔 가져올게. 해피아워가 금방 끝날 거야."

그날 밤늦게 위층으로 다시 올라온 우리는 공용 공간을 즐기고 있었다. 음모론자인 래리가 다시 나타났다. 그는 돌아다니면서 쉽게 설득당하는 여행자 몇 명과 싱가포르에서 온 기독교인들에게 자신만의 종교인 '진실'을 전도했다. "최근에 아주 끔찍한 두통이 생겼어요." 래리는 젊은 독일인 커플에게 말했다. "그래서 저는 정부가 제 입속에 무선 수신기를 집어넣었을지도 모른다고 생각했어요."

"그래서 치과에 가서 입속 사진을 찍었지만 의사는 아무것도 찾아내지 못했습니다. 이상하지 않나요? 저는 제가 미쳐가는 줄 알았습니다. 하지만 그때 저는 '해방된 정신'에서 최신 원격 정신 조종 기술에 대해서 읽게 되었습니다. 미국 정부가 만들어낸 겁니다. 컴퓨터 칩이 아니에요. 그래서 왜 두통을 앓게 되는지 알 수 있었죠. '해방된 정신' 아세요? 제가 링크를 좀 보내드리죠."

커플은 일어나 그 자리를 떠나면서 래리는 좋은 사람인데 뭔가 매우 이상한 걸 믿는다는 식으로 말했다. 나는 정신을 해방하는 건 좋은 일이지만 그 정신이 여기저기 헤매고 다니지 않도록 조심해야 한다고 생각했다.

"그렇죠. 모두가 '진실'을 맞을 준비가 되어 있지는 않죠." 래리는 커플의 뒤에다 대고 소리를 지르고는 다시 맥주를 마시기 시작했다.

아래층에서 미스터 이스라엘 넥타이를 본 뒤로 나는 한 가지 일만을 바라고 있었다. 그런데 그 일이 일어났다. 그런 일이 벌어지면 정말 멋지지 않은가? 내가 원하는 걸 온 우주가 들어주는 순간. 누구나 뭔가를 믿게 되는…….

그만두자.

미스터 '불길을 느낄 수 있습니다(아마도)'가 위층으로 올라왔다. 그는 여전히 신기한 넥타이를 맨 채 음모론자 래리의 진실의 소굴을 향해 곧장 걸어갔다. 나는 기뻐서 앉은 자리에서 몸부림쳤다. 이건 존 레넌이 폴 매카트니를 만나는 장면을 지켜보는 것과 마찬가지였다. 두 사람은 정부의 음모론이라는 명음반을 만들어내기 위해 그들의 재능을 결합할 수도 있다.

"그들이 내 가족을 훔쳐 갔어요." 미스터 이스라엘 넥타이가 래리의 테이블 가까이에서 말했다.

"네. 그들은 그런 짓을 하죠." 래리는 맥주병으로 테이블을 쾅, 내리치며 말했다. "앉으세요, 선생님. 무슨 일인지 말해주세요."

"그들이 내 가족을 훔쳐 갔어요. 난 대사관에 전화해야 합니다. 가족을 되찾아야 해요." 남자의 어깨가 앞으로 무너져내렸고, 그는 오래 방치된 식물처럼 보였다.

"어떤 대사관이요?" 래리가 물었다.

"노르웨이 대사관이요."

"노르웨이가 선생님의 가족을 훔쳤나요?" 래리는 한쪽 눈썹을 추켜올리며 물었다. "왜요?"

"제가 이스라엘이라는 나라를 믿기 때문이죠!"

래리는 흘러내린 머리칼을 귀 뒤로 넘겼다. "잠시만요……. 이건 말이 되지 않아요." 래리는 *이 순간*을 맞아 불신에만 매달리던 태도를 잠시 멈췄다. 자발적인 건지 칩도 심어두지 않은 채 정신을 조종하는 힘의 영향을 받아서인지는 알 수 없었다. "저도 이스라엘이라는 국가를 믿고 있어요. 하지만 아무도 제 가족을 훔쳐 가지는 않았습니다."

"글쎄요, 노르웨이는 제 가족을 훔쳤어요. 저는 노르웨이에 사는데, 어느 날 정부에서 나온 사람들이 제 아내를 만나러 왔습니다."

"휴우. 정부 이야기는 꺼내지도 마세요. 빌어먹을 테러리스트 단체 놈들이라니까요."

"그 사람들이 아내에게 저와 이혼하지 않으면 아이들을 데려가겠다고 했습니다."

래리는 고개를 흔들었다. "그들이 왜 그런 말을 했죠?"

"제가 이스라엘을 지지하기 때문이죠!"

"그런 식으로 사람에게 이혼을 강요할 수는 없어요."

음모론자 래리가 곤경에서 구해주기를 거부한 사람이라니, 상대는 논리의 우물에 깊이 빠진 사람이었다.

"지금 제가 거짓말한다는 건가요?" 미스터 이스라엘 넥타이가 의자에서 일어서며 말했다.

"아뇨, 선생님. 앉으세요. 저는 그저 노르웨이 정부가 당신을 추방하는 데 뭔가 다른 이유가 있었는지 궁금한 것뿐입니다."

"그건 제가 유대인 국가를 지지하기 때문이라니까요!" 남자는 자신의 주장만이 모든 일을 명확하게 만드는 것처럼 반복해서 말했다.

래리는 의자에 앉은 채 몸을 뒤로 기댔다. "슬픈 이야기임은 분명하고, 아이들을 되찾으시기를 기원합니다. 하지만 제가 듣기에는……. 모르겠습니다만, 제가 듣기에는 조금 무리가 있는 것 같아요."

미스터 이스라엘 넥타이가 움찔했다. "어쨌든 제가 여기 있잖아요. 그들이 날 외국으로 추방했습니다."

"선생님은 노르웨이 사람인가요?"

"네. 저는 노르웨이 여권을 갖고 있습니다."

"말이 되지 않는데요. 그들은 선생님을 외국으로 쫓아낼 수 없어요. 정부라고 해도 그러지는 않습니다."

대개 이런 대목에서 사람들은 화를 내지만, 미스터 이스라엘 넥타이는 그저 자신이 가진 테이프를 끝까지 틀었다가 처음으로 되감아서 다시 시작했다. "대사관에 전화를 걸어야겠어요." 그는 발을 끌며 아래층으로 내려갔다.

"별난 사람이군." 래리는 미스터 이스라엘 넥타이가 목소리가 들리지 않을 정도로 멀어지자 빈정거렸다. 그는 내게 고개를 돌렸다. 내가 너무 열심히 듣고 있었던 건지도 몰랐다. "저 사람 말 믿을 수 있어요?" 그가 말했다. "이상한 사람들 많아요, 그죠?"

고개를 끄덕였지만 사실 나는 미스터 이스라엘 넥타이의 말을 쉽게 믿을 수 있었다. 나는 또 래리도, 개더링에 참여하는 사람들도, 수련생 랍비들도 그리고 통곡의 벽에서 몸을 흔드는 정통파 유대인들도 믿었다. 그들이 하는 이야기와 신앙을 믿는 것은 아니지만, 그들의 이야기와 신앙은 그들에게 완벽하게 말이 되었다.

왜냐하면 나도 느꼈기 때문이다. 뭔가 휑한…… 구멍.

*'이게 다 무슨 소용인가.'*라는 생각의 구멍.

*'전혀 말도 안 돼.'*라는 생각의 구멍.

그런 구멍을 메울 뭔가를 찾으려 애쓰는 행동은 일반적이고 합리적이었다. 애초에 내가 그곳에, 아무렇게나 고른 나라의 아무렇게나 고른 호스텔에서 낯선 사람들에 둘러싸여 앉아 있게 된 것도 그런 이유 아니었나? 직업이든, 종교든, 약물이든, 쾌락주의든, 모형 기차든, 사랑이든, 우정이든, 섹스든(쾌락주의 참조) 또는 이상한 곳으로의 여행이든(내가 최근에 선택한 약물이다), 우리는 모두 그 구멍을 채우기 위한 무언가를 찾고 있다. 만일 당신이 엉뚱한 사람들을 만나거나 기묘한 책을 읽거나 비참한 경험을 겪는다면, 심하게 갈피를 못잡고 결국 ISIS에 합류하거나 사이비 교주와 함께 독이 든 음료수를 마시거나 엘튼 존의 콘서트를 보러 가게 될 가능성이 매우 커진다. 정신은 무너지기 쉽다. 삶이란 무딘 정신이 남기는 트라우마다.

그렇지만 인생의 변두리에서 길을 잃거나 혼란에 빠졌거나 아프거나 고립되어 있음이 분명해 보이는 이 모든 사람을 매료된 것처럼 지켜보는 일에 약간의 죄책감이 느껴졌다. "우리가 이런 상황을 즐기는 건 잘못일까?" 나는 〈론리 플래닛〉을 미친듯 뒤적이고 있는 아네트에게 물었다.

그녀는 잠시 손을 멈추고 생각해보았다. "실례가 된다는 뜻이지?"

"그렇지."

"사람들의 믿음을 존중하지 않고 흥밋거리로 보는 거?"

아네트는 어깨를 으쓱했다. "그 사람들도 우리를 비종교인으로 존중하는 것 같지는 않아. 우린 그저 행복하게 여기 앉아서 어떤 전쟁도 일으키지 않고 누구의 정신도 조종하려 들지 않고 이상한 넥타이를 매지도 않았는데도."

"그건 그렇지."

아네트가 일어섰다. "한 잔 더 마시면서 생각해보자고." 그녀는 바로 향하면서 말했다. "내 생각에 해피아워가 금방 끝날 것 같아."

다음 날 우리는 호스텔 근처 시너고그에서 제공하는 특별 봉사 프로그램에 참여했다. 대개 정통파 유대인들은 세속적 세상과 최소한의 상호 작용을 한다. 유대교는 전도하지 않는다. 그들은 새로운 신자를 원하지 않는다. 유대인들은 선택받은 것이지 선택하지 않는다. 뷔페가 아니다. 하지만 우리가 방문한 시너고그는 외부인들과 만나 그들이 살아가는 방식을 설명해야 한다고 믿고 있다. 어깨까지 내려오는 묵직한 검은색 머리 장식을 이고 앉은 중년 여성 게티가 호스텔의 로비에서 우리를 맞았다. 게티는 미국 출생이지만 이십 대 초반에 이스라엘로 이주해 지금은 그녀가 이룬 대가족이 함께 정통파 유대인이 되기 위해 종교 생활을 하고 있다. 인류 역사가 겨우 육천 년밖에 안 된다고 생각하는 사람과 함께 앉아 있는 건 신기한 일이었고, 실제로 게티도 만나자마자 그런 말로 이야기를 시작했다.

"진짜로 그렇게 믿나요? 아니면 그냥 상징적인 의미인가요?" 우리처럼 모인 여섯 명의 그룹에 속한, 오스트리아에서 온 종교학 교사 줄리어스가 물었다. 그는 기독교 선교단으로 이스라엘에 와 있었다. 그의 업무가 학교에 교과서를 제공하는 일이 아니길 바랐다.

"문자 그대로죠." 게티가 대답했다. "유대인들은 아담과 이브까지 혈통을 거슬러 올라갈 수 있습니다. 저희 집에 가면 우리 가족이 다윗왕의 직계 자손임을 보여주는 가계도가 있어요."

우리는 초조하게 서성거렸다. 사람들은 자기 신발을 내려다보았다. 누군가 기침을 했다. 이 용감한 여인은 우리 같은 사람들을 만나 말도 안 된다고 생각하는 것들을 제대로 말해주기 위해 매주 이곳에 나와 우리가 잘못 생각하고 있다고 설득하기 위한 고귀한 시도를 하고 있었다.

게티는 주위의 정통파 유대인 거주지를 구경시켜준 다음 우리를 시너고그로 데려가 토라 경전을 보여주고 유대인 빵집과 예시바(정통파 유대교도를 위한 학교-옮긴이), 마지막으로 정통파 유대인들을 위한 상점에 데려갔다. 상점에는 신자들에게 일상적으로 필요한 물건이 잔뜩 쌓여 있었다. 나는 이런 상품을 만들어낸 상인들이 세속적 세상과 비슷한 기술을 사용한다는 사실을 발견하고 깜짝 놀랐다. 기도할 때 쓰는 숄에는 세련된 광고 문구가 적혀 있었다. '당신이 기도하며 바라던 바로 그 기도 숄'. 기도용 경전도 색상이 다양했다. 나는 진분홍색 경전을 집어 들었다. "네. 여자분들도 기도는 해야 하니까요." 게티는 부끄러워하는 듯 말했는데, 얄궂게도 바로 옆에 *'아무도 부끄러워하지 않는 세상이 되었는가?'*라는 제목의 책이 보였다.

관광은 게티의 집에서 마무리되었다. 해외여행이 처음이라는 앤드루라는 미국인이 천장을 보며 말했다. "저건 뭐죠?" 게티는 앤드루의 시선을 따라갔다. "지붕의 곡선 말인가요?"

"아뇨, 저거요." 앤드루가 손으로 가리켰다.

"타일 무늬요?"

"아뇨, 저 물건이요."

"저건…… 에어컨입니다."

그냥 네모 난 모양의 일반적인 에어컨이었다.

"세상에, 진짜요?" 그 순간 우리는 앤드루 역시 부끄러워 얼굴을 붉히고 있음을 알았다.

"전에는 에어컨을 보신 적이 없나요?" 게티가 물었다.

"저렇게 생긴 건 처음입니다."

"저건 난방 기능도 있는데요……."

"말도 안 돼요! 진짜요? 세상에, 제가 모르는 게 너무 많네요. 저는 호스텔 샤워기에서 뜨거운 물을 어떻게 트는지도 아직 모르겠더라고요. 뭔가를 돌리면 될 거라고 생각하는데 늘 찬물만 나와요. 그리고 화장실 변기에서 어떻게 물을 내리는지도 모르겠고요. 버튼이 두 개 있잖아요. 저는 그냥 화장실에 바보처럼 서서 뭘 눌러야 할지 겁만 내죠. 왜 버튼이 두 개 필요한 거죠?"

"큰 일하고 작은 일이죠." 줄리어스의 아내인 세라가 대답했다.

"와." 앤드루는 놀라며 탄성을 내뱉었다. "미래의 물건이네요. 미국에는 그런 게 없거든요."

또 다른, 완벽하고 초현실적인 예루살렘의 한순간이었다. 인류 역사가 육천 년이며 하나님께서 우리 모두를 위한 계획을 갖고 있고, 모든 아랍 사람은 성전을 수행하려는 마음을 품고 있고, 메시아의 시대가 오고 있고, 그때가 되면 지구 위 모두가 평화를 얻게 되리라 믿는 여자의 집에 앉아 있다니. 겉으로 보기에는 함께한 모든 사람이 같은 언어로 같은 이야기를 하고 있었다. 하지만 현실에서 우리는 각자의 배경과 경험 그리고 내뱉는 말이 의미하는 바를 서로 도저히 이해할 수 없을 정도로 멀리 떨어져 있었다. 우리는 모두 앤드루였고, 서로 다른 문화 속 에어컨과 샤워기와 두 개의 버튼이 달린 변기를 바라보며 혼란스러워하고 있었다.

마지막으로 남은 해피아워를 최대한 활용하겠다는 계획을 세우고 아네트와 함께 호스텔로 돌아오면서, 나는 스스로에게 꽤 좋은 기분을 느꼈다. 우리는 특별한 사람들과 믿음으로 가득 찬, 흥미진진한 며칠을 보냈다. 이스라엘의 진기함은 넥타이에만 머물지 않았다. 발걸음이 가벼운 이유는 내가 어른이 되었고, 대체로 합리적이고 꽤나 괜찮은 여자친구와 함께 있다는 만족감 때문이었다. 그들의 괴짜 같은 믿음을 내가 그들 가운데 한 사람이 아니라는 확신 속에서 편안하게 즐길 수 있었다. 살짝 우쭐대고 싶은 기분이었다. 길거리 상황에 신경을 곤두세우지 않은 채 걷던 나는 서로 붙은 세 개의 사각 배수구 뚜껑을 밟고 지날 때 아슬아슬하게 세 번째를 밟지 않고 피할 수 있었다.

아네트가 갑자기 멈춰 섰다. "왜 그런 거야?"

"뭐가 왜 그래?"

"왜 그런 식으로 방향을 바꿔?"

나는 뒤쪽 배수구 뚜껑을 가리켰다. "세 개를 밟고 지날 뻔했거든."

아네트는 배수구를 내려다보고 나를 보더니 다시 배수구를 바라보았다. 조용히 이루어지는 적대적 심문이었다. 아네트는 내가 스스로 설명하기를 기다렸다. 나는 이미 설명했다고 느꼈고, 그래서 그녀가 설명하기를 기다렸다. 커플은 이런 식의 대화 교착 상태를 자주 겪는다. 상대방이 뭔가 말하길 기다리는 것이다. 우리 관계에서는 어떤 문제든 생기자마자 아네트가 서로의 머릿속 모든 생각을 공유하기를 강요하는 것으로 재빨리 해결된다.

"배수구 뚜껑 세 개를 밟는 게 뭐가 어때서?"

"배수구 뚜껑 세 개를 연달아 밟고 지나가면 운이 나빠지는 건 확실하잖아. 누구나 아는 사실이지."

아네트는 아차 싶은지 다시 생각했다. "도대체 세상 어떤 사람이 그런 말을 해?"

"내가 지금까지 배수구 뚜껑 세 개를 연달아 밟지 않으려 하는 걸 본 적이 없어?"

"없어! 밟으면 어떻게 되는데?"

나는 손가락으로 목을 가리켰다. *"엄청 나쁜 일이 생기지."*

아네트는 눈동자를 굴렸다. "말도 안 되는 소리. 그냥 날 짜증 나게 하려고 이러는 거지?" 아네트는 내 모든 행동은 그녀를 짜증 나게 하려는 교묘한 의도라고 믿는다. 마치 그러는 게 내 삶의 유일한 낙인 것처럼(사실은 내 삶의 가장 큰 낙일 뿐이다).

아네트는 내 팔을 잡고 나를 끌고 되돌아가 세 개의 사각형 모양 파멸의 전령 위로 데려갔다. 그녀는 우리가 우주 전체의 분노를 자극하고 있다는 걸 알아차리지 못했다.

"안 돼!" 나는 소리쳤고 우리는 갑작스럽게 길거리에서 레슬링을 벌이게 되었다.

가까스로 아네트로부터 벗어났다. 그녀는 배수구 뚜껑 위를 왔다 갔다 걸어 다녔다.

"그러면 안 돼."

아네트는 계속 같은 행동을 하면서 배수구 뚜껑 삼총사 위에서 점점 더 이국적인 모습으로 걸어 다녔다. 몬티 파이선의 '바보처럼 걷기부(코미디언 몬티 파이선이 설정한 영국의 괴상한 걸음걸이를 지원하는 국가 기관-옮긴이)'에서나 볼 수 있는 것 같은, 우주적 반항의 명백한 표현이었다. 그녀는 자신에게 저주와 멸망을 불러오기 위해 필사적인 것처럼 보였다. 나는 눈을 가려야 했다.

"자기는 스스로 심각한 불운을 자청하고 있는 거야."

"오, 이런!" 아네트는 소리쳤다. "젠장! 역시 그만두는 편이……."

그녀는 멈추지 않았다. 오히려 뒤로 걷는 시늉을 해 보였다. 그렇다. 문워크였다. 이단이다. "세 배수구의 신께 죽고 싶지는 않아. 무서워!"

나는 아네트의 팔을 잡고 그녀가 배수구에서 멀어져 안전해지게 하려고 애썼다. 사람들이 우리를 바라보고 있었다.

"자기가 얼마나 비이성적으로 구는지 알지?" 아네트가 말했다. 나는 어릴 적부터 세 배수구 뚜껑 놀이를 해왔다. 한 번도 따로 생각해본 적은 없었다. 갑자기 우쭐하던 마음이 쪼그라들었다. 사람은 누구나 타협할 수 없는 자신만의 믿음이 있다. 내 믿음은 누구에게도 아무런 해도 입히지 않는 것 같다. 우리는 아무 말 없이 계속 걸었다. 오래가지 않았다. 언제나 그랬던 것처럼 아네트가 침묵을 깨뜨렸다.

07

팔레스타인, 헤브론

"난 섹스가 필요 없어.
정부가 매일 날 강간하니까."

분쟁의 양면적 서사, 숨겨진 무신론자, 레게를 사랑하는 애주가

우리는 이스라엘 여행을 하면서 팔레스타인에 방문할 계획은 없었다. 하지만 텔아비브에 도착한 뒤 내 메일함은 친절하게도 수염을 잔뜩 기른 안와르라는 사내로부터 온 편지가 한 통 있다고 알려주었다. 안와르는 카우치서핑 멤버로 헤브론의 팔레스타인 자치 구역에 살고 있었다. 그는 자신의 집에서 밤샘 파티 형태로 숙박을 제공하겠다고 제안했다. 우리는 대개 숙박이 아니라 사람들과의 만남을 위해서만 카우치서핑을 사용했다. 카우치서핑에서 이렇게 적극적으로 숙소를 제공하겠다고 제안하는 사람은 거의 없다. 아마도 안와르는 거주 지역 때문에 자기 집 소파에서 자고 싶어 하는 사람을 찾아내는 데 어려움을 겪고 있는 것 같았다. 헤브론은 상황이 심각했다. 1995년 이래 헤브론은 두 개의 지역으로 구분되었다. H2 구역은 이스라엘이 '관리'했고 H1 구역은 팔레스타인의 '소유'였다. 이곳에서 정치적인 것들은 모두 관점의 문제였다.

우리는 묵고 있던 에어비앤비 호스트인 애덤에게 친구이자 인터넷에서 알게 된 낯선 사람인 안와르를 만나러 가는 게 어떨지 의견을 물었다. 그는 우리가 예루살렘에 가겠다고 했을 때도 그러지 말라고 강력하게 경고를 하더니 헤브론에 가겠다는 말에는 아예 대답조차 하지 않았다. 그냥 웃으면서 주방 청소만 하고 있었다. 마치 우리가 로켓에 몸을 묶고 번쩍거리는 그의 냉동고 겸용 냉장고를 향해 날아가겠다고 말하기라도 한 것 같았다. 오데드 역시 비슷하게 확신을 품지 못했다. 하지만 오데드는 자신의 존재 자체를 포함해 거의 모든 것에 대해 비슷한 태도를 취하는 사람이었다.

다른 한편으로(특히 내 입장을 보자면) 안와르에게 방문하는 것도 나쁘지 않다는 생각이 들었다. 이스라엘에 도착한 이래 모든 사람이 국경 너머의 무슬림들은 전부 칼을 휘두르는 지하디스트로 이스라엘의 파멸에 열중하고 있다는 사실을 우리에게 확신시키기 위해 애썼다. 이제 그 사람들이 틀렸다는 걸 증명할 기회가 왔다. 팔레스타인 사람들 이야기는 많이 들었지만 만나기는 매우 어려운데, 그들에겐 여행의 자유가 없기 때문이다. 이제 우리가 그들 가까이 왔고 그들 가운데 한 사람을 알게 될 기회를 제안받고 나니, 그 가능성을 조금이라도 즐기지 않는 건 잘못처럼 느껴졌다. 위험성? 뭐, 위험이란 늘 있는 것 아닌가? 이스라엘에 여행 온 것 자체가 이미 위험한 일이었다. 조금 더 위험해진다고 뭐가 어떠랴. 속으로 그렇게 생각했다.

나는 두려움을 모르는 여행자라고 스스로를 설득하는 솜씨가 점점 더 좋아지고 있었다. 베를린의 소파 붙박이인 나는 사라진 지 오래였다. 예전 그 모습을 생각하면 조금 창피했다. 내가 갑자기 용감해진 것은 아니었다. 그저 조금씩 의도적으로 위험 앞에서 눈을 감았다. 하지만 아네트는 안와르의 계획에 나보다는 관심이 적었다. "그 사람들은 외국인과는 아무 문제가 없어." 그날 밤 잠자리에 들며 내가 말했다. "그들은 이스라엘과 싸우고 있는 거야. 누군가 방문해 분쟁에 관심을 보이면 그들도 행복할 거야."

아네트는 윗입술을 깨물었다. "말이야 좋지. 하지만 자기는 실제로 조사는 전혀 하지 않았잖아. 평소 하던 대로 그냥 모든 게 괜찮으리라 추측하는 것뿐이지."

"좋아. 그럴 수도 있어." 나는 고백했다. "하지만 지금까지 모든 게 괜찮았던 건 맞잖아?"

"그래. 하지만 누구나 그렇게 말하다가 안 괜찮은 상황을 맞곤 하지."

나는 베개 깊숙이 머리를 처박았다. "그럼 그런 사람들은 뭐라고 말해? 거의 모든 게 괜찮았다고 말하나?"

아네트의 목소리가 낮아졌다. "아니, 그런 사람들은 아무 말도 못 해. 죽었으니까."

다음 날 아침 식사를 하면서 아네트는 갈색 빵에 크림치즈를 넉넉하게 바르면서 날 보더니 말했다. "자기는 그냥 나중에 책에 쓰려고 이런 행동을 한다는 느낌이 들어."

나는 아네트의 말을 인정하지 않을 방법을 찾아내느라 애썼다. 그러다 그녀의 말을 인정하지 않을 방법을 찾아낼 수가 없다는 사실을 인정하지 않는 방법을 찾아내느라 애썼다. "글쎄……. 뭐, 그 말에 약간의 진실이 섞여 있을 수도 있겠지." 나는 마지못해 인정했다.

나는 많은 글을 쓰지도 않았다. 사실 글을 쓰는 것보다 글 쓰는 일에 대해 이야기를 훨씬 더 많이 하는 종류의 작가다. 안락의자에 앉은 스포츠 팬처럼 나는 경기장 밖에서 문학을 응원하기를 더 좋아했다. 그곳에서라면 굳이 스스로 땀을 흘리는 벌을 주지 않아도 되기 때문이다.

"자기가 모험을 즐기는 여행자인 것처럼 사람들을 설득하기 위해서 함께 바보 같은 위험을 감수하고 싶지는 않아." 아네트는 말을 이었다. "그리고 당신은 그런 여행자가 아니야."

"알아." 나는 입 안 가득 찬 바나나를 우적거리며 말했다. "하지만 우리가 이런 식의 여행을 많이 할수록 나는 이런 여행이 점점 더 마음에 들고 있어. 그만두고 싶지 않아."

아네트는 한숨을 내쉬었다. 그녀의 수비력이 낮아지고 있다는 확실한 신호였다.

예루살렘에 가서 보니 아브라함 수용소 호스텔의 친절한 사람들이 '헤브론에 관한 양면적 서사'라는 관광 프로그램을 제공하고 있었다. 오전에는 이스라엘 랍비의 안내를 받은 다음 관광 후반부에는 헤브론의 팔레스타인 구역으로 넘어가 지역 학생의 이야기를 듣게 된다. 안와르를 방문할 완벽한 기회가 될 터였다. 관광을 마친 다음 우리는 새롭게 양면적 서사를 이해한 상태로 다른 (제정신의) 사람들과 함께 돌아오지 않고 안와르와 함께 하루나 이틀 밤을 보내거나 팔레스타인의 다른 도시들을 탐험하고 우리만의 새로운 이야기를 만드는 것이다.

아네트는 관광에는 찬성했지만 안와르에게 방문하는 건

거부했다. 가능한 한 마지막 순간까지 결정을 미뤄도 괜찮다는 뜻이었다.

수요일 아침 8시 우리는 호스텔 로비에 앉아 있었다. 나는 일 분에 한 번 정도 하품을 했다. 나는 상속 문제로 씁쓸한 불화를 겪은 형제를 대하듯 이른 아침과는 대화를 단절한 지 오래된 사람이었다. 로비는 매우 조용했다. 그전까지 우리를 재미있게 해주던 '감정 넘치는' 사람들은 여전히 자고 있었다. 로비에는 헤브론의 불확실성에 자신의 몸을 던질 의지를 품고 있는 다른 여덟 명의 여행자들뿐이었다.

가이드는 십오 분 늦게 불쑥 모습을 드러냈는데, 산울타리 속에서 끌어낸 것 같은 모습이었다. 이름은 엘리야라고 했다. 나이는 마흔 살 정도에 풍채가 좋았고 하얀색 야물케(유대인 모자)를 쓰고 있었다. 둥근 얼굴 양옆을 곱슬거리는 모양의 머리(페이욧)를 늘어뜨려 가리고 있었다. 목에는 구겨진 기도 숄을 두르고 있었다. 어쩌면 '그가 기도하며 바라던 바로 그 기도 숄'일지도 몰랐다.

우리는 헤브론으로 가는 160번 노선버스를 탔다. 기사가 허리에 리볼버 권총을 차고 있고 모든 창문이 방탄 유리라는 것 말고는 다른 곳과 전혀 다른 점이 없었다. 엘리야는 우리 앞에 자리를 잡고 앉아서 관광 참가자들에게 헤브론의 힘겨웠던 역사에 대한 특강을 진행했다. "정말 재미있는 사실이 있습니다." 엘리야가 시작했다. "헤브론은 사실은 히브리어로 '연결한다'는 뜻입니다. 알고 계셨나요?" 그는 능글맞게 웃었다. "물론 얄궂은 말임은 분명합니다."

경찰차 두 대가 사이렌을 울리면서 버스를 앞질러 갔다. 우리는 모두 경찰차를 보려고 고개를 돌렸지만 엘리야는 그러지 않았다. 그는 경찰차의 존재에 대해서 코끼리가 모기 보듯 했다. "네. 아마도 저런 모습을 아주 많이 보게 될 겁니다. 여러분, 걱정하지 마세요. 헤브론은 이스라엘과 팔레스타인 사이의 분쟁을 축소해 보여주는 곳입니다. 헤브론에서 하루를 보내면 대학에서 일 년을 공부하는 것보다 더 많이 배우게 될 겁니다." 그는 헤브론 대학교에 관해 설명했고, 당연히 이런 의문이 들었다. *헤브론 대학교에서는 하루에 얼마나 많은 걸 배울 수 있을까?* 이 도시가 어쩌다 이렇게 불안정한 상태가 되고 말았는지 이해하기란 쉽지 않았다.

"여러분이 보게 될 상황에 관해 간단히 말씀드리죠." 엘리야는 뒷줄에 앉은 사람도 들을 수 있도록 목소리를 높였다. "상당히 충격적입니다. 겁주려는 게 아니에요. 그저 준비를 시키려는 겁니다. 아마도 지금까지 전혀 보지 못한 광경일 겁니다. 많은 언론이 헤브론에 사는 모든 유대인은 식민주의자라고 떠들어댄다는 것도 알고 있습니다. *우리*가 나쁜 사람이라고 말이죠."

자신이 한 말이 너무 어이가 없다는 듯 그의 눈썹이 이마를 향해 높이 솟구쳤다. "사실은 우리가 헤브론에 원래 살던 사람들입니다. 문제는 지금 남은 우리의 수가 너무 적다는 거죠. 남은 사람들을 *정착민*이라고 부르는 건 잘못된 말입니다. 그러니까, 그들은 보호가 필요하고요. 결국 현재 헤브론은 안보 면에서 생각하면 인도나 아프리카의 유럽 식민지 전초 기지와 닮았다고 보면 됩니다."

모든 참가자는 긴장해 눈길을 주고받았고, '어쩌면 여기 온 건 큰 실수인 것 같다'는 뜻으로 이마를 찌푸렸다. 도심에 가까워질수록 경비가 삼엄해졌다. 우리는 군 검문소를 몇 개 지났다. 버려진 것처럼 보이는 집들의 지붕 위에는 수많은 감시탑이 새집처럼 자리 잡고 있었다. 목적지에 도착하기 직전에 우리를 스쳐 지나간 유일한 차량은 무장한 밴이었다. 버림받은 도시에 들어선 것 같은 기분이었다. 하지만 가장 이상한 건 따로 있었다. 바로 모든 곳에서 이스라엘 국기를 볼 수 있다는 점이었다. 주권을 상징하는 직물 트로피는 지붕 위에서 펄럭이고, 판자로 막아둔 창문에도,

가로등에도 드리워져 있었다.

깃발들을 보면서 나는 인간이 얼마나 과잉 보상하는 경향이 있는지 놀랐다. 권력에 대한 권리가 약할수록 그 상황을 헷갈리게 만들려는 노력으로 거창한 명목을 가져다 붙인다. 왕좌가 안전하지 못하다고 느낄수록 우리는 더 과장된 왕관을 머리에 쓰게 된다.

우리는 '다윗왕' 도로에 도착해 버스에서 내려섰다. 도로에는 군인들밖에 없었다. 일부는 근처 건물 옥상에 앉아 있었고 다른 병사들은 검문소를 지켰다. 엘리야는 검문소를 분쟁의 '중심 중의 중심'이라고 불렀다. 한쪽 끝 검문소 뒤쪽은 팔레스타인에 속한 헤브론이었다. 수많은 깃발과 버려진 건물들, 총탄이 남긴 구멍 그리고 침묵 속에서 우리가 서 있는 반대편 끝은 이스라엘에 속한 헤브론이었다.

"이 도로는 아파르트헤이트 도로라고 알려져 있습니다. 왜인지 설명할 필요는 없을 것 같군요." 엘리야는 카메라를 들지 말라면서 서둘러 안내했다. "나중에 이곳에서 충돌이 발생할 수 있습니다. 너무 오래 머물면 안 됩니다."

"오, 걱정하지 마세요." 엘리야는 자신이 실수했고 우리가 걱정하는 걸 알아차리고는 말했다. "이곳에서는 생활의 한 부분이니까요. 소규모 충돌은 늘 있습니다. 어쨌거나 이곳 헤브론에는 볼링장이나 술집, 클럽은 없습니다. 그러니 팔레스타인 젊은이들이 무슨 일을 하면서 놀겠습니까? 자, 여기 와서 이스라엘 병사들에게 돌멩이나 좀 던지세요. 이렇게 되는 거죠. 그들에게는 통과의례가 되고 있습니다. 체포되면 어쩌냐고요? 더 좋죠. 존경을 받을 수 있으니까요."

전에는 팔레스타인 사람들이 이 도로의 일부를 이용해 걸어서 근처 학교에 갈 수 있었고, 경계선을 넘어 팔레스타인 중심 지역으로도 갈 수 있었다. 하지만 지난주 열일곱 살 소년 한 명이 이스라엘 병사를 칼로 찌르려 시도했다. 팔레스타인 언론은 소년이 실제로 칼을 들고 있었는지 아니면 나중에 누군가 칼을 가져다 둔 것인지 의문을 품고 있었다. 엘리야는 사건이 벌어진 계단 아래 서서 사건을 재현해 보였다.

"그 소년은 여기로 내려왔습니다." 엘리야는 과장된 행동으로 계단에서 뛰어내렸다. 어떤 일이 있었는지 추호의 의심도 하지 않는 것 같았다. "그는 아마도 약에 취했을 겁니다. 그리고 하나, 둘, 세 개의 계단을 내려오면서 칼을 뽑았던 겁니다." 그는 행동을 흉내 내면서 보이지 않는 칼날을 내밀었다. 겨우 이 미터 떨어진 곳에서 병사 세 명이 지켜보고 있었다. 엘리야는 보이지 않는 무기를 병사들 쪽으로 찔렀다. 별로 현명한 행동은 아닌 것 같았다. 그는 가장 가까운 병사에게 다가갔다. 잘생긴 젊은 병사는 피부가 올리브색이고 광대뼈가 넓고 높게 튀어나왔다. 고작해야 스물두 살을 넘지 않을 것 같았는데, 이스라엘 방위군의 기준으로는 베테랑 병사에 속했다. "이런 식으로 벌어진 겁니다, 그렇죠?" 엘리야가 병사에게 물었다. "이분들에게 지난주 발생한 공격 상황을 설명하는 중입니다."

병사는 몸을 똑바로 세우고 가슴을 내밀고 고개를 들었다. 마치 사람으로 만든 깃발처럼 보였다. 깎아낸 듯한 얼굴은 햇볕에 타서 조금 불그스레했다. 기관단총은 꾸벅이며 조는 애인처럼 그의 가슴에 매달려 있었다. 그는 엘리야를 바라봤지만, 그 뒤쪽과 언덕으로 이어지는 팔레스타인의 주택들을 동시에 보고 있었다.

"비슷했습니다. 맞아요. 저는 당시 여기 없었기 때문에 정확하게 말씀드릴 수는 없습니다." 생각도 하지 못했는데 병사의 영어는 완벽했다. 사실 내가 사용하는 남부 악센트와 거의 똑같았다. r 발음에 기복이 없고 th를 자연스럽게 f처럼 발음했다. "테러리스트를 죽인 병사는 저랑 친한 친구입니다. 그런 짓을 하는 건……." 병사는 한숨을 내쉬었다. "우리는 그런 행동을 가볍게 하지 않습니다. 언론에서 어떤 이야기를 하든 또 팔레스타인 측에서 우리에 관해 뭐라고 하든 상관없습니다. 우리는 그렇지 않습니다."

병사의 이름은 기디온이었다. 그는 영국에서 열두 살까지 살았다. 나머지 젊은 시절은 이곳에서 보냈고, 이제 그는 의무 군 복무 기간을 거의 다 마쳤다.

"우리는 아무도 다치게 하고 싶지 않아요. 전혀요." 병사는 말을 이었다. "절대로 원하지 않는 상황입니다. 절차가 있습니다. 그들이 어떤 식으로든 생명을 위협할 때만 발포해 죽일 수 있습니다. 우리를 공격하는 사람들은 대개 제정신이 아닙니다. 자신이 죽을 걸 알면서 다른 사람을 해치려는 사람이라면 약에라도 취해야겠죠. 어쨌거나 제가 본 그런 사람들은, 일을 저지를 때는 제정신이 아니었습니다."

멀리서 호루라기 소리와 노랫소리가 들렸다. "공격이 시작될 수도 있습니다." 엘리야는 우리의 불안감에 불을 질렀다. 기디온은 함께 서 있던 다른 두 병사에게 고개를 돌렸다. 한 사람은 들고 있던 담배를 던졌다. 그들은 살짝 뭉쳐 섰지만 여전히 평온했다. 마치 평범한 업무인 것처럼 보였다. 주간 업무 회의라고나 할까.

엘리야는 우리를 쿡 찌르며 도로에서 멀리 떨어진 곳을 보라고 했다. 시위대 소리가 들리는 쪽으로 가까이 이동하고 있지만 않았더라면 우리는 아무 신경도 쓰지 않을 수 있었다. 본능적으로 우리는 병사들처럼 조금씩 가까이 뭉쳤고, 엘리야에게 다가갈수록 감각은 날카로워졌다. 카메라는 주머니 속으로 자취를 감추었다. 셀카는 몇 장 찍을 수 있었다. 그건 좋았다. 기디온으로부터 백 미터 떨어진 곳에서 우리는 타르파트 교차로라는, 팔레스타인 지역으로 넘어가는 다른 경계 지역에 도착했다. 그곳을 지키던 병사들 가운데 한 명이 우리를 향해 걸어왔다.

"우리 편인가요? 반대편인가요?" 병사가 엘리야에게 물었다. 이곳에서는 모든 게 이렇게 간단했다. 같은 편이 아니면 *적이다.* 흑 아니면 백이다. 머리 위에서 헬리콥터 소리가 시끄럽게 들렸고, 동시에 시위대의 소음도 커졌다.

"같은 편입니다." 엘리야가 대답했다.

우리가 발걸음을 재촉해 언덕을 올라가는데 근처 첨탑에서 이슬람교의 기도 시간을 알리는 노래가 흘러나왔다. 나는 대개 그런 소리가 아름답다고 생각했는데, 그 순간에는 뭔가를 선동하는 것처럼 들렸다.

일단 언덕 위 안전한 곳에 도착해 안도의 한숨을 내쉬고 나서 엘리야는 우리에게 "성전산을 제외하고는 헤브론의 언덕 꼭대기가 어쩌면 이스라엘 전체에서 다툼이 가장 많은 지역일 것"이라고 말해주었다.

고맙군, 아주 고마워 엘리야. 그다음에 엘리야는 우리에게 소규모로 고고학 발굴이 진행 중인 현장을 보여주면서, 그 현장이 그곳에 과거 고대 유대인 도시 헤브론이 있었다는 걸 증명한다고 말했다. "심지어 저는 팔레스타인 사람을 이 프로그램에 몰래 데려와 이걸 보여주기도 했습니다." 엘리야는 어떤 돌멩이를 들어 보이며 말했다. "하지만 그는 받아들이려고 하지 않았어요. 그는 가짜가 분명하다면서 이스라엘 고고학자들이 몰래 가져다 두었다고 했습니다." 엘리야는 한숨을 내쉬었다. "제 생각에 그는 자신의 편견을 꿰뚫어 보지 못했던 것 같습니다."

그렇다고 엘리야가 자신의 편견을 꿰뚫어 보고 있다는 느낌도 들지 않았다. 우리 가운데 누구도 그럴 수 없었다. 엘리야는 정말 멋진 모습과 정말 짜증스러운 모습을 번갈아 보여주었는데, 어느 순간 무슨 말을 하든 자신이 품고 있는 신념에 따라 왔다 갔다 했다. 나는 확신이 없을 때의 그가 마음에 들었다. 특히 이스라엘과, 뭔가 할 수 있다는 이스라엘의 권리에 관한 내용에서 그랬다. 그럴 때 그가 하는 말은 내가 기존에 알고 있던 이야기를 바탕으로 보면 의문의 여지가 있었다.

"우리는 서로 비난을 멈춰야만 합니다." 그는 작은 돌멩이 하나를 양손으로 옮겨가며 만지작거리다가 정중하게 땅에 내려놓았다.

그다음으로 우리는 이새와 룻의 무덤으로 추정되는 곳을 방문했다. 엘리야는 아무렇지도 않게 성경에 등장하는 이름들을 나열했는데, 마치 우리가 모두 성경 연구에 전념하는 학자라도 된다고 생각하는 것 같았다. 나는 룻과 이새가 누구인지 기억할 수 없었는데, 애초에 한 번도 안 적이 없기 때문이었다. 이름만 들어서는 아침 TV 프로그램의 부부 진행자 같은 느낌이었다. 물어볼까 싶었지만 무식하게 보이고 싶지 않았다. 무신론자의 강력한 장점 중 하나는 아무것도 외우지 않아도 된다는 점이다. 멍하게 사는 사람들에게는 최고의 선물이다.

엘리야는 따로 저장이라도 해둔 것처럼 '우리가 여기 먼저 왔다.'는 이야기를 자주 했다. 그럴 때마다 나는 눈을 굴리지 않기가 어려웠다. 역사의 시계를 아주 멀리까지 되돌려보면 침입자, 외부인, 한때 누군가의 영토였던 곳을 깔고 앉은 사람이 아닌 이가 있겠는가? 나무 위에서 기어 내려온 첫 번째 유인원의 행동은 수십 만의 다른 동물을 절멸에 이르도록 한 이기적인 일이었다. 사라진 동물들의 신성한 권리는 지금까지는 전혀 고려된 바가 없다.

검문소에서 나는 엘리야와 헤어질 수 있어 기뻤다. 그는 좋은 사람이었고 훌륭한 가이드였지만 이제 다른 관점에서 분쟁에 관해 들어볼 시간이 되었다. 그 또한 결국 내가 엘리야를 보고 깨달은 것처럼 편견에 불과하더라도. 검문소의 보안은 사실 베를린의 엘 알 항공사에서 겪은 상황에 비하면 훨씬 부드러웠다. 병사가 가방 속을 대충 훑어본 다음 우리는 헤브론의 팔레스타인 지역으로 넘어왔다.

검문소 반대편에는 우리를 안내할 팔레스타인 측 가이드가 양손을 주머니에 꽂은 채 기다리고 있었다. 자말이라는 이름의 학생으로 이십 대 후반이었다. 숱 많은 곱슬머리를 얼굴 뒤쪽으로 쓸어넘긴 모습이었는데, 깔끔하고 가늘게 다듬은 수염이 얼굴을 덮고 있었다. 그는 청바지에 검은색 티셔츠 그리고 지퍼와 모자가 달린 겉옷 차림이었다. 움직임이 조심스럽고 정확했고 엘리야보다 말투도 부드러웠다. 유일하게 진정으로 활기가 넘쳤을 때는 자신이 갔던 해외여행에 관해 말할 때였다. 그는 평화운동가로 초청받아 영국, 스위스, 미국, 프랑스를 다녀왔고 유네스코와 유엔에서 분쟁을 주제로 연설했다. 그는 최근 영국에서 육 개월을 보낸 뒤 돌아왔다. "돌아오게 되어 충격이었습니다. 부모님에게 영국으로 돌아가 평범하게 생활하고 싶다고 말했습니다. 하지만 부모님은 안 된다고 했어요." 그는 얼굴을 찌푸렸다. "중동에서는 부모님 말씀을 절대 거역할 수가 없어요. 그래서 저는 여전히 여기 있습니다."

경계선 너머 반대편에는 이스라엘 쪽에서 보이던 활기라고는 보이지 않았다. 몇몇 사람이 사원으로 걸어가고 있었다. 거리에 서 있는 사람은 보이지 않았다. 우리는 점심식사를 하러 한 가정을 방문했다. 국경에서 겨우 몇 백 미터 떨어진 곳이었다. 우리는 여전히 불안하고 정신이 없는 가운데도 맛있는 양고기, 후무스(병아리콩으로 만든 중동 전통 소스-옮긴이), 채소, 납작한 빵으로 이루어진 점심 식사에 열정적으로 달려들었다. 영국 출신인 내가 여행과 세계화를 좋아하는 가장 큰 이유 가운데 하나가 바로 형편없는 영국 음식을 먹을 일이 거의 없다는 점이었다. 점심 식사를 마치고 걸어서 국경에 붙어 있는, 과거 헤브론의 중앙 시장이었던 곳을 방문했다. 단층인 시장 한쪽 면은 훨씬 높은 이스라엘 지역 건물에 붙어 있었다. 즉 원한다면 이스라엘의 정착민들은 창문 밖으로 팔레스타인 사람들에게 뭐든 던질 수 있다는 뜻이었다.

자말은 일부 이스라엘 정착민들은 실제로 그렇게 하고 싶어 하며 주기적으로 쓰레기, 돌멩이, 산성 물질 등을 팔레스타인 사람들에게 던진다고 알려주었다. 더할 나위 없이 잔인하고 끔찍한 상황이었다. 그런 일을 막기 위해 팔레스타인 사람들은 시장 시작 부분부터 끝까지 그물 지붕을 설치해 스스로를 보호하려 애쓰고 있었다. 그물 지붕 위에 자가 제조 미사일들이 남긴 증거가 흩어져 있는 모습을 볼 수 있었다.

이러한 위치와 관광객이 거의 없는 상황 탓에 겨우 네다섯 곳의 노점상만 나와서 바위 틈에 나무 좌판을 열고 있었다. 그런 모습에서 오래된 도시의 정취를 느낄 수 있었다. 예전에는 수백 개의 노점이 있었다고 했다.

"겨우 이 주 전 일이었습니다." 자말은 함께 시장을 걸으며 말했다. "제가 지금처럼 가이드를 하고 있는데, 어린 팔레스타인 소녀가 관광객 바로 앞, 우리가 방금 지나온 검문소에서 살해당했습니다. 모두 충격에 빠졌습니다. 나머지 시간 동안 우리는 서로 한마디도 하지 못했습니다. 이곳 검문소는 정상이 아닙니다. 자신에게 어떤 일이 벌어질지 알 수 없습니다. 기분에 달렸습니다. 누군가 칼을 가졌다고 그들이 말한다면 그들은 뭐든 원하는 대로 할 수 있습니다.

저는 그들이 소녀의 몸에 칼을 넣었다고 믿습니다."

미국의 인기 TV 드라마 〈굿 와이프〉에 등장하는 여자 판사는 늘 변호사들에게 의견과 사실의 경계를 명확히 할 것을 요구한다. 만일 그러지 않으면 그녀는 그들이 말할 때 '당신 의견이군요.' 또는 '그렇게 믿는군요.'라고 덧붙여 말한다. 자말이 말하는 '저는 믿습니다.'라는 말을 들으니, 우리가 이스라엘에 도착한 뒤로 그렇게 부드러운 말을 거의 들어본 적이 없다는 사실이 떠올랐다. 자말의 신뢰성은 급등했다. 어쩌면 갑자기 내 삶의 모든 것이 불분명해져도 괜찮을지 몰랐다. 우리가 살아가는 세상의 복잡성에 비춰보면 어쩌면 불확신은 좋은 특성이 될 수도 있다.

다음으로 자말은 우리를 팔레스타인의 한 가정으로 데려가 차를 대접했다. 거실 쿠션 위에 앉아 있는데, 그 집의 어린 아들이 우리 발치에서 놀고 있었다. 자말은 가족의 이야기를 들려주었다. "이 가족은 십일 대째 이곳, 이 집에서 살아왔습니다. 한쪽 이웃집이 이스라엘 정착민인데, 지금 그들과 격렬한 불화를 겪고 있습니다. 그쪽이 이 가족에게 사백만 달러를 줄 테니 그들의 집을 이곳까지 확장할 수 있도록 나가달라고 요구하고 있습니다."

차를 마시면서 갈라진 벽의 떨어져 내리는 회반죽을 보

고 있던 우리는 그 말을 믿기가 쉽지 않았다. 자말은 이미 헤브론에서 천 세겔이면 월급으로 훌륭한 수준이라고 말한 적이 있었다. 그렇다면 이 집을 사백만 달러에 팔지 않으려면 아주 강력한 원칙을 갖고 있어야 할 것 같았다. 그런 원칙을 가진 사람이라면, 아니 어떤 원칙이든 갖고 사는 사람은 어떨지 상상해보려 애썼지만 어려웠다. 나는 원자를 분리해보라는 숙제를 받은 수달이 된 것 같았다. 다행스럽게도 자말은 다른 이야기로 내 관심을 끌었다. 불행하게도 이번 이야기는 다른 어떤 이야기보다 더 비참했다.

"이분은 사실 이 집 주인의 두 번째 부인입니다." 자말은 우리와 함께 앉아 있는 여자를 가리키며 말했다. 여자는 파란색 컴퓨터 의자에 다리를 벌린 채 앉아 있었다. "첫 번째 부인은 임신 구 개월에 물건을 찾으러 꼭대기 층에 올라갔습니다. 이웃 사람이 그녀에게 총을 다섯 발 쐈습니다. 거의 현장에서 즉사했습니다. 태어나지 않았던 태아는 간신히 살릴 수 있었습니다."

모든 사람의 눈이 거실 바닥 한가운데에서 굴러다니며 노는 귀여운 어린아이에게 향했다. 아이는 우리 모두가 보내는 관심을 알아차렸는지 무릎을 짚고 몸을 일으켰다. "아뇨. 이 아이가 아닙니다." 자말은 몸을 앞으로 숙여 아이의 머리를 쓰다듬으며 말했다. "그 아이는 지금 열한 살이나 열두 살이 되었을 겁니다."

"그 아이는 어디 있나요?" 한 캐나다 여자가 물었다.

"그것 역시 슬픈 이야기입니다." 자말은 고개를 숙였다. "대개 아이들은 집에서 나가지 못하게 합니다. 그래야 안전하니까요. 하지만 딱 한 번, 아이가 대여섯 살쯤 되었을 때 길거리에 나가서 놀고 있었습니다. 옆집 정착민들이 산성 물질을 뿌려서 아이는 눈이 멀었습니다. 시각 장애인들을 보살피는 특수 시설로 아이를 보내야 했습니다."

관광객들은 아무 말 없이 앉아 있었다. 우리의 인내심은 이곳의 광기에 너덜거리고 있었다. 너무나도 어리석고 추잡한 상황이었다. 이런 상황을 두고 뭐라고 말할 수 있을까? 질문한 여자는 뺨에 흘러내리는 눈물을 조용히 훔쳤다. 자말은 실내에 내려앉은 슬픔을 걷어내려 애썼다. "이런, 울지 마세요. 이런 얘기는 얼마든지 들려드릴 수 있습니다." 그는 쾌활하게 말했다. "이곳의 모든 사람이 이런 이야기를 품고 있죠. 우리는 그렇게 매일 살아갑니다."

관광은 그렇게 끝났다. "자, 그럼……." 자말은 우리가 마신 작은 찻잔을 다시 거두며 말했다. "여러분은 양측에서 이야기를 들었습니다. 저는 여러분의 의견을 알고 싶습니다. 여러분이 생각하는 해결책은 무엇이 있을까요? 한 국가로 살아야 할까요? 아니면 두 국가?" 자말은 마치 부서진 의자를 고칠 최선의 방법을 논의하기라도 하는 것처럼 냉정하게 물었다. 우리 가운데 절반은 하나의 나라로 사는 걸 선택했다. 나머지는 두 나라로 분리해야 한다고 했다. 나는 두 국가를 선택했다. 누군가 자말에게 그의 의견을 물었다. "한 나라로 사는 일은 완벽하게 가능합니다." 그는 주저하지 않고 대답했다. "하지만 꿈같은 해결책이죠. 현실적인 해결책은 유엔으로부터 보호를 받는 두 개의 국가로 사는 것입니다. 저는 이제 우리가 더는 영토에 신경 쓰지 않는다고 생각합니다. 그저 자유롭게 살고 싶은 것뿐입니다. 이미 두 개의 국가 해결책이 진행되고 있습니다. 심지어 유엔에서 승인을 받기도 했습니다. 하지만 이스라엘이 그걸 허락할까요? 그렇지 않습니다."

우리는 신발을 신고 계단을 걸어 내려와 다시 시장으로 나섰다. "진실은 이 전쟁이 양쪽 정부에 유용하다는 겁니다. 전쟁이 벌어지면 모든 관심이 그쪽에만 쏠려 정부에게는 관심이 미치지 않습니다. 전시에 가장 쉽게 부패가 발생합니다. 현실의 권력자들은 해결책을 원하지 않습니다. 그들이 바로 전쟁으로 이득을 얻기 때문입니다. 우리 팔레스타인 사람들에겐 평화가 필요하고 이스라엘 사람들은 그저 평화를 요구하고만 있습니다. 큰 차이죠. 그렇기 때문에 절대로 평화가 오지 않는 겁니다."

그의 의견이었다.

국경에 도착해 우리는 작별 인사를 했고 관광객들은 다시 국경을 넘었다. 나는 아네트를 바라보았다. "난 남을래." 아네트는 입안 볼살을 깨물었다. "안와르와 어떻게 만날 건지 확실하게 알아?"

"그럼, 안와르가 길을 알려줬어. 택시를 탈 거야."

아네트는 국경 출입문을 보더니 다시 나를 보았다. 그러더니 출입문을, 다시 나를 바라보았다. "좋아, 나도 같이 가." 아네트가 말했다. "하지만 만일 내게 무슨 일이 생기면 내가 죽어서도 영원히 자기 영혼을 따라다닐 거라는 걸 알아둬. 나 때문에 단 일 분도 평화로운 시간을 가질 수가 없게 될 거야. 내가 영원히 '거봐, 내가 뭐랬어'라고 끝없이 떠들어댈 테니까."

자말은 애도하듯 내 어깨를 꽉 쥐었다. 아네트와 나는 우리가 영혼의 동반자인지 아닌지 걱정할 필요가 없었다. 두 사람 모두 영혼을 믿지 않기 때문이다. 마찬가지로 서로 내세를 믿지 않는 걸 알고 있으니 죽은 사람에게 저주를 내리기도 쉽지 않다. 그녀가 노력한 점에는 점수를 줬다.

그때쯤 관광객들은 모두 우리가 그들과 함께 돌아가지 않는다는 걸 알게 되었다. 내가 국경을 넘어 올 때 이미 안와르의 친절한 제안을 말해두었기 때문이다. 한두 명은 질투 비슷한 반응을 보였다. 다른 사람들은 바보 같은 생각이라고 여기는 것 같았다. 이상한 일이 벌어지고 있었다. 우리가 어딜 가든 사람들은 안전하지 않으니 다음 장소에 가지 말라고 말했다. 그럼에도 불구하고 다음 장소에 가보면 문제가 없었지만, 그곳 사람들은 그다음 장소에 대해 마찬가지로 경고했다. 그런 식으로 지구 전체를 통틀어 영원히 이어질 수도 있을 것 같았다.

우리는 국경 너머에 대고 마지막으로 작별 인사를 하고 돌아서서 다시 땅거미가 지는 시장을 향해 움직였다. 남아 있던 몇몇 가게들도 밤이 되면서 문을 닫고 있었다. 우리는 새로운 도심으로 향했고, 맥 빠진 시장 대신 번화한 시장이 모습을 드러냈다. 자말은 우리를 위해 택시를 잡아 주었다. 근처에서 타이어들이 불타고 있었는데, 최근에 벌어진 싸움이 남긴 흔적이었다. 공기 중에서 최루탄 냄새가 났다. 우리는 이제 그 냄새를 알고 있다. 반갑지 않았다.

국경에서 멀어지자 헤브론의 팔레스타인 구역은 혼란스럽기는 해도 제대로 기능하는 도시였음을 깨달았다. 안와르가 보낸 안내에 따르면 우리는 대학 단지의 끄트머리에서 불길하게 보이는 하얀색 벽을 따라가되 벽을 왼편에 두고 계속 걷다가 검은 간판이 걸린 신발 가게 다음에 보라색 빵집 간판이 보일 때까지 가야 했다. 그러니까 내가 안와르의 집까지 어떻게 가는지 정확하게 알고 있다고 아네트에게 말했을 때, 그 말은 엄밀히 말해서 젖은 비누를 만지듯 미끌미끌한 개념의 진실이었다. 음모론자 래리의 진실이었다. 나는 우리가 벽을 찾아야 한다는 걸 알았다. 확신하지 못한 것은 벽을 언제 찾게 될지, 벽을 알아볼 수 있을지였다. 그 부분은 언급하지 않았다.

자말은 안와르가 보내준 길 안내를 택시 기사에게 아랍어로 전달했다. 자말이 이해하기 쉬운 것처럼 전달하는 걸 보면 안와르의 안내는 매우 쉬운 내용일 수도 있었다. 어쩌면 그들은 이곳에서 벽을 주요 지형지물로 자주 사용할 수도 있다. 우리는 택시 뒷자리에 올라탔다. 택시는 십 분 동안 달렸고, 그러는 사이 다른 손님들이 타고 내렸다. 이곳 택시들은 공동으로 사용되고 좌석 하나에 정해진 요금 2.5세겔을 냈다. 사람들이 손을 흔들어 택시를 세우고 가고 싶은 곳을 말하면 기사가 고개를 끄덕이며 멈춰 서거나 고개를 흔들고는 그냥 지나가 버렸다.

오 분 뒤 택시가 멈춰 섰다. 기사는 백미러로 나를 바라보았다. 나는 '다 왔나요?'라고 묻는 것처럼 보였으면 하는 표정을 지었지만, 기사의 눈썹은 이해하지 못한 듯 아래로 향했다. 나는 아랍어를 못하고 기사는 영어를 못해 우리는 교착 상태에 빠져 있었다. 나는 같은 표정을 되풀이해 보여주었다. 기사도 같은 표정을 지었다. 우리는 차에서 내렸다. 달리 뭘 어쩔 수 있었겠는가? 우리는 말이 통하지 않았고 표정으로도 소통이 되지 않았다.

차에서 내려보니 오른편에 붐비는 사차선 도로가 있었다. 눈앞에 보이는 벽을 안와르가 보내준 설명 속 벽과 비교해 보았다. 우리가 찾던 벽은 어디에도 없는 것 같았다. 안와르에게 전화를 걸었지만, 그는 받지 않았다. 문자를 보냈지만 마찬가지로 답이 없었다. 그래서 우리는 늘 하듯 완전한 짐작만으로 방향을 골랐다.

아네트는 두 걸음 뒤에서 나를 따라왔다. 그녀는 아네트 수준의 계획을 원했다. 나는 애덤 수준의 계획으로 대응했다. 우리는 별로 대화하지 않았다. 어두웠다. 우린 길을 잃었고 여러 개의 신발 가게와 빵집을 지나쳤다.

"전형적인 자기 모습이네."

나는 신발 가게 간판을 쳐다보느라 바빴다. 파란색 간판을 깊은 바닷물처럼 시커먼 색이라고 스스로 설득하려고 애쓰면서. "그렇지만 전형적인 내 모습을 좋아하잖아? 자기는 그런 나와 오랜 시간을 보냈으니까. 그런 내가 차에 치이지 않도록 도우면서 말이야."

아네트는 고개를 세웠다. "그래, 하지만 자기는 그런 모습을 바꾸려던 것 아니야? 우리가 여기 와 있는 이유 중의 일부이고." 나는 양손을 위로 들어 올렸다. 우리는 교차로를 향해 도로를 따라 지친 몸을 몇 걸음 움직였다. 나는 멈춰 서서 아네트에게 고개를 돌렸다. "나는 변하고 있어! 어쩌면 지금 보는 내 몸 말고 다른 부분일 수도 있지만."

아네트는 무겁게 한숨을 내쉬었다. "내 시간과 계획, 요구를 존중하지 않고 자기 몸의 변화를 우선시하는 일이 가능하다고 생각하는 거야?"

내 전화기가 울렸다. *안와르*였다. 나는 길게 한숨을 내쉬었다. 휴대전화가 없었을 때 사람들은 어떻게 여행했을까? 누군가 다른 사람들로부터 떨어져 길을 잃을 정도로 멀리까지 이동했다는 건 놀라운 일이다. 그리고 그때도 인류는 버팔로처럼 큰 무리를 이루고만 살고 있지는 않았다. 안와르는 우리가 어디 있는지 물었다. 우리는 모르겠다고 말했고, 바로 그 점이 지금 문제의 핵심이었다.

벽을 찾으라고 했잖아요?

그래, 벽은 어떻게 된 거지, 안와르? 여기저기 벽이 너무 많았다. 그에게 근처에 보이는 상점 이름을 말해주었다. 그는 그 자리에 가만히 있으라고 말했다. 우리는 가만히 벽 위에 앉았다. 낮은 벽이었다. 하얀색이 아니었다.

몇 분 뒤 수염이 긴 호리호리한 사내가 다가오며 손을 내밀었다. 우리 이름을 알고 있었다. "성공했군요!" 그는 우리를 안아주며 말했다. 그는 진정으로 이 상황이 행복한 것 같았다.

"성공한 거예요?" 내가 물었다. "우리가 당신 집 근처까지 오긴 한 건가요?"

"그럼요. 내가 말한 벽 못 봤어요?"

아주 많은 벽을 봤다. 이 땅은 벽으로 정의된 곳이다.

안와르의 발걸음은 통통 튀었다. "두 분이 여기까지 왔다는 걸 믿을 수가 없네요." 그가 말했다. "너무 멋져요." 그의 열정은 약간 당황스러웠다. 그는 우리 행동이 아주 평범한 일이라고 안심시켰어야 마땅했다. 그래도 다소 마음이 놓인 우리는 가던 길을 되돌아 그의 아파트로 걸어갔다. "카우치서핑 손님을 얼마나 자주 받나요, 안와르?"

안와르는 멈춰 서서 뺨을 긁었다. 얼굴형이 어딘가 토스트 조각을 떠올리게 했다. "지난 몇 년 동안 아마 사백 명 정도 만난 것 같아요. 지금은 한 달에 한 명 정도죠. 모든 신청자를 받아도 그래요. 요새는 사고가 너무 많아서 그런 것 같아요. 여러분은 용감해요. 다른 누구보다 용감합니다." 아네트는 사실 우리가 다른 누구보다도 멍청하다고 생각하는 듯 얼굴을 찡그렸다. 우리는 신발 가게를 찾아냈다. 우리는 빵집을 찾아냈다. 우리는 하얀 벽을 찾아냈다. 너무 간단했다. 하지만 도로명과 번지를 찾는 일보다는 간단하지 않았다.

빵집 뒤쪽에 안와르가 사는 건물이 있었다. 그가 사는 깔끔한 침실 두 개짜리 아파트에 들어서면서 가장 먼저 우리가 알아차린 사실은 전에 다녀간 손님들이 남긴 글로 벽에 빈 곳이 보이지 않는다는 거였다. 안와르 호스텔은 손님들 방명록을 바로 집 표면에 운영하고 있었다. '난 섹스가 필요 없어. 정부가 매일 날 강간하니까.' 그리고 '크게 생각하고, 낮게 얘기하고 요란하게 움직여라!'라는 글이 가장 눈에 띄었다. 낙서로 가득한 벽에 기타가 걸려 있었다. 나는 본능적으로 밥 말리의 사진이 있는지 찾았다.

우리가 가져간 진 술병을 땄다. 안와르의 눈빛이 불타올랐다. 메마른 도시에 사는 레게를 사랑하는 애주가의 눈빛이라고밖에 할 수 없었다. 그는 잃어버린 시간을 빠르게 보충했다. 나는 낯선 사람들과 자주 어울리는 사람들이 낯선 사람들로 하여금 자신이 낯선 사람임을 잊게 만드는 능력을 갖게 되는 걸 본 적이 있다. 힘들이지 않는 것처럼 보이는데, 복잡하고 엄청난 양의 훈련이 필요한 모든 일은 늘 그런 식으로 보인다. 안와르는 솜씨가 좋았다. 하지만 그의 따뜻하고 느긋한 성격에도 불구하고 슬픔이 확연히 느껴졌다. 그는 그날 아버지와 전화로 나눈 대화에 관해 들려주었다.

"오, 세상에. 맨날 똑같은 얘기예요." 그는 진토닉을 열정적으로 꿀꺽거리며 말했다. "너 결혼해야 한다. 왜 아직 결혼하지 않는 거야? 왜 그냥 다른 모든 사람처럼 살 수 없는 거야? *사람들 사이에서 네 얘기가 나오잖아…….*" 그는 한숨을 내쉬었다. "바로 그 말이요. '사람들 사이에서 네 얘기가 나온다.' 그 말은 여러분이 아랍 문화에 대해 알아야 할 모든 걸 말해줘요. 빌어먹을, 이곳에서 사람들은 눈에 튀지 않으려면 무슨 짓이든 할 겁니다."

"유감스럽네요." 왜 미안한 생각이 드는지 알지도 못한 채 말했다. 하지만 내 잘못은 아닌 것 같았다. 아네트는 술을 더 따랐다. 안와르는 한숨을 내쉬었다. "그래서 제가 말했죠. 아버지, 저는 행복해요. 제 삶이 좋아요." 나는 술잔을 들어 올렸다. 우리는 건배했다. "아버지가 뭐라고 했는지 알아요? '결혼하면 더 행복해진다고!' 믿어지세요?"

믿을 수 없었다.

안와르는 다시 술을 한 모금 마셨다. "미친 짓이라고요. 이곳에서 살아가려면 저는 늘 경계 태세를 유지해야 해요. 저는 이곳에 어울리지 않아요. 스스로 무신론자라고 생각해요, 아시겠어요? 글쎄요, 어쩌면 불가지론자일 수도 있죠. 어쨌든 그걸 이곳 사람들에게 말할 수 있을까요? 전혀 불가능하죠." 그는 비웃었다. "저는 공격을 받곤 해요. 카우치서퍼들이 주위에 필요한 이유죠. 다른 그 누구와도 속을 터놓고 살 수 없어요."

술잔을 기울일수록 우리는 안와르의 신념에 관해 더 잘 알 수 있었다. 나는 그의 신념을 판단하지 않으려 애썼다. 그가 그런 신념을 품게 되기까지 어떤 고초를 겪었는지 전혀 알 수가 없기 때문이다. 영국 문화에도 분명히 날 짜증나게 하는 측면이 있지만(내가 영국을 떠난 이유의 일부이다) 불가지론자임을 숨겨야 한다거나 삼십 대가 되었는데 감히 미혼 상태라는 이유로 사람들 입에 오르내린다는 이야기를 듣는 것에 비교하면 사소한 일에 불과했다.

"점령당한 건 우리가 제대로 하지 못한 일에 대한 벌이에요." 그는 우리가 진을 두 잔 반 마셨을 때 말했다. 진 한 잔은 와인과 마찬가지로 시간을 재는 단위가 될 수 있으며 맥주 한 병의 사 분의 삼에 해당했다. "모든 일에는 결과가 따르거든요." 그는 말을 이었다. "우리는 제대로 뭉치지 못해요. 우리 수가 사백만이라고 하는데, 뭉치지 못하고 우리끼리 싸우고 있다고요. 항상 말이에요. 우리가 스스로 정신을 자유롭게 할 수 없는데, 어떻게 우리 영토를 자유롭게 만들 수 있겠어요? 유대인이라도 되고 싶은 심정이라니까요. 그들을 좀 보세요……. 그들은 아주 소수잖아요? 그런데도 세상을 좌지우지하고 있죠. 그들은 열심히 일해요."

안와르가 댄스 음악을 틀었고 술잔이 좀 더 오갔다. "울적하게 있고 싶지 않아요." 그는 말했다. "두 분을 솔직하게 대하고 싶죠. 제가 여기 살고 있는 게 현실이잖아요. 술도 못 마시고 여자랑 데이트도 못 해요. 하지만 동시에 전 인생을 허비하고 싶지도 않아요, 아시겠어요? 이곳은 아직 문명화되지 않았지만 종교가 가로막고 있어 어쩔 수가 없어요. 일주일 전만 해도 독일 여자 두 분이 손님으로 왔었어요. 우리는 오래된 지역을 걸어서 돌아다녔어요. 여자분들은 서로 독일어를 사용했는데, 어떤 자동차가 다가와 멈췄어요. 기사가 창문을 내리더니 여자들에게 침을 뱉고 말했어요. '바보 같은 나치 년들, 뒈져버려!'라고 말이에요. 심장이 멈추는 줄 알았어요. 그들과 함께 울었어요. 도무지 믿을 수가 없었어요. 사람들은 일부러 여기까지 와서 우리 삶이 어떤지 보는 거예요. 문화를 경험하고 싶어 하는 사람들에게 우리는 뭘 보여주죠? 우린 그들에게 침을 뱉고 그들 선조의 실수에 대해 비난해요. 여기 사는 건 교도소에 갇힌 것과 같다고요. 카우치서핑이 제게는 탈출구예요."

우리는 그날 밤 아파트에서 머물렀다. 안와르는 헤브론에서 해가 지고 난 뒤에는 전혀 할 일이 없다고 했다. 다음 날 이른 아침 안와르는 일하러 나갔다. 우리는 아파트를 떠났고 벽에 우리가 왔다 간다는 어떤 증거도 남기지 않았다.

예루살렘으로 돌아오는 택시를 잡는 일은 너무 간단했다. 우리는 사람들에게 버스 정류장이 어디냐고 물었다. 사람들은 계속 서로 다른 곳(반대쪽)을 가리켰고, 결국 도착한 곳에는 최근 출시된 하얀 자동차의 보닛 위에 어떤 사내가 앉아 있었다. 이스라엘 번호판을 달고 있었다.

"예루살렘?" 사내가 물었다.

"네." 우리는 대답했다.

사내는 가격을 말했다. 우리는 동의하고 차에 올라탔다. 사내는 고개를 흔들더니 우리더러 차에서 내리라고 했다. "두 명 더 필요해요." 그가 말했다. 우리의 택시는 실상 버스였고 버스는 자동차였고 자동차는 가득 차야 했지만 우리는 두 명에 불과했다. 다시 가나에 온 것 같았다.

처음 한 시간은 제법 빨리 흘러갔다. 나이 많은 여성 한 명이 절룩이며 걷는 모습이 보였다. 그녀는 마지막으로 남은 두 좌석 가운데 하나를 맡기로 동의했다. 그녀는 자동차 안에서 기다렸고, 우리는 햇빛 아래 서서 기사 그리고 그의 친구 몇 명과 비스킷을 나눠 먹었다. 그때부터 삼십 분은 지겨웠는데 단지 비스킷이 떨어졌기 때문은 아니었다. 마침내 녹초가 된 우리는 마지막으로 남은 좌석을 우리가 사고서야 출발할 수 있었다. 5유로가 더 들었다.

일단 도로로 나서자 기사는 매력적인 사람인 동시에 속도광인 것이 분명해졌다. 이십 분 뒤, 우리는 국경에 도착했다. 자동차 속 분위기는 갑자기 긴장되었다. "국경에서 문제가 있나요?" 나는 기사에게 물었다.

"문제요?" 기사는 고개를 돌려 운전하는 동안이라면 추천하지 않을 정도의 긴 시간 동안 내 얼굴을 바라보았다.

"아뇨, 문제없습니다."

국경에 도착하니 친절한 병사가 커다란 총을 메고 창문 속으로 몸을 넣어 우리의 여권과 신분증을 걷어갔다. 병사가 총에 달린 작은 레버를 건드리기만 하면 우리는 모두 죽은 목숨이었다. 놀라우면서도 잘못된 상황이었지만 병사는 모든 일에 심드렁한 것 같았다.

그러더니 우리가 이해하지 못하는 논쟁이 벌어졌다. 무장한 병사는 다시 여권들을 훑어보았다. 우리는 심문을 당하게 될 것 같았다. 팔레스타인에 왜 갔더라? 우리는 '어느 쪽 편이지?'

병사는 근처에 주차할 곳을 가리켰다. 기사는 그곳에 차를 댔다. 목에 난 털이 곤두섰다. 마찬가지로 치명적 무기를 든 다른 병사 두 명이 다가왔다. 그들의 눈길과 의심은 뒷자리 아네트 옆에 앉은 노부인에게 머물고 있었다. 병사 한 명이 그녀의 신분증을 들어서 그녀의 얼굴과 동시에 볼 수 있도록 했다. 그는 다른 병사를 불렀고, 뒤에 나타난 병사도 똑같은 행동을 했다. 그들은 고개를 저었고 턱을 긁적거렸다. 노부인에게 질문을 하기 시작했다. 그녀는 제대로 대답해내지 못하는 것 같았다. 기사가 그녀를 위해 대신 나서서 변호하기 시작했다. 병사는 기사에게 손가락을 흔들어 보였다. 병사 두 사람이 조금 더 대화를 하더니 자동차 앞으로 돌아와 노부인에게 뭔가 말했고, 마침내 손을 흔들며 자동차를 통과시켰다. 국경 근처를 벗어나자마자 기사와 노부인은 웃음을 터뜨렸다.

"무슨 일이었어요?" 내가 물었다. "문제없다면서요?"

기사는 터져버린 웃음 때문에 말을 할 수가 없었다. 그런데도 자동차는 속도를 늦추지 않았다. 작고 하얀 자동차는 덜컹대는 신음을 내면서 점점 속도를 높였다. 마침내 기사는 웃음을 가라앉히고 말했다. "보통은 문제없죠. 하지만……." 그는 뒷자리의 노부인을 가리켰다.

"부인이요?" 내가 먼저 물었다.

"부인, 그렇죠. 부인 신분증 안 좋았어요."

"뭐가 잘못되었는데요?"

노부인은 앞자리에 앉는 내게 자신의 신분증을 내밀었다. 신분증에는 젊은 여자 사진이 붙어 있었다. 그것도 매력적인 젊은 여자. 설마? 진짜? 나는 뒤로 돌아 노부인을 바라보았다. 말도 안 돼. 다시 확인했다. 말이 되나? 어쩌면……. 눈매가 조금 비슷했다. 그녀는 신분증의 날짜를 가리켰다. 기한 만료 날짜였다. 1985년에 이미 기한이 지나버린 신분증이었다!

이제야 그들이 왜 웃었는지 알 수 있었다.

하지만 그걸로 끝이 아니었다. 신분증은 무려 1965년에 발행되었다! 병사들이 노부인을 알아보지 못한 것이 놀랍지 않았다. 그녀는 오십 년 묵은 사진을 사용하고 있었다. "이 신분증으로는 이게 마지막이요. 병사가 그랬어요." 기사는 난폭하게 트럭을 앞지르며 말했다. "아주 재미있어요……. 그죠?"

베를린에 돌아와 여행 이야기를 들려주었을 때, 사람들은 우리에게 그곳의 분쟁에 관한 의견을 듣고 싶어 했다. 어느 쪽인지 선택하라는 이야기다. 이상하게도 나는 여행을 가기 전보다 더 의견이 확고해졌다. 빠르게 겉핥기 식으로 다녀왔지만, 가까이 가서 보니 이제 문제를 이해하려고 노력하는 일이 쓸데없다는 확신이 들었다. 그건 마치 모든 스티커를 일부러 떼어낸, 독실한 종교라는 루빅 큐브를 손에 들고 있는 상황과 같았다. 큐브를 들어 올려서 색깔을 맞추려고 애쓰기 시작하면 화난 두 부족 사람들이 몰려와 당신에게 뭔가를 외쳐대면서 누구의 조상이 큐브를 먼저 차지했는지를 두고 서로 싸워댔다.

여행 내내 우리는 확신에 찬 사람들을 아주 많이 만났지만, 이스라엘과 팔레스타인의 분쟁은 겸손과 의심으로만 해결할 수 있을 것 같았다. 과거 이야기는 금지하고 선을 긋고 다시 시작하는 방법밖에 없다. 그곳에는 한 조각 땅을 나눠 가지려 애쓰는 두 개의 인간 부족이 있다. 양쪽 모두 자치권을 가질 자격이 있다. 한쪽은 자치권이 있지만 다른 쪽은 그렇지 못하다. 그 부분은 변해야 한다.

내 생각은 그렇다는 것이다…….

여러 면에서 안와르의 아버지는 옳았다. 다른 사람들 입에 오르내리는 일은 누구나 싫다. 전체 인류 역사를 통해 우리는 감히 앞장서서 대중의 안전에 나쁜 영향을 주려는 의도를 갖고 있지 않다면, 대개 서로 좋은 사이로 지내왔다. 하지만 우리는 소수자들에게는 그렇게 하지 않는다. 안와르는 소수에 속한다. 다수 집단에서 태어난 사람들은 통계라는 완충 작용에 보호받지 못한 채 소수 집단에 속해 사는 일이 얼마나 힘든지 절대로 알 수 없다. 이런 상황이 바뀌곤 있지만 모든 곳에서 공평하게 바뀌지는 않는다. 언젠가 안와르가 스스로를 표현하면서도 익명의 사람이 될 수 있는 곳에서 살 수 있기를 바란다.

그를 방문하고 나니 내가 다수에 속해 태어난 것, 즉 제1세계에서 백인이자 이성애자이며 영어를 하는 남자면서 키가 큰 편에 속하는 부족의 일원으로 태어난 일이 믿을 수 없을 정도로 행운이었음을 새삼 깨달았다. 그런 카드를 받고도 게임에서 지기란 쉽지 않다. 머릿속으로는 늘 알고 있던 일이지만 감정적으로 느끼지는 못하고 있었다. 나는 머리와 가슴으로 다시 한번 느꼈다. 얼마나 오래 느꼈는지는 알 수 없다. 하지만 나는 이제 느꼈고, 그러니 더 나아진 거였다.

08

아르헨티나, 하레 크리슈나 수도원

"달아나는 건 당신이잖아."

요가 시간, 어느 종교의 환생과 불멸, 자유와 무책임 가운데 개미 떼들

부에노스아이레스를 떠난 버스는 도시의 경계를 벗어나자 점점 사람이 줄었다. 승객들이 내리면서 우리는 오염되지 않은 공기로 숨쉬기 시작했고, 녹색 자연을 볼 수 있었다. 주위 대부분이 자연이었다. 부에노스아이레스에는 자연이라고는 없었고 도시는 자연을 해치고만 있었다.

한 시간 뒤 아네트와 나는 무거운 배낭을 메고 있었고, 버스는 우리 얼굴에 매연을 내뿜으며 멀어졌다. 우리는 헤네랄 로드리게스(로드리게스 장군)이라는 도시 외곽의 한 고가도로 아래에 서 있었다. 나는 바에서 만난 여자 두 명이 냅킨에 그려준 지도를 꺼냈다. 그들이 엄청난 양의 긍정적인 형용사를 동원해 하레 크리슈나 수도원에서 몇 달 동안 얼마나 멋진 시간을 보냈는지 열정적으로 설명한 뒤 내게 준 지도였다.

"냅킨에 그린 지도는 별 도움이 안 돼." 나는 냅킨을 이리저리 돌리며 주위에서 북쪽으로 가는 길이나 고가도로, 시내 또는 뭐든 알아볼 수 있는 지형이 지도 속에 있는지 살펴보았다. 냅킨을 돌려보면 돌려볼수록 어디 있는 건지 알 수 없었으니, 정확히 말해 우리는 길을 잃은 상태였다.

아네트는 햇볕을 피해 눈을 가리며 신음을 냈다.

"이 동네에 로드리게스 장군이 살아서 전화를 걸면 '로드리게스 장군 마을의 로드리게스 장군입니다'라고 받았으면 좋겠네." 아네트의 관심이 내 무능력에 쏠리지 않길 바라며 말했다.

아네트는 한숨을 내쉬더니 먼 곳을 바라보았다. 아네트가 내게 보여준 건 흔히 말하는 '차가운 눈동자'였는데, 그녀는 일을 절반만 하는 법이 없었다. 그녀는 내게 '차가운 두 눈동자'를 보여주고 있었다.

나는 깊게 숨을 들이마셨다. "자연으로 돌아왔네. 정말 멋지지?"

아네트는 계속 아무 말없이 지평선만 보고 있었다. 나는 당황하지 않은 것처럼 굴기로 마음먹었다. 살면서 항상 써먹는 기술이지만 별로 성공한 적은 없었다.

"저쪽이야." 나는 거짓말을 하고 녹색 들판을 향해 자신감 넘치게 걷기 시작했다. 아네트는 몇 걸음 뒤에서 따라왔다. 로드리게스 장군이라는 도시에 올 예정이 아니었다. 우리는 멘도사에서 자전거를 타고 와인을 마시고 있어야 했다. 아네트가 만들고 코팅까지 해둔 여행 계획서의 하이라이트 부분을 변경하기 위해 그녀를 설득하는 데 이틀이 걸렸지만, 나는 해내고 말았다. 우리는 하레 크리슈나 수도원에 갈 것이다. 심지어 우리 가운데 한 사람은 자발적으로 그곳에 간다.

"해독을 경험할 좋은 기회가 기대되는군." 내가 말했다. "초콜릿과 와인, 고기도 끊고. 안 그래?"

아네트는 아무 말이 없었다.

"아네트 님이 어디 가셨나."

아네트는 마지못해 땅에서 고개를 들어 나를 바라보았다. "전부 내가 세상에서 사랑하는 것들이잖아. 아니, 난 기대되지 않아."

"알아. 하지만 가끔 당신이 사랑하는 것들이 당신을 사랑해주지 않을 때도 있잖아? 가끔은 그들과 건강하지 않은 의존 관계를 맺기도 하지. 나와 슈포르트 크누스페르플라케스 초콜릿 바의 관계처럼 말이야."

돌투성이 비포장도로 옆으로 난 좁은 오솔길을 따라 걷던 우리는 조잡한 흰색 울타리를 만났다. 여자들이 이 울타리에 관해 말하던 것이 생각났다. 가짜 자신감이 이번에도 승리한 것이다. "여기로 올라가면 돼." 나는 가짜 자신감을 더 발휘하며 말했다. 우리는 울타리를 따라 수수한 나무 오두막 여러 채가 보이는 곳으로 향했다. 지평선 위로 보이는 오두막들 옆에는 돔 모양 구조물이 하나 서 있었다.

얼굴 근처 윙윙거리는 파리들을 손으로 쳐냈다. 나는 살짝 당황했다. "아주 멋진 곳이네." 또 거짓말을 했다.

"흐으으음." 아네트는 신음을 냈다. 소 한 마리가 기계적으로 우물거리며 우리를 빤히 바라보았다. 우유가 세상에서 가장 맛있는 음식(슈포르트 크누스페르플라케스 초콜릿 바는 제외하고)인 치즈가 된다는 사실은 소들에게는 행운이었다. 성격 면에서 보면 소들은 극단적으로 활력이 없다는 특징을 갖고 있다.

"저기 봐, 진짜 소야! 멋지군." 계속되는 거짓말. "난 소가 진짜 좋더라. 얌전한 동물이잖아. 우린 지금 진정한 자연 속에 있는 거야, 그렇지?"

"이런."

멀리 사원의 아름다운 하얀색 돔이 보였다. 땅에 심어둔 달걀의 위쪽 절반처럼 보였다. 모자이크 타일로 꾸민 모습이 햇빛을 받아 빛났다. 돔 옆 들판에서 몇 명의 사람이 일하는 모습이 보였는데 허리를 숙이고 있는 최악의 노동 방식인 것 같았다. “저 사람들 즐겁고 깨끗하게 재미를 보고 있는 모양이군.”

“흐으으음.”

우리는 작은 하얀색 출입문을 열었다. 문 안쪽에는 보더콜리 한 마리가 꼬리를 흔들며 우리를 기다리고 있었다. 개가 펄쩍 뛰며 덤벼서 아네트는 거의 쓰러질 뻔했다. 그런 다음 우리는 개를 따라 마구 자란 나무들 아래를 지나고 진흙투성이 수렁과 부서진 다리를 건너 개울을 따라 서 있는 오두막 몇 채 옆을 지났다. 오두막 두 채는 사 미터짜리 기둥 위 공중에 떠 있었다. 우리는 수도원의 중앙에 있는 커다란 목조 건물 앞에서 멈춰 섰다. 건물 밖에는 ‘접수’라는 글씨가 박힌 보라색 간판이 달려 있었다.

안으로 들어갔다. 실내에는 아무도 없었다. “아주 좋아.” 나는 우리가 앉은 딱딱한 나무 벤치를 손으로 쓰다듬으며 말했다. 우리는 중노동이 끝나길 기다렸다. “이곳은 진짜 기본으로 돌아간 투박한 매력이 있네.” 사실은 마음에 들지 않았다. 하지만 내 성격 전체를 변화시킨다면 언젠가 좋아하게 될 수도 있다는 생각을 완전히 배제하지는 않았다.

아네트는 한숨을 내쉬며 발을 내려다보고 있었다.

몇 분 뒤 머리가 벗겨진 사내 한 명이 문가에 나타났다. 사내는 온화한 얼굴로 영원히 묵상에 빠진 사람처럼 늘 앞쪽 5도 위를 응시하고 있었다. 너무나 멍하고 부드러운 표정은 세상사에 흔들리지 않는 것 같았고, 마치 상점에서 막 새로 산 얼굴인 것처럼 보였다. 나는 이런 좀 더 나아간 진지함과 강렬한 부드러움을 늘 하레 크리슈나 교도와 연결지어 생각했다. 물론 나는 그들의 교리를 정확하게 알고 있지는 않았지만, 그들이 세계 곳곳의 길거리 모퉁이에서 노래하고 춤추는 모습을 자주 목격했다. 그들은 기본적으로 비틀즈와 꼭 닮은 악단이었지만, 유명한 곳에서는 연주하지 않았고, 가사가 '하레'와 '크리슈나'로 한정되어 있었다.

나는 나쁜 내 기억력이 수용할 수 있는 종교가 필요했다. 하레 크리슈나 교도와 나는 잘 어울릴 것 같았다. 나는 여전히 내가 속할 부족을 찾고 있었고, 여전히 자신보다 더 큰 뭔가와 연결되길 원했다. 막 하레 크리슈나 교도가 된 미국인 여자 두 명을 아일랜드식 술집에서 만났다는 건 그리 흔한 기회가 아니지 않겠는가? 하레 크리슈나 교도들이 운명을 믿는지는 확실하지 않다. 마찬가지로 나 자신도 운명을 믿는지 확신할 수 없다. 그러나 나는 운명을 인정해야만 했다. 만일 운명이 존재한다면, 운명에 따라 살아간다고 믿는다면 지금 여기가 내 운명일 것이다.

사내는 메모지를 찾아 들고 우리 맞은편에 있는 나무 벤치에 앉았다.

"여기 정말 아름다운 곳이군요." 내가 말했다.

"무차스 그라시아스(대단히 감사합니다.)" 사내가 말했다. 그는 아네트를 바라보았다. 그녀는 아무 말도 하지 않았다.

"자원봉사자들은 아침 6시 30분에 일어납니다. 해가 떠서 더워지기 전이죠. 대부분 작업은 정원에서 합니다. 걱정 마세요. 벨을 울려서 깨워드리니까요."

"멋지군요." 나는 아네트를 바라보며 거짓말을 했다(또). "자연으로 돌아온 거야. 손에 흙도 묻히고."

"시(네)." 사내가 말했다. *"무차스 그라시아스."*

아네트는 몸을 앞으로 숙였다. "하지만 우리는 그 시간에 일어나고 싶지 않아요, 그렇지? 애덤은 노동이 포함되지 않은 조건으로 있을 수 있다고 장담했거든요."

"*시*. 하지만 정말 괜찮으시겠습니까?" 사내가 물었다. "희생은 과정의 일부입니다."

우리는 빙그레 웃었다.

"많은 봉사자들이 아주 큰 보람을 느낍니다." 사내는 우리 웃음에 대답이라도 하듯 덧붙여 말했다. 아마도 늦잠에서 얻을 수 있는 보람보다는 크지 않을 것이다. 그 점에 관해서는 아네트와 내가 동의하고 있다고 확신했다. 흔치 않은 일이다. "저희는 일 년 만에 휴가를 왔어요." 아네트는 분명하게 말했다. "그동안 일 년 내내 일찍 일어났거든요."

사내는 고개를 숙이며 우리에게 눈길을 주지 않았다.

"물론 저희는 좋은 기회를 놓치게 되어 실망하고 있습니다." 거짓말이 계속 나왔다. "스스로 매우 겸손해질 수 있을 거라고 생각해요. 요즘 사람들은 너무 많은 걸 가졌잖아요? 저희는 자연과의 교감을 잃어가고 있습니다."

사내는 다시 고개를 들어 나를 바라보았다. "며칠 동안 묵을 예정인가요?"

"닷새요." 내가 말했다.

"사흘이에요." 아네트가 말했다.

사내는 수도원에 대해 더 많은 걸 말해주었다. 네 시간 반 동안 일하고 나면 봉사자들은 평온한 주변 환경을 즐기며 하루를 보낸다. 요가는 하루 두 번 진행하는데, 영적으로 좀 더 충만한 사람들은 요가가 끝나고 진행하는 명상과 찬송 시간에 초대를 받는다. 저녁에는 함께 모여 영화를 본다. 사내가 일어섰다. "숙소를 보여드리겠습니다."

우리는 터벅터벅 걸었다. 비가 내린 지 얼마 되지 않아서 수도원 전체가 늪이 되어버렸다. 우리는 철벅거리며 걸어서 주민 회관과 숙소용 오두막 여러 개를 지나 단지의 가장 안쪽으로 들어갔다. 사내가 나무 오두막의 포치에 올라서서 조명 스위치를 켰다. 아무 반응이 없었다. "멋지네요." 나는 거짓말을 몇 번이나 했는지 셀 수가 없었다. "아주 예스럽네요."

"*그라시아스.*" 사내가 말했다. 아네트는 여전히 아무 말도 안 했다.

사내가 오두막 문을 열었다. 안으로 들어가니 침실이 세 개 있었는데, 두 번째 침실이 우리가 묵을 곳이었다. 사내가 열쇠를 넣어 돌린 다음 문을 밀었다. 문이 움직이지 않았다. 사내는 좀 더 세게 밀었다. 별 도움이 되지 않았다. "문이 걸렸네요." 사내가 말했다. 눈으로 봤기에 우리도 알고 있었다. 내가 사내를 도와 문을 위로 들어 올렸다. 함께 낑낑대며 밀자 문은 천천히, 고르지 않은 나무 바닥을 긁으면서 조금씩 움직였고, 결국 우리는 배낭을 벗은 다음 몸을 옆으로 돌려서야 조금 열린 공간으로 들어갈 수 있었다.

실내는 개척자 풍이라고 표현하면 가장 적절했다. 침대

를 제외하면 유일한 물건은 구석에 있는 나무 의자 하나뿐이었다. 사람 세 명과 배낭 두 개가 안에 들어갈 수 없어서 사내가 다시 복도로 나가야 했다. "문은 열어두시는 편이 좋을 수도 있습니다." 사내가 말했다.

"그래도 문제없습니다." 거짓말을 한 번 더 했다.

"네. 못 그럴 것도 없죠." 아네트가 배낭을 아래층 침상에 내려놓으며 비꼬듯 말했다. 사내는 돌아갔다.

"하나님 맙소사." 아네트가 말했다.

"하리(힌두교의 3대 신 가운데 하나-옮긴이)님 맙소사, 라고 해야지."

"그놈의 신하고 자기하고 둘 다 엿이나 먹어." 아네트는 양손에 머리를 묻었다. "내가 생각했던 건 이런 게 아니었어."

"어떨 거라고 생각했는데?" 내가 물었다.

아네트는 손을 치우고 방안을 자세히 둘러보았다. "개미가 이보다는 적을 줄 알았지."

"괴로움이 과정의 일부인 걸까?" 내가 말했다.

"그놈의 과정과 함께 엿이나 드셔."

우리가 기대치 재조정 요법 치료를 진행하고 있는데, 사내가 다시 복도에 나타났다. 민망했다. 우리처럼 자주 다투는 커플에게는 제대로 닫히는 문이 꼭 있어야 했다.

"무슨 문제라도 있나요?" 사내가 물었다.

"전혀 없습니다." 나는 거짓말을 했다. "저희는 잘 적응하고 있습니다."

"*부에노(좋습니다).*" 사내는 엄지손가락으로 현관문을 가리키며 말했다. "문이 밖에서 잠겼어요. 잠금 장치가 고장 났습니다. 조심하시지 않으면 저처럼 갇히게 됩니다."

그는 우리에게 자신이 들어야 할 충고를 했다.

알고 보니 현관문은 밖에서만 열 수 있었다. 구조상의 중대한 오류였다. 모기들이 문을 열 수 없다는 사실이 안타까웠다. 현관문 바로 밖에서 모기가 구름처럼 떼 지어 위협적으로 윙윙거리고 있었기 때문이다. 우리는 창문을 열고 소리를 질렀고 결국 지나가던 여자 두 명이 와서 사내가 나갈 수 있도록 도와주었다. 알고 보니 두 여자는 요가를 마치고 돌아오는 우리의 이웃이었다. 그들은 캐나다에서 왔는데, 한 달 동안 머물 생각이었지만 일주일 일찍 떠날지 고민하는 중이었다. 우리는 여자들의 방에 함께 서 있었다. "좋은 곳이에요." 여자 한 명이 말했다. "전부 좋아요. 멋지고 평화로운 사람들이죠. 주입식 교육도 거의 없고요. 하지만 뭔가…… 그러니까…… 별로 할 일이 없는 것 같아요. 요가를 좋아하지 않는다면 말이죠."

"그리고 아침에 너무 일찍 일어나요." 다른 여자가 말했다. 그녀는 종교적 세뇌에 마음이 열린 사람처럼, 진지하고 겸손한 태도를 지니고 있었다. 그녀는 아래층 침대로 다가가 앉았다. "정원에서 하는 밭일이 놀랄 정도로 힘들어요. 저는 누구보다도 요가를 좋아하는데, 아무리 좋아도 지나칠 때가 있잖아요. 심지어 그게 요가라고 해도 말이에요."

"두 분은 여기가 어떤 것 같아요?" 여자가 아네트를 쳐다보며 물었다.

"여긴 끔찍한—"

"아주 좋습니다. 고마워요." 내가 말했다.

"여기 진짜 짜증 나." 아네트는 저녁을 먹으러 걸어가는 동안 되풀이해 말했다. 신발에는 진흙이 끈적한 케이크처럼 들러붙었다. 이곳에서 유일하게 볼 수 있는 케이크였다.

"난 정말 예스럽고 소박한 것 같아." 또 거짓말했다. "이곳 사람들은 종교에 집중하고 있어. 그들은 제대로 움직이는 문이나 걸터앉을 때 떨어져 내리지 않는 멀쩡한 변기 시트 따위의 장식품은 필요하지 않은 거야. 우리도 익숙해지기만 하면 아주 편안해질 거야."

저녁 식사는 환상적이었다. 그 점에 관해서는 단단히 준비하고 있었지만 거짓말할 필요조차 없었다. 크리슈나 교도들이 먹을 만한 식재료는 거의 모두 금지하고 있는 걸 생각하면 음식의 수준은 상당히 인상적이었다. 대부분 정원에서 기른 채소로 만든 식사는 맛있었고 집에서 만든 빵도 좋았다. 피범벅인 범죄 현장을 보는 것 같은 아르헨티나의 음식들처럼, 먹은 뒤에 배가 너무 부르거나 죄책감을 느끼게 하지 않았다.

아네트는 나보다는 별로 마음에 들지 않은 것 같았다. "*모펠코체*네." 아네트는 쌓인 콩을 포크로 뒤적거리며 말했다. *모펠코체*가 뭔지 알 수 없었다. 이곳은 정말 배울 것이 많은 곳이었다. "*모펠코체*는 음식을 씹지 못하는 환자에게 병원에서 주는 밥이야." 아네트가 알려주었다.

나는 빵을 조금 더 집었다. "자기는 진짜 여기 음식이 맛이 없어?"

아네트는 자기 접시를 내게 밀었다. "내가 그렇다고 말하고 있잖아."

그 말은 내가 더 먹어야 한다는 뜻이었고, 그건 좋았지만 아네트가 허기진 상태로 있어야 했으니 그건 좋지 않았다. 저녁 식사를 마치고 우리는 주민 회관에 가서 요가 매트를 꺼내 벽에 대고 기대어 영화를 봤다. 영어가 아닌 이름의 사람들이 나오는 긴 다큐멘터리 영화였는데, 우리가 어떻게 서로 연결되어 있는지 생각해볼 만한 내용을 담고 있었다. 멋진 영화였고 진실을 담고 있었지만 이런 곳에서 보기에는 이상했는데, 우리는 모두 모든 것과 단절되고 싶어서 수도원에 온 사람들이었기 때문이다.

"영화 좋았어?" 아네트는 진흙탕을 철버덕거리며 숙소로 돌아오는 길에 내게 물었다. 여행을 떠나면서 전등을 챙기지 않았기 때문에 우리는 휴대전화 불빛을 밝히고 걷고 있었다.

"진지하게 많은 생각을 하도록 해주는 영화였어." 나는 거짓말했다.

"거짓말!" 아네트는 소리쳤다. 스스로 의도했던 것보다 큰 목소리였다. 아네트는 목소리를 조금 낮췄다. "모든 일에서 항상 최고로 좋은 걸 발견하려고 좀 하지 마. 자기가 그럴 때는 진짜 짜증 나."

우리는 숙소 오두막에서 하수구가 막힌 듯한 톡 쏘는 냄새가 나는 걸 알게 되었다. 원인은 하수구가 막혔기 때문이었다. "빌어먹을." 변기에 앉던 나는 이번에도 변기 시트가 미끄러져 바닥에 떨어지자 말했다. 샤워기 아래쪽 바닥에서 알 수 없는 벌레가 나를 쳐다보고 있었다.

"자기 욕하는 거 들었어." 내가 방으로 돌아오자 아네트가 말했다. 나는 재빨리 침실을 가로질러 안전한 위층 침상으로 작전상 후퇴를 시도했다.

"욕은 무슨 욕."

"들었어. 자기도 이곳이 나처럼 끔찍하잖아."

나는 이층 침대로 올라가는 사다리를 손을 잡았다. "아니야. 난 아주 멋진 시간을 보내고 있어. 하레 크리슈나 종교에 대해 배울수록 흥미를 느껴. 도시를 벗어나 기본으로 돌아오니 아주 좋아."

"거짓말!" 아네트는 몸을 돌려 벽을 보고 누웠다. "윽, 개미가 없는 곳이 없네." 그녀는 다시 돌아누웠다.

"고통은—"

"지랄하지 마!" 아네트는 내게 주먹을 날렸고, 나는 얼른 사다리를 타고 위쪽 침상으로 달아났다. "부족하면 더 고통스럽게 해줘?" 캐나다에서 온 이웃 한 명이 욕실로 가는 길에 우리 방 앞을 지나갔다. 고장 난 우리 방문은 여전히 열려 있었다. 민망했다.

첫날은 지나갔다. 나흘만 지나면 되었다. 바라건대 내일은 우리가 신을 찾을 수 있기를.

다음 날 아침 벨이 울렸다. 우리는 캐나다인들이 봉사 노동을 위해 일어나는 소리를 들었다. 몇 시간 뒤 아네트와 나는 아침 식사를 위해 어슬렁거리며 주방으로 향했다. 수도원은 신을 모시는 곳이라기보다는 유기농 농장처럼 느껴졌다. 비옥한 채소밭이 있고 나무로 지은 집은 모자이크와 음양을 상징하는 기호로 장식돼 있었다. 야외에는 나무로 만든 높은 단이 있어 그곳에서 요가와 명상을 했다. 수도원 안쪽 먼 곳에 열 명 정도의 하레 크리슈나 교도가 머무는 숙소가 따로 있었는데 그들은 대부분 그들끼리만 어울렸다.

캠프에서 묵는 나머지 열 명 이상의 사람들은 대부분 미국인으로 지저분하고 짜증이 나 있었는데, 이유는 그들이 장시간 노동을 하기 때문이었다. 우리는 샤워를 해서 상쾌해진 몸으로 걸어 들어가 하품을 하며 다른 모든 사람이 수확하고 잘라서 우리를 위해 요리한 아침 식사가 제공되기를 기다렸다. 아침을 먹는 동안 아무도 우리와 함께 앉지 않았다. 알고 보니 봉사 노동을 피하려고 돈을 더 낸 사람은 우리밖에 없었다. 그때부터 다른 사람들은 우리를 TV 리얼리티 쇼를 위해 가난한 동네에 관광 온 게으른 백만장자처럼 바라보았다.

"나 여기 지긋지긋해." 아네트는 아침 식사를 마치고 산

책을 하며 말했다.

"익숙해지려면 시간이 걸리는 법이야." 나는 인정했다. "하지만 우린 지금 여기 있잖아. 오늘 하루 꼬박 여기 있어 보자, 응? 요즘 시대에 맞는 요가 활동을 하고 나서 기분이 어떤지 볼까?"

신디라는 이름의 미국인 봉사자는 요가 교사가 되려고 공부하는 중이었고, 그래서 그날의 요가 시간은 두 시간이 아니라 세 시간 동안 진행되었다. 나처럼 완전한 신출내기에게는 너무 길었다. 우리는 방 뒤쪽에서 매트를 가져와 빈 곳을 찾아 앉아서 수업이 시작하기를 기다렸다. 신디는 요가에 대해 극단적일 정도로 열정이 넘쳤는데, 특히 치유 효과를 매우 강조했다. 기도 자세로 모은 두 손에서 의욕이 느껴졌다. 휴대용 스테레오에서 부드러운 종소리와 노랫소리가 흘러나왔다. 우리는 그녀가 시범을 보이는 대로 똑같이 따라 하려고 노력했다. 그녀는 우리가 하는 모든 동작의 이름을 산스크리트어로 가르쳐주었는데, 그 점은 인정해줄 만했다.

사람들이 엎드린 개 자세를 취했다. 신디는 천천히 실내를 돌아다니면서 수강생들에게 호흡법을 가르치고 느낌이 어떤지 물었다. 내게 와서는 엉덩이와 배를 잡고 몸을 찔러대며 그녀가 원하는 자세가 되도록 했다. 한 시간 반은 빠르게 흘러갔다. 불쾌한 기분은 전혀 아니었다. 나는 개종한 사람이었다. 두 번째 수업과 오후에 하는 삼십 분짜리 수업도 들어야 할지 확실히 알 순 없었지만 어쨌든 아네트와 나는 수업을 들었다. 그러는 동안 동작을 바꿔가며 신음을 냈고 우리 몸은 갑작스럽게 뒤틀리고 자세를 취하고 엎드리는 사이 걱정스러운 목소리를 냈다.

두 번째 수업이 끝나고 우리는 '오리엔테이션 수업'을 위해 사원에 갔다. 믿음에 대해 더 많은 걸 찾아낼 기회였다. 지금까지는 이스라엘, 팔레스타인, 가나에서와 마찬가지로 이곳의 그 누구도 우리를 세뇌하려고 들지 않았다. 내가 갖고 있다고 믿지도 않는 내 영혼을 구하고 싶어 하던 지금까지의 모든 종교와는 다른 것 같았다.

사원에 들어가니 체크인할 때 봤던 하레 크리슈나 교도가 이어지는 찬송 시간을 위해 촛불을 켜고 있었다. 사원에 있는 사람들 가운데 어떻게 해야 할지 모르는 사람은 아네트와 나 두 사람뿐이었다. 사내는 향을 피웠고 우리는 실내 중앙에서 매트 위에 앉아 깊게 숨을 들이마시며 사내가 우리에게 다가오기를 기다렸다.

"지내시기가 어떻습니까?" 사내는 앉으면서 물었다.

"아주 좋습니다."

"*무차스 그라시아스.*"

"저는 종교에 대해 배우고 싶은 생각이 있습니다. 시작을 하자면…… 그러니까……." 나는 곁눈질을 했다. "이곳 종교에 관해서는 정말 기초적인 것밖에 몰라서요. 하레 크리슈나는 신인가요? 아니면 죽음을 맞는 존재인가요?"

"신입니다. 유일한 신이죠." 사내는 등을 똑바로 세운 채 꼼짝도 하지 않고 앉아 있었다. "우리는 종교와 상관없이 누구든 언제든 그들의 신에게 기도를 올리면 그들도 크리슈나에게 기도를 한다고 믿습니다. 그분이야말로 최고의 신이기 때문입니다."

책상다리를 하고 앉았던 아네트는 자세를 가다듬고는 몸을 앞으로 기울였다. "그럼 찬송하고 춤추는 건 크리슈나와 이어지는 방법인가요?"

"*시.* 영혼은 대부분 잠들어 있다고 우리는 믿습니다. 춤추고 노래하는 건 잠든 영혼을 깨우는 방법입니다."

나는 하나님을 위해서라면 기꺼이 춤출 수 있었다. 여러 해 동안 성경을 공부하는 것보다는 분명히 더 나을 테다. "수피 교도(신비주의를 표방하는 이슬람교 분파-옮긴이)들이 빙빙 도는 걸 본 적이 있나요?" 그가 물었다. 우리는 고개를 끄덕였다. "그렇군요. 비슷합니다."

하레 크리슈나 교도는 강렬한 진지함에 대한 재능을 갖고 있다. 그들은 사람들에게 진지하고 초자연적인 수준의 관심을 보여준다. 마치 상대방이 지금까지 유일하게 존재했거나 유일하게 존재할 대상이라도 되는 것처럼 군다. 우리와 함께 있는 사내도 집중력이 풍부했다. 사내와 눈길이 너무 오래 마주치면 위축되는 느낌이 들었다.

아네트는 안경을 밀어 올렸다. "그리고 당신들은 환생을 믿나요?"

"그렇습니다. 우리는 영혼이 불멸이라고 믿습니다. 살아서 한 행동들은 죽은 뒤에 심판을 받게 되고 그다음 더 높거나 낮은 생명체로 다시 태어납니다."

"그런 생각은 마음에 드네요." 아네트가 말했다. "하지만 좀, 뭐랄까, 지나치게 단순하달까요? 혹시 규칙이 쓰여 있고 점수가 몇 점인지 적어두는 점수표가 있을까요?"

"아뇨." 사내는 천천히 신중하게 눈을 깜박이며 말했다. "그냥 확실하고 기본적인 규칙만 있을 뿐입니다. 하레 크리슈나를 암송하고 요가를 하고 육식을 하지 않고 자연과 조화롭게 사는 것입니다."

나는 헛기침을 했다. "그렇다면 혹시 진짜로 나쁜 사람들은요? 히틀러, 스탈린 또는……. 그러니까…… 〈글래디에이터〉에 나오는 사람처럼요. 러셀 크로우인가? 그런 사람들은 다음 생에 뭐가 되나요? 쇠똥구리가 되나요?"

"더 못한 존재가 되지요." 사내가 말했다. "정확히 무엇인지는 알 수 없습니다."

"흠." 나는 뺨을 긁었다. "제 생각에 러셀 크로우에게 공정한 벌은 그 자신으로 다시 태어나도록 하는 일 같습니다."

아네트는 한바탕 터져 나오는 웃음을 짓눌렀다. 사내는 완벽하게 꼼짝도 하지 않고 앉아 있었다. 그의 표정은 그를 배신하지 않았다. 그는 엄청난 포커 플레이어가 될 수 있을 것 같았다. "그리고 확실하게 해둘 것이 있어요." 아네트가 고개를 똑바로 세우고 말했다. "고기는 금지라고요? 그건 바꿀 수 없나요? 어떻게든 방법이 없을까요? 새벽에 몰래 햄버거라도 먹는 거 아니에요?"

사내는 고개를 흔들었다. "고기는 안 됩니다."

아네트는 얼굴을 찌푸렸다.

"섹스는요?" 내가 물었다.

"섹스도 안 됩니다."

아네트는 어깨를 으쓱했다. 가슴이 아팠다. 내 얘기다.

"섹스는 자신을 즐겁게 하는 겁니다. 크리슈나를 기쁘게 하는 게 아닙니다."

"와인은요?" 아네트가 말했다.

"안 됩니다."

"그렇군요. 전 그만둘래요." 아네트는 코를 찡그렸다.

빨간 머리에 작업복 차림인 여자 한 명이 문가에 나타났다. 여자는 농장에 처음 와본 것처럼 보이지 않았다. 찬송 시간이었다. 사내는 손짓으로 여자를 불러들였고, 우리 모두 함께 매트 위에 앉아 있는 동안 사내는 오르간과 아코디언을 섞어 놓은 것 같은 모양과 소리를 가진 악기인 하모늄을 준비했다. 손 펌프를 이용해 연주하는 악기였다. 사내는 연주를 시작했다.

"하레 크리슈나 하레 크리슈나." 사내가 노래했다. 여자가 동참했다. 향냄새에 코가 간지러웠다. "크리슈나 크리슈나 하레 하레."

나는 고개를 숙여 인사를 올리고 사원의 소리와 분위기가 내 몸을 덮도록 했다. "하레 라마 하레 라마."

노래를 따라 부르기에는 다른 사람들이 신경 쓰였다. 나는 입을 열었다. 아무 소리도 나오지 않았다. 다시 입을 다물었다.

"라마 라마 하레 하레."

"하레 크리슈나 하레 크리슈나."

"크리슈나 크리슈나 하레 하레."

나는 양손으로 주먹을 꽉 쥐었다. 동참해야만 했다. 나는 내가 원했던 경험에 완전히 몰입하고 있지 않았다. 아네트는 핑계가 있었다. 그녀의 신들은 다윈, 리처드 도킨스(《이기적 유전자》, 《만들어진 신》을 쓴 학자, 저술가-옮긴이) 그리고 다이키리 칵테일이었다. 나? 내겐 신이 들어갈 빈 구멍이 남아 있었다.

"하레 라마 하레 라마-" 사내와 여자가 노래했다.

"크리슈-" 내가 노래를 시작했다.

"하-" 사내가 끼어들었다.

"하레-" 나는 재빨리 따라잡으려 애쓰며 다시 말했다.

"크리스-" 나는 또다시 시도했다.

"라마-" 사내가 찬송했다.

빌어먹을, 확률이 얼마나 되는 거지? 심지어 종교마저도 기억할 것이 너무 많았다. *겨우 세 단어뿐인데.*

"하레 크리슈나 하레 크리슈나."

"라마 라마." 내가 말했다. 아무도 입을 열지 않았다. "크리슈나 크리슈나 하레 하레." 사내가 계속 이어갔다.

나는 새로운 방식을 채택했다. 따라 부르기는 하되 모든 단어의 첫 번째 음절은 삼켜두고 있다가 뭔지 확실해지면 그때 더 큰 소리로 따라가며 외치는 것이다.

아네트는 아무 말도 하지 않았다. 실내에서는 부드러운 〈먹고 기도하고 사랑하라〉 분위기가 풍겼다. 하지만 만일 지금이 세뇌 작업의 절정이라면 별것 아니었다. 아직 아무도 우리에게 신용 카드 번호를 묻지 않았기 때문이다.

이십 분이 지나자 사내가 음악을 멈췄다. 그는 잠시 침묵 속에 앉아 있더니 고개를 숙였다가 일어나 향과 촛불을 끄고 자리를 떠났다. 우리는 일어나서 뻣뻣해진 팔다리를 풀면서 사내를 따라 밖으로 나왔다.

"난 여기서 닷새나 못 있어." 아네트는 진창을 가로질러 방으로 걸어가며 말했다. 나는 수도원에서 기르는 개들 가운데 한 마리를 만나 관심을 보이느라 멈췄다.

"그러지 마. 찬송은 좋았잖아." 개는 유순하게 바닥에서 뒹굴었다. "크리슈나 교도들은 좋은 사람들이야. 아무도 교리를 강요하지 않아. 나로서는 그건 좀 슬프긴 하지만. 우린 세뇌할 가치가 없는 건가? 나흘은 어때?"

아네트는 개를 넘어서 걸어갔다. "난 내일 나갈 거야!"

상황은 유감스럽게 돌아갔다. 아네트는 우리 팀의 대표자이자 상식을 보유한 사람이자 어쩌면 가장 중요한 일일 수도 있지만, 스페인어 가능자였다. 만일 나만 있었다면 우리 팀은 수준이 많이 떨어졌을 터였다. 누구도 함께하고 싶어 하지 않는 팀이었을 것이고, 아예 팀이라고 할 수 없었을 가능성도 아주 컸다.

“사흘?” 나는 개를 두고 아네트를 따라가며 다시 제안했다. “도전이라고 생각하면 어때?”

“싫어.” 아네트는 화를 내며 말하고는 걷는 속도를 높였다. “자기가 하는 도전은 지긋지긋해. 왜 모든 일이 도전이 되어야 하는 건데?”

나는 아네트를 따라 우리 방으로 돌아왔다. 조금이라도 서로 더 가까이 다가가는 위험을 원하지 않는 우리는 떨어진 침상이라는 안전망을 두고 다툼을 이어나갔다. 나는 침상 옆구리 아래로 고개를 숙여서 나를 올려다보는 아네트를 내려다봤다. 아네트는 이를 갈고 있었다. “우리가 이 이상한 곳 방문하기 프로젝트를 시작했을 때, 결국 마지막에 어딘가에 있는 사원에서의 영적인 자기 계시로 끝나지 않을 거라고 약속했잖아. 그런데 어떻게 된 거야? 여긴 뭐하는 곳이야? 우린 여기 왜 있어?”

나는 한숨을 쉬었다. “사원에서 잠깐 영적이긴 했어. 그건 인정할게. 하지만 우리는 편안한 구역에서 벗어났어. 새로운 일을 시도하고 있어. 그게 그렇게 나빠?"

"왜 그렇게 편안한 구역에서 벗어나지 못해 안달하는 거야? 자기는 최근 일이 년 사이에 변했어. 그게 좋은 쪽이라고 생각해왔는데, 지금은 확신할 수가 없어. 난 도전도 지겹고 과거를 돌아보는 휴가도 싫어. 외국에서 제안하는 일자리 광고를 내게 보내면서 당신의 바보 같은 꿈을 위해서 베를린을 함께 떠나자는 이야기 좀 하지 마. 난 베를린에서 행복해. 친구들도 좋고 우리의 단순한 삶도 좋아. 이사해서 아무 이유 없이 행복했던 삶을 망치고 싶지 않아."

나는 돌아누워 천장을 보면서 재장전한 다음 다시 아래로 고개를 돌렸다. "나도 베를린에서 사는 거 좋아. 하지만 우리가 다시 젊어질 수는 없잖아? 언젠가 정착하기 전에 지금 모험해보는 편이 낫지."

"난 정착했어. 모든 일에서 달아나는 사람은 자기야."

"난 달아나지 않아."

"아니긴 뭐가 아니야. 어딜 가든 자기는 그곳에서 살자고 하잖아. 전혀 비현실적인 상황인데도 말이야."

나는 팔을 늘어뜨렸다. 혹시나 아네트가 손을 잡을지도 몰라서였다. "그래서 지금 뭐? 무슨 얘기를 하는 거야?"

"난 끝났어."

내 폐 속의 공기가 일시에 빠져나갔다. "뭐가 끝나? 우리 관계?"

잠시 침묵이 흘렀다. "그건 자기한테 달렸어. 난 이런 짓은 그만둘 거야. 베를린을 떠나 몇 달이고 이상한 곳으로 여행하고 싶으면……." 아네트는 크게 한숨을 내쉬었다. "글쎄……. 이제 자기 혼자 가. 난 지금 하는 일이 좋아. 친구들도 좋고, 어른인 것이 좋아. 할 만큼 했어. 자기가 어디 다른 곳에 가고 싶으면 가도 돼. 하지만 자기 혼자 가야 해. 난 빠질래."

공기가 차 있던 내 가슴 속에는 이제 형언할 수 없는 괴로움만 남았다. "가끔은 새로운 것만으로도 충분할 수 있어." 나는 미약하게 되받아쳤다. "꼭 더 좋아야 하는 건 아니잖아."

"그게 자기 문제야. 바로 그거라니까, 그래." 아네트는 갑자기 힘이 솟았다. "자기는 어떻게든 새로운 걸 낭만적으로 받아들이고 이미 가진 걸 스스로 무시해. 만일 우리가 갑자기 가방을 싸서 에콰도르에 있는 농장으로 이사한다면 그건 어떨 것 같아? 결국 우리는 똑같은 문제가 생길 거야. 친구들을 만들어야 하고 일거리도 찾아야 하고 먹고 자야 해. 배경만 다를 뿐 문제는 똑같아. 문제로부터 달아날 수는 없어. 권태로움도 마찬가지야."

나는 한숨을 내쉬었다. 침묵이 흘렀다.

"그래도 우리 꽤 잘 해낼 수 있을 텐데, 그렇지?"

아네트는 혀를 찼다. "또 그러네. 농담으로 빠져나가지. 영국인의 저주야. 자기는 상황을 무시하기 위해 농담을 방패로 사용해. 당신도 알지?"

나는 최근에 읽은 신문 기사가 떠올랐다. 상대방에게서 맨 처음 매력을 느꼈던 점이 무엇이든 늘 마지막에는 그 점에 가장 화가 난다는 것. 우리가 벌써 그런 단계일까? "어쨌든 자기는 나보다 쉬워." 내가 말했다. "자기는 쌓아온 경력이 있으니까." 나는 벽을 따라 줄지어 기어가는 개미들을 향해 돌아누웠다. 개미는 단체로 움직이는 성격과 헌신하는 자세를 가진 동물로 이런 식의 이야기를 정리할 때 그런 동물에 둘러싸이는 일은 끔찍했다. 개미는 절대로 정체성의 위기를 겪지 않는다.

"내가 직업이 있는 이유는 노력해 만들었기 때문이야. 자기는 그게 싫어서 달아나는 거고. 자기는 늘 작가가 되고 싶어 했잖아. 돌아와서 마음을 다잡고 글을 열심히 써. 쉬운 내용 말고 중요한 이야기를 쓰라고. 내 생각에 자기는 진정으로 노력하기를 두려워하는 것 같아. 아예 하지 않으면 실패할 수가 없으니까. 자유와 무책임을 혼동하고 있어. 하지만 그건 자유가 아니야. 그냥 이기적인 거야."

우리는 다음 날 아침 체크아웃했다. 도착한 지 서른여섯 시간 만에 여전히 무신론자인 채로. '의견이 다르다는 데 합의'한 냉랭한 분위기가 우리 관계에 서리처럼 내려앉은 상태였다. 나는 흥미로워 보이는 보츠와나의 일자리에 대해 아네트에게 더는 말하지 않았다. 다음 몇 번의 여행은 혼자서 가야 할 것이다. 어쩌면 좋은 생각일 수도 있다. 다음에 내가 가고 싶은 나라는 방사능이 나오는 곳이기 때문이다.

09

체르노빌

"누가 물어보면 과학자라고 하세요, 아셨죠?"

그날의 원자로 4호기, 멈춰 버린 범퍼카와 대관람차, 인류의 오만

1986년 4월 26일 새벽, V. I. 레닌 원자력 발전소는 원자로 4호기에서 스트레스 테스트를 진행하고 있었다. 예정된 실험이었기 때문에 방사능 수치가 예상보다 높아도 관계자들은 그리 걱정하지 않았다. 어차피 그들은 원자로의 한계를 시험해보고 싶었다. 그래서 그들은 원자로에 최대한 무리를 가했다. 하지만 방사능 수치가 올라가면서 노심 온도가 상승했고 필수적인 냉각수의 흐름이 감소하자 관계자들은 걱정하기 시작했다. 실험은 통제 범위를 벗어났고 최대한 빨리 원자로 온도를 끌어내려야 하는 상황이었다.

새벽 1시 23분, 그들은 실험을 중단하고 원자로 속에서 일어나는 반응을 억제하기 위해 제어봉들을 원자로에 삽입했다. 그러나 그들이 중단 버튼이라고 생각해 눌렀던 것은 알고 보니 가속 페달이었다. 그들이 운명의 결정을 내린 지 일 분도 되지 않아 원자로 노심의 온도는 섭씨 300도를 넘어섰고 보통은 우라늄을 식히는 데 사용되던 물이 증기로 변했다. 증기는 팽창하려고 했지만 원자로 내부에는 그럴 공간이 없었기에 결국 치솟은 압력이 100톤짜리 원자로 지붕을 날리면서 5천만 퀴리의 방사능이 밤하늘로 쏟아져 나왔다. 히로시마에 떨어졌던 원자 폭탄의 4백 배에 달하는 양이었다.

그날 밤 체르노빌에서 시작된 문제는 원자로 4호기에서 열흘 동안 맹렬하게 발생한 화재로 엄청난 독성을 지닌 방사성 물질이 대륙 본토의 40퍼센트를 오염시키면서 유럽 전체의 문제가 되었다. 어떤 이들은 만일 바람 방향이 달랐더라면 유럽 전체에서 사람이 살 수 없게 되었으리라 믿고 있다. 약 2,600제곱킬로미터에 달하는 지역이 이런 운명을 겪어야 했다.

사고 당일 밤 운명의 원자로에서 바람이 부는 방향으로 겨우 3킬로미터 떨어진 도시인 프리피야티에서는 5만 명의 거주민이 아무것도 모른 채 행복하게 잠들어 있었다. 다음 날 오후 겨우 한 시간 전에 전해진 공고에 따라 여전히 재난의 규모는 알지도 못한 채 거주민들은 가장 중요한 소지품만 챙겨 살던 곳에서 강제로 피난을 떠나야 했다. 남겨진 대부분의 물건들은 커다란 구덩이에 묻혔다.

이제 삼십 년이 지났다. 당국은 프리피야티에 언젠가 다시 사람이 살 수 있다고 말한다. 그건 좋은 소식이다. 나쁜 소식은 그날은 앞으로 이천칠백 년 동안은 오지 않는다는 것이다. 예전에 사람들이 살던 모습을 잠깐이라도 보기 위해 그렇게 오래 기다리고 싶지 않은 사람들은 당일 여행을 갈 수 있다. 그쪽 지역은 소수의 '용감하고, 멍청하고, 감각이 둔하고, 호기심 많고, 섬뜩한' 소수의 여행자에게 천천히 공개되고 있다. 현대의 폼페이는 어떻게 생겼을지 보고 싶어 하는 여행자들은 상징적인 사건을 안전한 소파 위에서 위키피디아에서 읽는 것만으로는 만족하지 않으며 그곳에 더 가까이 가고 싶어 한다. 직접 보고 만지고 느끼고 그 앞에서 셀카를 찍고 싶어 하는 여행자들.

바로 나 같은 사람들이다.

후쿠시마에서 벌어진 재앙도 이제 오 주년이 되어가고 있다. 자연재해의 현장이 인기를 끌고 있다. 특이한 장소, 사람들이 서로에게 했던 이상한 일들에 관심이 샘솟았던 것처럼, 나는 우리가 자연을 어떻게 대했는지(또는 학대했는지)에 관해 관심이 많아지고 있다.

그래서 나는 키예프에서 떠나는 미니버스 뒷자리에 앉게 되었다. 아네트는 없지만 혼자는 아니었다. 다른 여행객 일곱 명에 가이드가 두 명(한 사람은 아예 아무 말도 하지 않았다), 기사 한 명(차에서 거의 한 번도 내리지 않았다)이 더 있었다. 기사는 차에서 내렸을 때 마치 방문했던 곳을 지우기라도 하려는 것처럼 꼼꼼하게 차를 닦았다.

체르노빌은 키예프에서 170킬로미터밖에 떨어져 있지 않았고, 도로는 거의 비어 있었다. 제한 구역은 도로 위 교통량을 놀라울 정도로 줄여준다. 출발지인 번잡한 키예프 도심에서 30킬로미터 떨어진 도착지 '제한 구역'까지는 겨우 두 시간 반밖에 걸리지 않았다. 사고가 일어난 곳은 우크라이나에 속해 있지만 여러 면에서 훨씬 더 고통받은 지역은 벨라루스다. 그곳의 20퍼센트에 달하는 영토는 지금도 방사성 낙진으로 오염되어 있다. 제한 지역에서 키예프가 있는 남쪽이 아니라 북쪽을 향해 가면 두 시간 훨씬 넘게 가야 키예프 같은 대도시를 만날 수 있다.

가이드인 이반이 앞자리에서 고개를 뒤로 돌렸다. 그는 키가 작고 머리가 벗겨졌는데, 파란색 눈동자가 위협적으로 보일 정도로 선명했다. "일 년 전만 해도 손님들은 과학자인 척해야 했습니다." 그는 부드러운 목소리로 'the'라는 단어를 빼먹고 말했는데, 러시아어를 하는 사람들이 흔히 그랬다. "지금은 괜찮을 거라고 생각합니다." 최면술이라도 걸 것 같은 그의 눈동자는 안심이 되지 않는 듯 양옆으로 분주히 움직였다. "만일 당국에서 물으면 여러분은 과학자입니다. 알았죠?"

"네." 우리는 웅얼거렸다.

나는 과학 성적이 좋았던 적이 없었다. 고등학교 때 과학 선생님은 내가 결국에는 '맥도널드에서 평생 일하게 될' 수도 있다고 말하기도 했다. 그런 말은 젊은이들의 정신의 틀을 만들어주는 사람이 할 수 없는 가혹한 말처럼 들리겠지만, 나는 원한을 품지 않았다. 과학적 방법을 실천하는 사람으로서 선생님은 그저 사용할 수 있는 데이터에서 논리적인 결론을 도출해냈을 뿐이기 때문이다. 그 데이터에 따르면 나는 뉴트론과 뉴런을, 전자와 전기를 구분하지 못했다. 유일하게 주기적으로 했던 일은 때때로 숙제를 제출한 것뿐이었다. 아무리 과학자인 척 거짓말을 해도 대충 질문 하나만 하면 금세 들통나고 말 터였다. 나는 이반에게 이런 말을 하지 않았다. 그는 동료와 'the'에 대한 부담감 없는 러시아어로 얘기하느라 바빴다.

제한 구역으로 다가가면서 미니버스 안 사람들은 크게

흥분했다. 내 생각에 우리는 모두 속으로 〈심슨 가족〉에 나오는 스프링필드 원자력 발전소를 방문하는 상상을 하는 것 같았다. 방사성 물질 방호복을 입고 긴 금속 집게로 녹색으로 번쩍거리는 막대를 집어 들고 있기라도 한 것 같았다(〈심슨 가족〉에 등장하는 내용-옮긴이). 점심 시간이 되면 우리는 눈이 세 개이거나 머리가 두 개 달린 동물이 우글거리는 가까운 숲속을 헤매고 있을 것이다. 미니버스는 첫 번째 검문소를 지났고, 그곳에는 과학자가 아니더라도 이해할 수 있는 표지판이 서 있었다. 커다란 빨간색 삼각형에 노랗고 빨간 방사성 물질의 상징이 그려져 있었다.

좋은 생각일까? 많은 사람이 도망쳐 나온 곳으로 가야 할 이유가 뭘까? 창밖으로 들개 한 무리와 말 두 마리가 보였다. 인간이 사라지자 동물의 수가 급증하고 있었다. 다음 검문소에는 우크라이나 군복을 입은 사내 세 명이 벽돌로 만든 초소에서 나와 건강 및 안전 포기 서류를 내밀며 서명하라고 했다. 우리는 다음과 같은 일을 하지 않기로 약속했다.

'제한 구역에서 뭔가를 실어 내는 행위.'

'우물, 강 등 자연에 있는 물을 마시는 행위.'

'제한 구역에 어떤 동물이든(개, 고양이 등) 데려 오거나

데리고 나가는 행위.'

그곳에서 다시 나올 때 우리는 '의복, 신발, 개인 소지품에 대한 강제 방사능 검사를 통과'해야만 했다. 포기 서류에 추가로 적혀 있었다. '만일 오염 정도가 정해진 수준을 넘을 때는 개인 소지품, 의복, 신발은 오염 제거 과정을 거쳐야만 한다.'

나는 침을 꿀꺽 삼켰다.

"괜찮아요." 이반이 말했다. "비행기를 한 번 타도 오늘보다 많은 방사선에 노출될 겁니다."

뭐, 그는 당연히 그렇게 말하겠지, 그렇지 않은가? 잘 속는 나 같은 사람들을 이리로 데려오는 것으로 먹고사는 사람이니까. 라이언 항공사에서는 당연히 이런 내용의 서류를 내밀지 않는다. 그러지 않은 것이 사실 놀라웠다. 항공사에서는 분명히 방호복과 BLT 샌드위치 세트 상품을 내놓아 돈을 벌 수 있었을 텐데.

펜이 서명란 위에서 머뭇거렸다. 나는 나머지 사람들을 바라보았다. 모두 이미 서명한 서류를 제출하고 내가 서명하기를 기다리고 있었다. 그들은 갈등하지 않은 것 같았다. 나는 서류에 이름을 휘갈겨 쓰고 날짜를 적고 지루한 표정을 짓고 있는 경비병에게 내밀었다. 경비병은 여권을 확인하더니 모두 미니버스에 다시 올라타라며 손짓했다.

도로를 따라 100미터를 달린 우리는 진짜 환영 표지판 앞을 지났다. 하얀색 벽돌 구조물에 파란색 키릴 문자로 *체르노빌*이라고 쓰여 있었다. 글자는 원자력 상징물과 함께 맨 앞으로 튀어나와 있고 바탕에는 원자로, 소비에트를 상징하는 망치와 낫 그림이 그려져 있었다. 우리는 차를 멈추고 돌아가며 구조물 앞에 서서 사진을 찍었다. 근처에 다양한 단계로 썩어가는 사과들이 굴러다니고 있었다.

"하나 먹으면 제가 500유로 드립니다." 함께 여행하는 폴이 말했다. 나는 사과를 집어 들고 눈에 띄는 결함이 있는지 살펴보며 사과가 빛을 내기를 바랐다. 그런 다음 입맛을 한 번 다시고 베어 무는 척을 했다.

"기다려요!" 폴이 깜짝 놀라면서 말했다.

나는 웃으면서 사과를 다시 땅에 던졌다.

우리는 재앙의 상징이 되어버린 곳에서 관광을 시작했다. 프리피야티라는 구소련의 유령 마을이었다. 현재 인구는 0명이었다. 과거에 도시의 광장이었던 곳에 차를 세웠다. 멀리서 아까보다 많은 들개가 쓰레기를 뒤지고 있었다.

기사는 걸레를 꺼내 밴의 앞쪽을 문질러 광을 냈다. 그는 차에서 한 뼘 떨어진 곳까지 얼굴을 들이밀고 차에게 달콤

한 말을 들려주는 듯했다. 이반은 우리가 원을 그리며 모여 서게 했다. “첫째, 규칙이 있습니다. 혼자 돌아다니면 안 됩니다.” 관광객들은 불만을 터뜨렸다. “좋습니다.” 이반은 능글맞게 웃었다. “멀리 가지 않으면 괜찮아요. 하지만 너무 숲속 깊이 가면 안 됩니다, 좋죠?”

우리는 이미 이반이 마음에 들었다. 그는 우리의 건강과 안전을 두고 제멋대로 굴고 있었다.

“끝이에요? 규칙은 그것뿐인가요?” 폴란드에서 온 여자가 물었다.

“네. 그런 것 같아요. 아, 뭐든 먹으면 안 돼요.”

나는 그걸 모를 사람이 있을지 궁금해 하며 다른 사람들의 표정을 확인했다.

“여기서 얼마나 오래 있을 수 있죠?” 런던에서 온 주식중개인이 물었다.

이반은 우리가 서 있는 포장도로를 보며 말했다. “여기요? 오래 있을 수 있어요.” 그는 패딩 재킷에서 밝은 노란색 가이거 계수기를 꺼내면서 말했다. 그는 수치를 보여주었다. 0.4μSv/h였다.

“여기 방사능은 안전해요, 보이죠? 방사능은 똑같이 퍼지지 않습니다. 어떤 표면은 방사능을 흡수해서 수치가 높아요. 근처지만 다른 곳은 낮아요. 여기, 포장도로는 낮은 곳." 그는 뒤쪽 숲을 가리켰다. 그곳에서는 개 네 마리가 장난처럼 싸우고 있었다. "저기, 높은 곳. 이리 오세요."

그는 도로에서 내려서서 덤불 속으로 들어갔다. 아주 좋은 생각은 아닌 것 같았다. 어쨌든 우리는 따라갔다. 우리가 방사성 물질을 더 잘 흡수할 수 있는 낙엽과 이끼, 진흙을 밟으면서 걷는 동안 가이거 계수기의 수치는 올라가기 시작했다. 그는 자신을 좋아하는 관중을 향해 마치 트로피라도 되는 것처럼 계수기를 들어 올려 보였다. "여기는 8.1μSv/h. 알겠어요? 여기에는 오래 머물면 안 됩니다. 딱 하루만 가능해요." 이런 걸 증명하기 위해 그가 모두를 굳이 숲으로 왜 데리고 들어왔는지 알 수는 없었다. 개인적으로 나는 아스팔트가 제공하는 확실한 발판 위에서 들었다면 그의 말을 더 쉽게 믿었을 것이다.

"아주 적은 양을 먹는다고 해도 치명적일 수 있습니다." 이반은 다시 도로를 향해 걸으며 말했다. 나는 많은 걸 배우고 있었다. 내가 직장인 맥도널드로 돌아갔을 때는 별로 도움이 되지 않을 내용이었지만.

이반은 체육관, 영화관 그리고 가장 상징적인 장소가 된 프리피야티 중학교의 폐허 속으로 우리를 안내했다. 도시의 골격은 여전히 남아 있었지만, 안으로 들어가면 그라피티와 깨진 유리, 오랜 세월 진행된 약탈의 흔적으로 엉망이었다. 건물이 갈라진 곳에서는 인공물과 자연 사이의 또 다른 전쟁이 벌어지고 있었다. 나뭇가지와 잡초, 잔디는 원래 소유했던 공간을 되찾기 위해 용감하게 싸웠다. 건널목에서 있는 어린이 횡단 표지판은 웃자란 잎들이 집어삼킨 상태였다. 이곳에서 건널목을 건너는 아이들은 이제 없다. 프리피야티를 보니 캄보디아의 앙코르와트가 떠올랐다. 사원의 폐허와 잘 융합된 나무들이 사실은 나중에 자라서 사원을 덮었다는 것, 그리고 원래 사원을 설계한 건축가가 그런 모습을 의도하지 않았다는 사실은 상상하기 어려웠다.

침묵 속에 무거움이 느껴졌다. 발아래에서 유리와 잔해가 깨지는 소리를 제외하면 주위는 차분하고 조용했다. 프리피야티의 시민들이 아주 급하게 대피했기 때문에 그들이 남긴 모든 것이 이곳에 그대로 정체 상태로 남아 그들이 돌아오기를 기다리고 있었다. 학교 교실에는 밝은 노란색 *수학3* 교과서가 나무 책상 위에 그대로 펼쳐져 있었다. 칠판에는 휘갈겨 쓴 수학 문제 일부가 남아 있었다. *수학3* 교과서 속에는 레닌의 초상화 주위에 꽃을 바치는 어린이들의 사진이 있었다. 사고 이전 체르노빌은 구소련의 우월

성을 선전하는 데 매우 큰 역할을 하던 곳이었다. 내가 본 교실 장면은 연출된 것일 수도 있었다. 조금 지나치게 완벽하게 느껴졌다. 천장에 매달린 밧줄에 방독면이 몇 개 매달려 있었다. 나머지 방독면들은 인형 머리와 낡은 텔레비전 껍데기와 섞인 채 바닥에 쌓여 있었다. 여기에 인형의 머리들은 왜 있는 걸까? 몸뚱이와 눈알은 어디 있을까? 도대체 왜 방독면을 천장에 붙여 놓았을까? 방사능은 눈으로 볼 수 없었다.

어쩌면 최대한 이곳이 으스스해 보이도록 꾸며놓은 것에 불과한지도 몰랐다. 그렇다고 해도 우리가 열심히 사진 찍는 걸 막을 수는 없었다. 버려진 건물, 그라피티, 방독면, 눈알을 파낸 인형의 머리. 바로 체르노빌이었다. 돈이 되는 사진들이었다. 사람들이 이곳에 오는 이유였다. 그들은 이름, 이야기, 신화 그리고 전설을 찾아온다. 사진이 잘 받지 않는 진실이 아니라.

다음으로 원래는 수영장이던 곳을 방문했다. 비슷하게 황폐해져 있었지만, 실제로 사고 이후 십 년이 지날 때까지 제염 처리 대원들이 휴식하며 사용했던 시설이었다. 얼마나 많은 대원이 목숨을 잃었는지에 관해서는 논쟁이 있다. “공식적으로 사망자는 100명 이하입니다.” 이반이 회의적이라는 듯 말했다. “비공식적으로는 100만 명에 가깝습니다.”

여전히 위험할 정도로 높은 방사능 수치 때문에 원자로 근처에는 갈 수 없었다. 그래서 인형 머리와 방독면을 보고 난 뒤 이곳을 찾는 소수의 방문객에게 가장 중요한 구경거리는 프리피야티 놀이공원이었다. 우연하게도 참사는 노동절 직전에 발생했다. 노동절 축하 행사가 열릴 예정이었고, 놀이기구와 오락거리가 준비되어 있었다. 사고 때문에 행사는 아예 열리지 못했다.

우리는 준비된 축제를 광고하는 전단이 문과 벽에 붙어 있다가 흰곰팡이가 피고 바래고 찢겨 나간 모습을 발견했다. 범퍼카들은 완벽하게 녹슬어서 마치 인간들에게 수천 시간 동안 빛과 전기의 쾌락을 안겨준 다음 서로 미끄러지고 부딪혀 은퇴한 모습처럼 보였다. 현실에서 범퍼카들은 사고 다음 날 아침 당국이 시민들을 대피시킬 것인지 아닌지 고민하는 사이 그들을 차분하게 만들고 동시에 그들의 관심을 끌기 위해 전원이 아주 잠깐 들어왔던 것뿐이다. 노란색과 파란색의 페인트가 여전히 남아 있어서 범퍼카들이 한창일 때 어떻게 보였을지 상상할 수 있었다.

범퍼카 옆에는 똑같이 녹슨 대관람차가 서 있었다. 이곳에서는 공기 중의 방사능 때문에 모든 것들이 빠르게 나이를 먹었다. 사람들은 대관람차의 노란색 객차 안에 인형과 부드러운 장난감들을 넣어 두었다. 나는 관람차에 사람들이 타고 있는 장면을 상상하는 일이 불가능하다는 걸 깨달았다. 신이 난 아이들, 자랑스러워 하는 부모들, 모두는 그들이 일하는 곳인 몇 킬로미터 밖 발전소를 내려다보기 위해 하늘 속으로 원을 그리며 올라갔다. 관람차에 탔던 사람은 극소수였다. 범퍼카와 마찬가지로 관람차는 한두 시간밖에 운영되지 않았다. 관람차를 경험할 수 있을 정도로 운이 좋았던 사람들은 결국 공기 중의 독성 물질에 훨씬 더 많이 노출되고 말았다.

원자로로 가던 길에 우리는 버려진 것처럼 보이는 집 대여섯 채로 이루어진 몇 개의 작은 마을을 지났다. "소수의 사람이 이곳에 살려고 돌아왔습니다." 이반이 말했다.

"네? 제한 구역 안이잖아요!"

"네. 대부분 할머니예요."

"그 사람들은 용감한 건가요, 미친 건가요?"

"대부분 그냥 늙은 거예요. 혼자 남기를 원하는 겁니다. 할 수 있을 때는 저희도 도와드립니다."

우리는 원자로 4호기를 덮은 석관이 잘 보이는 좋은 위치에 도착했다. 현장에서 300미터 떨어진 이 특별한 전망대에서 가장 중요한 사진을 얻을 수 있었다. 우리가 보고 있는 것은 여전히 진행 중인 재앙의 현장으로, 지금도 제염 요원이 매일 그곳을 (더) 안전하게 만들기 위해 일하고 있었다. 대략 10톤 정도의 방사성 물질이 원자로를 빠져나갔고 나머지 190톤은 이곳에서 5,000톤가량의 모래와 붕소, 백운석, 점토와 납에 깔린 석관 아래에 남아 있었다. 그런 물질은 원자로 위를 잠깐밖에 날 수 없는 헬리콥터들이 떨어뜨린 거였는데, 그들은 싣고 온 것들을 떨어뜨리는 정도의 시간 동안만 머물 수 있었다. 용감한 헬리콥터 조종사들은 그들이 방사능에 노출된 지 얼마 지나지 않아 사망했다. 처음에는 멀리 안전하게 떨어진 곳에서 조종하는 로봇을 이용해 제염 작업을 진행했지만, 로봇의 회로가 방사능에 타버렸다. 그러자 당국은 인간에게 관심을 보였다. 바로 살아 있는 로봇이었다.

"사람들은 달려 들어가 일 분 동안 일하고 뛰어나왔습니다." 이반이 말했다.

"일 분 동안 뭘 할 수 있나요?" 누군가 물었다.

"별로 못하죠." 이반은 능글맞게 웃었다. "일 분도 너무 긴 시간이었습니다. 투입된 사람들 대부분이 죽었습니다."

우리는 우크라이나 정부가 건설 중인 더 크고 두껍고 새로운 석관을 볼 수 있었다. 새 석관은 예전 석관 위를 덮게 될 것이다. "석관은 지구에서 가장 큰 움직이는 구조물입니다. 두께가 5미터나 됩니다. 무게는 31,000톤입니다. 15억 유로가 들었죠. 2018년에 완성된다고 합니다." 이반은 낄낄대며 웃었다. "두고 봐야죠."

새 석관은 이 지역이 다시 안전해질 때까지 버티게 될까? 현재 현장을 덮고 있는 석관이 겨우 삼십 년 만에 낡았다는 사실을 생각하고, 이 지역이 거의 삼천 년 동안 안전해지지 않을 것이라면 새 석관도 버틸 수 없을 것 같았다. 하지만 누구도 더 좋은 생각을 해낼 수가 없었다. 원자력은 정말 극단적인 선택이다. 돌아갈 방법도 되돌릴 방법도 없다. 원자력이 남긴 상처는 영원했다.

"이곳은 세계 최대의 발전소가 될 예정이었습니다." 이반은 끔찍한 운명의 원자로를 쳐다보며 말했다. "이 발전소를 최대 크기로 만들 계획을 세웠었다고 합니다." 그는 가이거 계수기를 확인했다. "이제 우리는 여기 십오 분밖에 머물지 못합니다."

우리는 오 분도 안 되어 모두 미니버스에 올라탔다.

관광객들에게 체르노빌은 별 가치가 없었다. 보고 싶은

모든 것을 볼 수 없었다. 너무 위험하기 때문이다. 하지만 바로 그 위험이 실제로 느껴지지 않았다. 그건 그저 가이거 계수기의 화면에 나타나는 숫자에 불과하기 때문이다. 그래서 누구나 허용치보다 더 용감해진다. 내가 속한 관광단은 도로 위에서 벗어나기도 하고 버려진 건물 옥상에 올라가기도 하고 먹을 걸 바라고 주위에서 어슬렁거리는 붙임성 있는 개들의 배와 등을 쓰다듬기도 했다.

끔찍한 비극이 이곳에서 벌어졌고, 그래서 원자력 에너지에 대한 세상의 의견이 바뀌었다. 그렇기에 체르노빌의 기억을 생생히 지키는 일이 중요했다. 폼페이에서 우리는 자연 세계에 희생당한 선량한 사람들이었다. 체르노빌에서 우리가 얻은 교훈은 더 뚜렷하다. 체르노빌은 우리가 품고 있던, 그리고 많은 이들이 여전히 가진 오만함에 관해 이야기한다. 바로 우리가 어떻게든 자연 세계와 동떨어져 있고 조절할 수도 있다는 식의 믿음 말이다.

"우리는 확실하게, 오만할 정도로 확실하게 압니다. 우리가 다루고 있는 힘을 통제하고 있다는 사실을." 엔지니어인 세르게이 파라쉬가 〈크리스천 사이언스 모니터〉와의 인터뷰에서 말했다. 그는 사고 당일 현장에 있었다. "우리는 자연의 힘을 우리 의지로 굴복하게 만들 수도 있습니다. 우리가 하지 못할 일은 없습니다. 물론 사고가 벌어진 날 우리는 우리가 틀렸다는 걸 배웠습니다."

오만할 정도의 확신. 나는 이스탄불의 바에서 만났던 사내 안드레아를 생각했다. 그는 왜 어떤 나라가 북한이나 예멘, 에리트레아가 되는지 알고 싶어 했다. 체르노빌을 보고 난 뒤 이것이 가장 좋은 설명이 아닌가 생각했다. 잘못된 집단은 그들의 믿음이나 권리를 너무 자만하게 된다. 그들이 사회의 레버를 잡아당기면 나머지 모든 사람들에게 타격을 입히게 된다. 역사는 자아가 우연을 만날 때 만들어진다.

체르노빌을 보고 나니 스스로가 작고 무의미하게 느껴져 겸손해졌다. 내가 어떤 것에든 오만할 정도로 확신을 품고 싶은지 확신할 수 없었다. *미틀로이퍼*가 되는 것보다 더 나쁜 일이 있었다. 물론 나는 인류라는 프로젝트에 아무리 작고 대수롭지 않더라도 어떤 식으로든 기여하고 싶었지만, 어쩌면 그 기여는 불확실성, 약점, 불안감에서 자라났을 때 최선일지도 몰랐다. 이러한 내 특성을 더는 고쳐야 할 필요가 있는 결함이라고 생각하지 않는다. 그런 특성들은 우리가 살아가는, 헤아릴 수 없을 정도로 지저분하게 뒤엉키고 복잡한 세상과 조화를 이루고 있다. 무언가를 장담하는 특성이야말로 우리가 두려워해야 할 대상이다.

체르노빌은 인류의 오만함에서 분수령이 된 사건이었다. 자신의 자아와 이데올로기에 바치는 더 크고 좋고 대담한 원자력 시설을 보여주기 위한 돌진의 종말. 재앙의 규모는 구소련의 뛰는 심장을 멈추게 할 정도로 컸다. 원자로 4호기의 비극이 벌어지고 오 년이 지났을 때 구소련도 마찬가지로 폐허가 되었다. 과거 많은 정권과 마찬가지로 야만스러운 정권이었다. 우리는 파괴된 발전소로부터 뭔가 배울 수도 있었고, 그저 손해를 덮기에 급급해도 같은 실수를 빠르게 반복하진 않을 수 있었다. 하지만 불과 삼십 년 후 러시아는 석관 아래에서 돌아와 다시 한번 과거 그들이 점령했던 영토를 행군해 자신의 것으로 생각했던 영토를 되찾았다. 크림반도는 합병되었고, 우크라이나 시민들은 다음 순서는 우크라이나 자체가 될 거라며 불안해하고 있다. 체르노빌에서 배워야 하는 교훈은 너무 많은데, 내가 말하는 건 수학3 교과서에서 다루는 문제들이 아니다. 문제는 *누군가* 관심을 기울이고 있는지다.

다음 목적지에서는 이런 일들이 문제가 되지 않음을 안다. 많은 관심을 받는 그곳에서는 덜 우울하기를 기대하고 있다.

10

크로아티아와 세르비아 사이 리버랜드

"히틀러도 민주적으로 선출되었습니다.
민주주의에는 장점이 없습니다."

세계의 초소형 국가들, 자유 의지론자들, 대마초 주술사, 낭만과 광기의 프로젝트

확실히 우울하지는 않아. 나는 뱃전에 몸을 기대고 다뉴브강을 바라보며 생각했다. 햇볕이 얼굴을 따뜻하게 비췄다. 내 뒤에는 나와 비슷하게 흥분하고 궁금해하는 다섯 명의 자유 의지론자들, 미래의 리히텐슈타인 외교관 한 명, 자칭 대마초 주술사 한 명이 앉아 있었다. 우리는 세상에서 가장 최근에 생긴 나라로 가고 있다! 바로 *리버랜드*다. 이제 일 킬로미터만 상류로 가면 된다.

리버랜드의 이야기는 일 년 전인 2015년 체코의 정치인인 비트 예들리치카가 다뉴브강 기슭의 버려진 작은 늪지대로 걸어가면서 시작되었다. 바로 세르비아와 크로아티아 사이의 국경과 수로로 이루어진 곳이었다. 비트 예들리치카는 7제곱킬로미터의 늪지대가 국제법상 나라를 세울 수 있는 *무주지(無主地)*라고 믿었고, 그 땅에 노란색 깃발을 꽂고 스스로 리버랜드 자유 공화국의 대통령이라고 선언했다.

말도 안 되는 이야기 아닌가? 혼자서 자기 나라를 만들 수는 없는 것 아닌가? 하지만 정밀한 준비도 없이 대중문화의 화려함 속에서 사람들은 그냥 자기만의 나라를 만들고 있다. 그런 나라들은 대개 이렇게 부른다. 초소형 국가. 시랜드(영국 연안에 있는 석유 굴착 구조물)나 뉴아틀란티스(어니스트 헤밍웨이의 동생이 세운 대나무 뗏목 국가), 북수단 왕국(일곱 살인 딸을 공주로 만들기 위해 나라를 세웠다. 디즈니사가 그 이야기의 영화 판권을 샀다) 같은 나라들이다.

내가 사는 곳(정확하게 말하자면 비텐베르크)에서 가장 가까운 초소형 국가는 독일의 도이칠란트 왕국이다. 그 나라를 세운 괴짜 페터 피체크는 운전면허증 없이 운전했다는 이유로 체포되었을 때 도이칠란트 왕국의 신분증을 제시했다. 그는 "독일연방공화국의 사법권은 다른 국가의 원수에게는 적용되지 않는다."고 주장했다. 독일 사법 제도에 속한 한 판사는 그에게 석 달의 징역형을 선고하여 현실이 그렇게 돌아가지 않는다는 걸 보여주었다. 판사는 "당신은 공상 속 정치적 세계관에 근거해 환상의 세계를 만들어냈다."라면서 그것이 나쁜 일인 것처럼 말했다.

나는 초소형 국가의 세계에 매료당했다. 그 나라들은 자기 자신을 새롭게 만들어낼 수 있는 많은 약속과 기회를 제안하고 있었다. 나는 자신을 새롭게 만들어내는 일에 관심이 많았다. 어쩌면 나도 대통령감일 수도 있었다.

대부분 초소형 국가들의 지위를 다루는 어리석은 장난은 그리 오래가지 않는다. 과장된 보도자료를 통해 재빠르게 언론의 관심을 조금 얻어낸 다음 판매할 기념품을 만든다. 그러고 나면 사람들은 다음번 위대한 주권국가로 이동하는 식이다. 리버랜드에 관해 확인해볼 때마다 나는 그들의 의도가 흐지부지될 것으로 기대했지만, 그런 일은 절대 일어나지 않았다. 그들이 소유권을 주장하는 땅은 세르비아가 자신들의 소유가 아니라고 선언하면서 논쟁이 절반으로 줄었고, 결국 크로아티아만 설득하면 해결될 문제가 되었다. 리버랜드가 받아줄 수만 있다면 국민이 되겠다며 온라인으로 오만 명이 지원했다. 〈뉴욕 타임스〉는 대통령을 열흘 동안 근접 취재하기 위해 기자를 보내기도 했다. 그들은 그들만의 화폐인 리버랜드 메리트를 만들었다. 사십 개국에 대사를 임명하기도 했다. 사만 명이 실제로 시민권을 신청했다.

그들 모두가 진심인 걸까? 실제로 해낼 수 있을까? 그들이 성공한다면 나 같은 르네상스 시대 이전의 사람도 받아줄까? 이제 대통령을 만나 답을 들어야 할 때였다.

내가 리버랜드 자유 공화국의 대통령궁으로 처음 보낸 이메일에 답변은 오지 않았다. 하지만 그 뒤 어느 비 오는 수요일 저녁에 나는 다음과 같은 메시지를 받았다.

'친애하는 애덤, 화요일에 귀하와 점심을 먹을까 생각하고 있습니다. 어떻게 생각하시는지? 어디서 식사를 하면 좋겠소?'

베를린을 방문하는 비트 대통령 본인이었다. 한 국가의 원수와 연락이 된 건 물론이고 상대방이 어디서 점심을 먹을 것인지 내게 물어보고 있었다! 나는 대개 지하철역 안에 있는 회전 케밥 가게에서 점심을 먹곤 했다. 하지만 대통령을 대접하기에는 적당하지 않았다. 그래서 나는 돼지저금통을 깨뜨렸고 베를린 미테에 있는 고리키 공원이라는 이름의 러시아 테마 레스토랑에서 만나자고 했다. 나는 정부와 세금을 경멸하는 자유 의지론자를 소련식 사회주의를 찬양하는 레스토랑에 데려가는 아이러니는 도저히 놓칠 수는 없는 기회라고 생각했다. 며칠 뒤 나는 사과를 옮기는 러시아 농민들의 벽화와 스푸트니크호 기념품 아래에서 양복 차림으로 나를 기다리는 세 사내를 만났다. 비트 대통령과 그의 일행은 분명히 지위에 어울리는 복장을 하고 있었다. 내가 입은 구겨진 파란 셔츠와 지저분한 검은색 진 바지를 내려다 보았다. 어울리지 않는 옷차림이었다. 나는 마치 고장 난 욕실 배관 수리를 방금 마친 듯한 옷차림이었다. 게다가 나는 '기자'인 척하기로 했는데, 깜박 잊고 지갑을 가져가지 않는 바람에 신뢰성이 더욱 떨어져 보이게 되었다. 엄청나게 부끄러운 상황이었지만, 그래도 지갑을 열었는데 돈이 없다는 걸 발견하고 당황해하는 창피한 일은 적어도 피할 수 있었다.

대통령 각하는 구석 자리에 앉아 메뉴판을 훑어보고 있었다. 그는 체격이 크고 감상적이고 따뜻한 얼굴이었고, 주머니 같은 뺨에 깔끔한 금발 수염을 기르고 있었다. 그를 수행하고 온 일행이 다른 테이블로 자리를 옮겨서 우리는 둘이서만 이야기를 나눌 수 있었다. 나는 나도 모르게 그를 모욕하는 멘트로 인터뷰를 시작했다. 나는 리버랜드를 초소형 국가라고 부른 것이다.

"우리 시민권을 얻기 위해 사만 명이 지원했습니다." 그는 고개를 기울였다. "만일 그들 전부를 받아들인다면 우리는 아이슬란드보다 큰 나라가 됩니다. 그런데도 우리가 초소형 국가라는 겁니까?"

내가 돈을 낼 수도 없는 음료를 아직 주문하지도 않았는데, 이미 상대방의 주권에 의문을 표하고 있었던 것이다. 나는 좀 더 부드럽게 접근하기로 했다. 그가 방어적이거나 공격적인 것은 아니었다. 그는 차분하고 친절하고 카리스마가 넘쳤다. 마음에 들었다.

나는 몸을 앞으로 기울였다. "물론 이런 문제를 저보다는 더 잘 알고 계시겠죠. 제가 보기에는 국경 분쟁이 있는 것 같습니다. 세르비아는 '그곳은 우리 땅이 아니다'라고 말하고 있고 크로아티아는 '누구 땅인지는 모르겠지만 당신네 땅은 분명 아니다'라고 말하고 있잖아요."

대통령은 얼굴을 찌푸렸다. "크로아티아는 자신들의 영토라고 말하죠. 하지만 만일 그렇다면 왜 우리가 그곳에 가지 못하도록 막는 거죠? 우린 그저 크로아티아 영토 내에서 이동하는 거잖아요?"

나는 대답할 준비가 되어 있지 않았다. 전반적으로 나는 잘 준비하지 못한 상태였다. 난 그저 홍보 기회를 잡아서 티셔츠나 좀 팔고 자신을 대통령으로 소개하며 세계를 돌아다니길 원하는 정신 나간 기회주의자를 만난다고 생각했다. 그의 강렬한 시선과 그를 수행하는 사람들의 규모와 전문성을 보니 상황이 그런 것 같지 않았다. 이들은 진심이었다.

비트는 인터넷으로 한탕을 해보려는 사람도 아니었다. 그는 정치를 잘 알았다. 그는 원래 모국인 체코 공화국에서 선출된 공무원이었지만, 전직 KGB 요원이 민주적인 투표를 통해 체코의 재무장관으로 뽑히자 공직에 환멸을 느꼈다. "사람들은 세금으로 그들에게서 가장 많은 걸 약탈한 사람들에게 투표를 하고 권력을 줍니다." 그는 한탄했다.

"하지만 그 사람도 민주적으로 선출된 것 아닌가요?"

그는 비웃었다. "히틀러 역시 민주적으로 선출되었습니다. 민주주의에는 장점이 없습니다."

나는 늘 민주주의가 당연히 옳다고 생각했다. 윈스턴 처칠도 이렇게 비꼬듯 말한 적이 있다. "지금까지의 다른 모든 체제를 제외하면 민주주의는 최악의 정부 형태다." 사람들은 민주주의를 퍼뜨리기 위해 전쟁까지 하지 않았는가? 내 눈앞에서 신성한 소가 도살당하고 있었다.

음식이 나왔다. 블리니(러시아식 팬케이크-옮긴이)였다. 맛있었다.

"한두 사람이 자신들의 나라를 세우려 시도할 경우 대개 그들 한두 사람 이상으로 커지지 않습니다." 내가 말했다. "그에 비해 리버랜드가 훨씬 성공적인 이유는 뭐라고 생각하시나요?"

대통령은 전형적인 동유럽의 수프인 보르시치를 먹으며 대답했다. "많은 사람이 리버랜드의 이상을 믿고 있습니다. 모든 국가는 그 나라를 믿는 사람들의 수준만큼 강해지는 법입니다. 내가 그곳에 가려다가 체포되었을 때 크로아티아의 경찰청장이 법정에 나와 내게 더 강한 처벌을 내려야 한다고 주장했습니다. 그는 '리버랜드는 단지 당신 머릿속에 존재합니다. 그건 그냥 상상에 불과합니다'라고 말했습니다."

비트가 웃었고 그의 (이야기를 듣고 있지 않던) 경호원들도 웃었다. "내가 그에게 말했습니다. '크로아티아도 당신 머릿속에만 있소. 그것 역시 상상에 불과합니다'라고요. 물론 내 말에 그 친구는 엄청 화를 냈죠. 하지만 그게 진실입니다."

크로아티아는 (상상 속 나라든 아니든) 군대와 법원, 교도소를 갖고 있고, 그들의 존재를 의심한다면 설득을 위해 그 기관들을 사용할 수도 있다. 비트는 국기와 웹사이트 그리고 관심을 가진 사람들로부터 받은 많은 이메일이 있다. 그다지 공정한 싸움인 것 같지는 않았다.

"어쩌면 제대로 되지 않을 수도 있습니다." 비트는 어깨를 으쓱했다. "누가 알겠습니까? 우리가 요구하는 건 시도해볼 기회를 달라는 겁니다." 그의 말은 상당히 합리적으로 들렸다.

몇 달 뒤 리버랜드의 건국 일 주년 기념식에 그곳을 방문할 기회가 있었다. 그들은 논란의 여지가 있는 습지인 크로아티아 지역에서 자유 의지론자들의 회의를 열 계획이었다. 나는 세르비아의 벨그레이드에서 버스를 타고 세 시간 반을 달려 회의장에서 가장 가깝고 매우 역사적인 도시인 크로아티아의 오시예크에 도착했다. 유감스럽게도 원래 약속이 되어 있었음에도 누군가가 나를 마중 나와 있지 않았다. 회의의 진행을 맡은 다미르에게 전화를 걸었다. 나는 화가 났다. 이런 사람들이 나라를 세우겠다는 건가? 셔틀버스 하나도 제대로 준비하지 못하는 주제에. 그들은 스스로를 속이고 있었다. "보리스가 나가서 기다리고 있습니다." 다미르가 말했다. "곱슬머리고 스테이션 왜건을 타고 있어요."

믿기지 않았다. 아주 의심스러웠다. 보리스라고? 보통

본명이 보리스인 사람은 없다. 보리스는 영화 속에나 등장하는 이름이다. 주로 IT 기기를 잘 다루거나 암살자로 등장한다. 버스 정류장 앞으로 나가보니 곱슬거리는 검은 머리를 어깨까지 늘어뜨린 사내 한 명이 손을 내밀며 내게 다가왔다.

"플레처 씨?" 사내가 물었다.

"네."

"기사인 보리스입니다."

그는 IT에 능숙할 것처럼 보이지 않았고, 그래서 나는 고분고분하게 굴기로 마음먹었다. 네모난 모양의 회색 차량 뒷좌석에 앉은 키가 크고 볼이 통통한 다른 승객은 축 늘어진 머리칼 가운데 가르마를 타고 있었다. 몸의 위쪽에 붙은 머리는 마치 가로등에 너무 크게 공기를 불어 넣은 풍선을 붙여 놓은 것 같았다. 사내는 자신을 그레고르라고 소개했다. 그에게서 술 냄새가 났다. 아마도 보리스에게 무례하게 굴면 어떤 결과가 있을지 모르는 듯, 그레고르는 예의 바르게 행동하지 않았다. 삼십 분 넘게 이동하는 동안, 그레고르는 자신의 목소리를 무척 즐기는 사내이고 자기 목소리를 들을 기회라면 절대 거부하는 법이 없다는 사실이 명확해졌다.

"저는 투자가입니다." 그레고르가 말했다. "부동산이죠. 그러니까, 광저우, 뉴욕, 한국, 플로리다. *어디든*. 대단한 일은 아닙니다."

분명히 대단한 일로 보였다.

나는 웃었다. "자유 의지론자이십니까?"

"글쎄요. 그렇다면 어떤 투자를 할 때는 좋겠지만, 마찬가지로 문제가 좀 있을 수 있다는 것도 압니다. 저는 일 년 반 전에 만났을 때 비트 대통령에게 말했습니다. 그를 만났어요, 아시겠습니까? 네, 대단한 일은 아니죠."

진짜 대단했다.

그는 턱을 내밀었다. "그분이 우리 집에 오기까지 했죠. 당신은 직접 만나보셨나요?"

"네, 베를린에서요. 하지만 저희 집을 방문하지는 않았습니다."

"아, 그렇군요. 누가 그런 걸 신경 쓰나요? 안 그렇습니까?" 그는 기운 없이 내 어깨를 두드렸다.

그레고르는 날 신경 쓰고 있었다.

우리는 회의장에 도착했다. 어딘지 알 수 없는 곳에 위치한 한 호텔이었는데 호텔이 있을 법한 장소로 보이지는 않았다. 그저 너무 잘 숨겨져 있어서 내가 절대 찾아낼 수 없었던, 진정으로 엄청난 어딘가에 있는 호텔이라고 추측할 수밖에 없었다. 주차장에는 방금 폭탄이 떨어진 상태였다. 비트 대통령이 나타나지 않은 것이다. 다미르는 미쳐 날뛰고 있었다. "그들이 대통령을 크로아티아 국경에서 제지했습니다! 그분은 유럽연합 시민권자이므로 그런 행위는 당연히 불법입니다."

"뭐요? *빌어먹을.*" 그레고르가 말했다. "큰 협상이 줄지어 대기하고 있는데."

"그렇죠." 다미르가 말했다. "죄송합니다."

그레고르는 고개를 숙이고 발에 밟히는 돌멩이를 찼다. "세상에, 세르비아가 개척 시대 서부 지방 같더니 크로아티아도 다를 것 없군. 이곳 사람들은 그저 외교에 능한 척하는 것뿐이야."

호텔 안에서는 뷔페 식사가 진행 중이었다. 나는 접시에 음식을 담아 빈자리가 하나 있는 테이블로 다가갔다. "여기 앉아도 될까요?" 내가 물었다. 이미 자리를 잡고 있던 두 사내는 서로 바라보더니 웃었다. "여기는 리버랜드예요." 한 사람이 말했다. "그냥 앉으면 됩니다." 나는 자리에 앉아 접시를 내려놓고 맥주를 가지러 바에 갔다. 돌아왔더니 누군가 내 의자를 차지하고 있었다. 그는 그냥 내 접시를 테이블 가운데로 밀어두고 자기가 대신 의자에 앉아 있었다. 리버랜드에서는 이런 식인 걸까? 서로 먹고 먹히는 건가? 사내는 내게 사과하지 않았고 나는 어색하게 그의 머리 위로 몸을 숙여 내 접시를 들고 다른 테이블로 향했다. 다음 테이블로 가서 나는 빈자리에 앉아도 되겠느냐고 물었다.

"아뇨. 친구가 와서 앉을 겁니다." 큰 체크무늬 플란넬 나무꾼 셔츠를 입은 사내가 말했다.

외교술로는 아무것도 이뤄낼 수가 없었다. 비트 대통령의 가르침을 이용해 어떤 자리든 그냥 깃발을 꽂은 다음 애덤의 엉덩이를 위한 자유 공화국이라고 선언해야만 했다. 세 번째 테이블에 앉은 사람들이 나를 맞아주었다. 그들은 총기 소지 권리에 대한 열렬한 대화를 나누던 중이었는데, 가장 주된 내용은 총기 소지 권리가 현재 충분히 보장되지 못한다는 거였다.

키보드와 어쿠스틱 기타를 연주하는 남성 두 명으로 이루어진 밴드가 홀 맞은편 안쪽에서 클래식 록을 연주하기 시작했다. 그들은 누가 목이라도 조르는 것처럼 〈돈 워리, 비 해피〉라는 곡을 연주했다. 나는 이 상냥한 괴짜 집단 속에서 무척 행복한 느낌이었다. 그건 어쩌면 내가 술을 (원하는 대로) 마실 수 있기 때문일 수도 있었다. 술은 리버랜드 고유의 맥주인 리버럴 에일이었다. "오늘 아침에 비트의 아파트에서 직접 가져온 겁니다." 가만히 있지 못하는 한 사내가 내게 맥주를 내밀며 말했다. 내가 대화한 모든 사람은 그들이 비트 대통령과 얼마나 죽고 못 사는 친구 사이인지 열렬히 강조했다. 밴드는 다음 곡으로 밥 말리의 〈원 러브〉를 망쳐놓고 있었다. 적어도 내가 생각하기에는 그 곡인 것 같았다. 혹시 이 공간에 사랑이 존재한다면 그건 망명 중인 대통령을 위해 아껴두어야 했다. 나는 고개를 돌려 런던에서 온 컴퓨터 프로그래머와 이야기를 나눴다. "지금까지 회의는 어떻습니까?" 내가 물었다.

"아주 차분하네요." 그가 말했다. "아무도 아직은 체포되지 않았거든요."

만일 누군가 체포된다면 그건 그레고르일 터였다. 둘러보니 그는 몇 테이블 떨어진 곳에서 레드 와인을 마시면서 생일 케이크를 먹고 있는 예쁜 터키 여자에게 미친 듯이 수작을 걸고 있었다. 그들은 부자들의 사적인 인맥에 관해 토론하고 있었다.

"저희 어머니는 돈이 많아요. 하지만 그건 상관없습니다. 저는 돈에는 신경 쓰지 않아요." 그레고르는 불안정하게 의자의 뒷다리 두 개만으로 균형을 잡고 있었다. "저는 수준이 높은 사람들과 어울리고 싶어요. *자, 같이 요트 타러 갈까?* 그런 거죠. 대단한 일은 아닙니다."

여자는 지겨워하는 것 같았다. 그레고르는 신경 쓰지 않고 계속 추근댔다. "어떤 때는 참치를 먹고 어떤 때는 캐비어를 먹죠. 안 그렇습니까?"

여자는 예의 바르게 웃었다.

"긴장 푸세요." 그는 말을 이었다. "어차피 농담 아닙니까? 누가 신경 쓰나요?" 여자는 신경 쓰는 것 같지 않았다.

"부러움일 수도 있죠." 그는 말을 이었다. "부러움은 제 인생에서 큰 요소입니다. 어쩌면 그쪽 인생에도 마찬가지일 수 있습니다. 저는 다른 사람들을 신경 쓰지 않습니다."

여자는 포크를 내려놓았다. "저도 그래요. 사람들이 제 뒤에서 숙덕거릴 수도 있지만 신경 쓰지 않습니다."

"아, 제 마음에 드는 분이네요." 그는 여자의 팔로 손을 뻗으며 말했다. "아주 멋진 분이십니다."

여자는 손을 빼냈다. "저는 담배 피우러 밖에 나가야겠어요."

"그러죠. 가시죠." 그레고르는 튀듯 일어나 열정적으로 여자를 따라 나갔다. 그가 앉았던 의자가 바닥에 나뒹굴었다. 나는 의자를 똑바로 세웠다. 그레고르는 나쁜 부동산 투자가의 모든 클리셰를 한 명에게 몰아넣은 것 같은 사람이었다. 하지만 그는 내가 지금까지 만났던 사람들 가운데 유일하게 자신의 해로움을 겉으로 드러내는 사람이었다. 나머지 사람들은 똑똑하게 공개적으로 그들의 믿음에 관해 이야기했다. 그들은 국가니 정부니 하는, 말도 안 되는 것들은 곧 무너질 거라고 화를 내며 확신했다. 그런 것들이 사라지면 그들은 품었던 생각을 펼칠 것이다. 그들의 시간, 자유 의지론의 시간이자 무정부 자본주의의 시대가 될 것이다.

동시에 그들은 무너져내리는 현재의 체제를 돌아가며 발로 걷어찰 것이다. 밴드는 〈스턱 인 더 미들 위드 유〉라는 곡에 린치를 가하고 있었다. 열 시 삼십 분이었다. 나는 이만 가 봐야겠다는 식으로 중얼거렸다. "괜찮습니다." 다미르가 말했다. "타고 가실 차량을 준비하죠. 오 분만 기다리세요." 삼십 분 뒤 나는 밖에서 어슬렁거리고 있었다. 나는 주차장에서 터키 여자를 껴안으려 시도하는 그레고르를 발견했다. 여자는 포옹을 피하려고 애쓰고 있었다. 그레고르의 눈은 충혈되었고 통통한 뺨은 지나칠 정도로 분홍색을 띠고 있었다.

"재밌는 시간 보내셨나요?" 나는 그에게 물었다.

그는 비웃었다. "여기서요? 이런 나치들과 미치광이들 그리고 수염 기른 사람들하고?" 나는 나치라고 표현할 수 있을 법한 사람과 비슷한 사람도 보지 못했다. 회의장 안에 수염을 기른 사람들이 여럿 있었다는 건 증언할 수 있다. 나를 포함해서. 나는 수염을 기른 사람들이 늘 마음에 들었다. "쳇, 나는 그런 일에는 관심이 없다고요." 그레고르가 말했다. "나는 투자를 위해 여기 왔습니다."

한 시간이 지났다. 우리는 기사를 직접 찾아내야겠다는 생각에 안으로 다시 들어갔다. 시도는 실패로 돌아갔다. 그레고르가 이런 상황에 관해 큰소리로 불만을 터뜨렸고 결국 오스트리아에서 온 차분하고 금욕적이지만 머리가 거칠게 헝클어진 한 사내가 테이블에서 일어났다. 나는 그가 술에 취해 시끄럽게 고함을 질러대는 그레고르로부터 모두를 구해줄 거라고 생각했다.

"갑시다." 그가, 안톤이 말했다.

유감스럽게도 그레고르는 우리와 함께 차에 올랐다. "와인 두 병에 55유로?" 그레고르는 빨간색 왜건 차량 뒷자리에 앉아 소리를 질렀다. "*빌어먹을.* 그리고 *실내*로 들어가야 한다니! 그러니까 내 말이 그거야! 내가 돈을 내는데 직접 안에 들어가서 받아야 해? *안에서?* 돈도 내고? 이게 말이 돼?"

조수석에 앉은 나는 안톤에게 미안하다는 눈길을 보냈다. 나는 이제 그레고르에게 익숙해졌지만, 안톤은 탈출할 수 없는 폐쇄된 공간에서 침례를 당하고 있었다. 안톤은 답례로 차분한 웃음을 보여주었다. 그는 안티 그레고르였다.

"내가 제일 친한 친구가 크로아티아의 수상이라고!" 그레고르는 양손으로 우리가 앉은 좌석 하나씩을 붙잡고 으르렁거렸다. "그러니까, 그렇다는 거야." 잠시 침묵이 흘렀다. 나는 그가 잠들었기를 바랐지만 그런 행운은 없었다. "그러니까 당신은 비트를 알고 있다는 거야?" 그가 소리쳐 물었다. 우리 둘 다 대답하지 않았다. 그가 말하는 '당신'이 누구를 말하는 건지 알 수가 없었기 때문이다. "*기사 양반.*" 안톤의 이름을 잊은 그레고르는 조바심을 내며 덧붙여 말했다. "나는 기사 양반에게 묻고 있는 거야."

*기사*인 안톤은 깊은 한숨을 내쉬었다. "네. 그분을 압니다." 그의 목소리는 명상용 테이프에서 나오는 것 같았다. 여름에 친구들과 바비큐를 하는 듯한 목소리였다. 사과밭 같았다. 첫사랑 같았다. 정상적으로 돌아가는 세상 같았다. 그레고르가 없는 세상. "아, 그러셔?" 그레고르는 비꼬듯

말했다. "글쎄, 내 생각에는 내가 그 사람과 더 가까울 것 같은데. 기분 나빠 하지는 말아요. 그분은 우리 집에도 오고 그랬다니까."

잠시 침묵이 흘렀다. "알겠습니다." 안톤은 냉정을 유지하며 말했다.

그레고르는 다시 시작했다. "나더러 대사를 맡으라고? 흥. 말만 하라지. 뭐든 해줄 테니까. 물론 돈을 내야지. *아주 많은 돈.* 그 사람 우리 집에 온 적도 있으니까. 대단한 일은 아니지만."

나는 거의 모든 사람을 좋아하는 성격이라 자부해왔다. 그러려면 가끔은 창의적으로 머리를 굴려야 하고 도덕적 결함을 무시하기도 해야 하지만 누구나 적어도 한 가지 장점을 갖고 있기 마련이었다. 그레고르를 만나기 전에는 그렇게 생각했다. 나는 그레고르에게 졌다.

다음 날 회의가 시작될 터였다. 나는 사회 민주적인 족쇄를 벗어 던졌고, 새로운 세계관과 신나게 놀았다. 바로 자유 의지주의였다. 알고 보니 세금도 훨씬 싸게 먹혔다. *기존 체제는 엿이나 먹어라! 독재 타도! 전부 불살라 버려!*

나는 흥분한 채 잠자리에 들었다. 아침 아홉 시에 데리러 온다던 약속은 기대했던 그대로였다. 시간을 지켰다는 뜻이 아니다. 여러 가지 면에서 엉터리 광고라고 생각했는데, 결국 아홉 시가 아니라 열 시 반에 데리러 왔다. 다미르가 회의장이 있는 호텔 주차장에 들어서는데, 크로아티아의 경찰차와 양복을 입은 사내 두 명이(한쪽 귀에 낀 플라스틱 이어폰은 셔츠 칼라 속으로 사라지는 모습이었다) 건물 입구 옆에 서 있는 모습이 보였다.

"크로아티아 비밀경찰입니다." 다미르가 말했다. "상황을 봐서 우리를 협박하려고 온 겁니다."

우리는 안으로 들어가 자리를 잡았다. "저는 이제 건국의 아버지이자 리버랜드의 대통령이신 대통령 각하께 발언권을 넘겨드리도록 하겠습니다." 회의 의장이 말했다. 광고했던 시작 시간보다 겨우 한 시간밖에 늦지 않았다. 우리 머리 위 벽에 비트 예들리치카 대통령의 얼굴이 등장했다. "안녕하십니이이이까." 화면에서 소리가 났다. 비디오가 멈췄다. "여어어어어러어어어어~~부우우우운~~." 소리가 꺼졌다가 다시 나오다가 꺼졌다. "여러어어어어분을 만나게 되어어어어어 아~~주우우우우-~~"

"여러분 모두 와이파이를 꺼주세요. 대통령 각하께서 인터넷 회선을 쓰셔야 합니다." 스트레스에 지친 의장이 말했다. *전국의 와이파이를 다? 정말? 아무 준비도 없이? 여*

기 모두가?

물론 이 상황은 리버랜드가 아닌 크로아티아에서도 시골인 이곳 지역의 잘못이었다. 하지만 시골이라고 해도 크로아티아는 리버랜드보다 이십오 년이나 먼저 세워진 나라인데, 스카이프를 이용하기에 충분한 속도의 인터넷 연결 같은 간단한 서비스를 제공하는 일조차 형편없었다. 일단 회의가 제대로 진행되자 초라하고 혼란스러운 포장에도 불구하고 회의 내용은 더할 나위 없이 흥미진진했다. 우리는 주변 지역에 대해 더 많은 걸 알게 되었고, 왜 이곳의 지방 정부와 리버랜드 사이에 문제가 심각한지 알게 되었다. 우리는 한 크로아티아 정치인이 잘 요약한 설명을 들었다. "저희 할머니께서는 한 번도 이사한 적이 없는데도 대여섯 개의 서로 다른 나라에서 살았습니다. 이 지역 주민들이 변화를 두려워하는 것도 놀랄 일은 아닙니다."

그의 말은 과장이 아니었다. 슬라보니아라고 부르는 이곳 지역은 고난의 역사를 갖고 있으며, 국가들 사이에서 벌어진 분쟁의 대상이 된 스스로의 모습을 자주 발견하곤 했다. 그 가운데는 1990년대 초반에 벌어졌던 사 년 동안의 전쟁이 있는데, 유고슬라비아의 붕괴 이후 세르비아에 맞서 싸운 전쟁이었다. 오늘날에도 이 지역의 투쟁은 이어지고 있는데, 새롭게 독일로 연결된 직행버스 노선이 그 증거이다. 이곳의 인구는 하루에 열네 명씩 줄어들고 있다. 일자리도 새로운 기회도 없으며, 주민들과 대화해보니 희망도 없었다. 아름다운 자연과 자원이 매우 풍부한 지역인 걸 생각하면 놀라운 일이다. 그리고 이곳은 여전히 크로아티아의 주요 와인 생산지다.

회의 중간에 모두가 넓은 일광욕 테라스에서 어울리기도 했다. 수백 명의 참석자 가운데 얼마나 많은 사람이 양복을 차려입고 멋지게 들리는 관료주의적인 직함을 가졌는지 놀라울 정도였다. 그들은 아이들이 스티커를 나눠 가지는 것처럼 서로 명함을 주고받았다. 체제를 전복하고 싶다던 무리는 놀라울 정도로 체제에 속한 사람들처럼 차려입고 행동했다. 그런 광경을 보니 그들이 진정으로 체제를 무너뜨리고 싶은 것인지 아니면 그저 어디선가 새로운 곳에서 체제를 새롭게 만들어내 그곳의 권력을 확보하고 규칙을 만들고 싶은 것인지 궁금했다. 나는 갑자기 의심이 들었다. 내 상상 속 무정부 자본주의자의 유토피아에는 명함도, 투자 관리 컨설턴트, 부사장 따위의 직함도 존재하지 않았다.

커다랗고 털이 북슬북슬한 개 한 마리가 테라스를 어슬

렁거리다가 전날 밤 저녁 식사 때 총을 사랑한다고 말하던 영국인에게 옆걸음으로 다가갔다. 녀석은 펄쩍 뛰어 사내의 다리에 달라붙더니 맹렬하게 몸을 비벼대기 시작했다. 사내는 흥분한 개를 떼어내려 애썼지만 녀석은 워낙 덩치가 커서 밀어내도 즉시 다시 달라붙으며 사내를 벽으로 밀어붙였다. 사내는 녀석을 떨쳐내고 달아나려고 했지만 개는 테라스를 가로질러 사내를 따라갔다. 사람들은 웃음을 터뜨리고 환호했다. 어느 곳이었더라도 재미난 광경이었겠지만 자유 의지론자들의 회의장에서는 왠지 더 익살스러웠다. 마치 개가 행사의 정신에 사로잡혀 자신의 성적 자유를 충족하기라도 한 것 같았다. 나는 그날 자유라는 단어를 아주 여러 번 들었는데, 이 광경은 누군가의 자유가 직접적으로 다른 누군가의 자유를 억제한다는 사실을 시각적으로 일깨워주었다.

회의는 좋았지만 그저 대화일 뿐이었다. 우리는 행동을 원했다. 우리는 약속된 땅에 가고 싶었다. 그곳의 질퍽덕한 땅을 발로 밟고 철벅거리고 싶었다. 그곳의 자유 의지론자 모기들에게 뜯기고 싶었다. 사람들에게 그들은 갖지 못한 나라, 너무 새로운 나라여서 존재하는지(확실하진 않다) 알지도 못하는 나라를 방문했다고 말하고 싶었다.

그날 밤 호텔에서 나는 아네트에게 회의장 사진을 몇 장 보냈다. 사진을 받은 그녀의 태도는 미지근했다. 우리 모두 서로의 관계라는 시한폭탄이 째깍거리고 있음을 알고 있었지만, 누구도 폭탄의 도화선의 길이는 알지 못했다.

다음 날인 따뜻한 일요일, 서른 명의 자유 의지론자들과 나는 은색 이층버스에 올라타 크로아티아 국경으로 향했다. 우리는 리버랜드로 가고 있었다!

"국경은 우리가 모두 노예라는 걸 일깨워줘요." 회의에서 기조연설을 했고 비트네이션이라고 부르는 걸 만들어 낸 수전 타르코스키 템플호프가 말했다. 비트네이션은 비트코인에서 사용하는 블록체인 기술을 이용해 정부를 대체할 수 있는 도구이다.

"맞아요. 국경은 금방 모두 무너져내릴 겁니다." 커다란 흰 개와 낭만적인 만남을 가졌던 총을 사랑하는 영국인 사내가 말했다.

"그렇죠. 국가란 존재하지 않으니까요. 그건 허구를 뭉쳐 놓은 거예요." 수전의 남편이 말했다.

나는 창밖으로 장벽, 경비용 울타리, 철조망 그리고 총을 든 사람들을 보았다. 내게는 보안이 철저하고 전혀 허구가 아닌 것으로 보였다. 크로아티아라는 뭉쳐놓은 허구를 떠나는 일에 대한 모든 걱정은 근거가 없는 것으로 드러났다. 우리는 아무런 소동 없이 손짓 한 번에 크로아티아 국경을 벗어날 수 있었다. 그들은 우리를 보낼 수 있어 기쁜 것인지도 몰랐다. 국경 반대편에서는 세르비아라고 알려진 뭉쳐놓은 허구에 속한 친절한 국경 경비병이 차에 올라타 우리의 여권을 걷어갔다. 금발 수염을 짧게 기른 땅딸막한 사내였다. "어디로 가십니까?" 사내가 물었다.

"우리는 강 건너편에 있는 레스토랑으로 갑니다." 크로아티아에 살고 있는 영국인 기자 폴이 대답했다.

"아, 아주 좋습니다." 경비병이 대답했다. "거기 요리사가 새로 왔더군요. 그 친구 이름은 비트로비치입니다. 아주 실력이 좋아요. 자, 즐거운 여행 하십시오." 사내는 버스에서 내렸다.

잠깐, 우리는 모두 여전히 노예인 건가?

간단하게 점심 식사를 마친 뒤 대통령 각하가 도착하는 위대한 순간이 다가왔다. 리버랜드로 떠날 시간이었다. 우리는 크로아티아에 입국이 금지된 비트 대통령이 합류할 수 있도록 모두가 세르비아 쪽으로 넘어갔다. 우리는 리버랜드의 영토를 밟을 수 있을까? 시도하는 과정에서 구금될까? 지난 몇 달 동안 누구든 리버랜드에 들어가는 사람은 체포되었다. 불행하게도 오기로 계획되어 있던 세 척의 보트 가운데 한 척만 준비되어 있었다. 이런 상황에 많은 사람이 충격을 받았을 것이 분명했다. 나는 놀라지 않은 사람들 가운데 한 명이었다. 준비된 한 척의 보트는 딱 여덟 명이 탈 수 있는 크기였다. 리버랜드는 강 상류로 사십오 분 동안 올라가야 했다. 우리는 오십 명이었다. "이러면 적어도 세 시간은 걸리겠군요." 비트 대통령이 경고했다. 그것도 오프로드 자동차를 이용해 나머지 사람들을 최대한 목적지 가까운 곳에 데려다 놓아야 시간을 그 정도로 줄이는 일이 가능했다.

다행스럽게도 나는 언쟁을 벌여 첫 보트의 자리를 얻어냈다. 차분하고 당당하고 극기심이 강한 안톤이 키를 잡았다. 그의 거친 머리칼이 산들바람에 날리는 모습을 지켜보느라 정신을 뺏기는 바람에 나는 배에 구명조끼가 세 벌밖에 없다는 사실을 파악하지 못했다. 안톤이 술에 취한 그레고르를 태우고 삼십 분 동안 달리면서도 벽에 달려들어 모두 죽여버리겠다는 충동을 참아낼 수 있었다면, 보트에 나와 다른 자유 의지론자 동료를 몇 명 태우고 사십오 분 항해하는 일은 아이들 장난일 것이다.

엔진이 털털거리며 깨어났고 보트에는 디젤 배기가스가 가득 찼다. 사람들의 흥분한 기운이 눈에 보일 듯했다. 내 옆에는 드레드락스 헤어스타일에 추레한 차림을 한 체코 사내 슈테판이 있었다. 그가 입은 티셔츠 겨드랑이 부분에는 커다란 구멍이 나 있었다. 그는 밝은 노란색 리버랜드 국기를 막대기에 고정하더니 배 뒤쪽에 묶었다. 그가 국기를 고정한 다음 우리는 환호했다. 우리는 진심이었다. 규제를 타파하겠다는 생각이었다. 슈테판은 체제 전복적인 인물로 보여 나는 그에게 혹시 그만의 나라를 세우려고 시도해본 적이 있느냐고 물었다.

"아뇨." 그는 미친 사람처럼 눈을 번득이며 말했다. "하지만 교회를 세우는 걸 한 번 도운 적은 있어요."

물론 그랬겠지, 슈테판. 함께한 사람들의 어느 것도 놀랍지 않았다. 그들은 행동하는 사람들이다. 그들은 자신의 삶을 철저히 통제하고 있었다.

"마리화나 교회라는 곳이었어요. 저는 주술사였습니다. 작은 교회였지만 신도는 많았습니다." 그는 손으로 마리화나를 피우는 시늉을 해 보였다. "그냥 신도들만 있지 않았습니다. 수습 신도도 있었어요. 아주 독실했죠." 그는 윙크를 해 보였다. "저는 '뒤로 미루기 당'을 창당하려고 계획하고 있습니다. 아직 진행이 많이 되지는 않았지만요."

노란색 리버랜드 국기를 산들바람에 의기양양하게 펄럭이면서 강 상류를 향해 이십오 분쯤 올라갔을 때, 우리를 기다리고 있는 크로아티아 경찰의 국경 순찰 보트를 발견했다.

"빌어먹을." 안톤이 말했다. "저들이 우릴 보내주지 않을 것 같군요."

그는 경찰 보트를 향해 속도를 높였다.

"경찰에게 손을 흔들어요." 그레고르의 접근을 막아내며 지난 저녁을 보낸 터키 여자가 말했다. 그녀는 생일 케이크를 먹고 여전히 기분이 좋은 것이 분명해 보였다. 우리는 경찰에게 손을 흔들었다. 그들을 향해 웃어 보였다. 우리는 망가진 민족주의 체제의 슬픈 잔재를 통과해 리버랜드 해안에 접근할 수 있도록 시도했다.

경찰 보트에 탄 두 명의 크로아티아 경찰은 답례로 손을 흔들지 않았다. 웃지도 않았다.

"체제가 저들의 심장을 차갑게 만들었군요." 슈테판이 말했다.

경찰이 탄 보트와 그들의 차갑고 죽은 심장이 속도를 내며 우리에게 다가오면서 파도가 일자 우리가 탄 작고 불쌍한 배가 흔들렸다.

“우리 배를 뒤집으려는 건 아니겠죠?” 내가 물었다.

“감히 그럴 리는 없죠.” 미래의 리히텐슈타인 주재 대사가 말했다. 나는 그가 자신의 위치를 과장하고 있다고 생각한다.

안톤이 상황을 살펴보았다. 그는 숨을 들이마셨다. 그러더니 경찰 보트에 더 가까이 다가갔다. “혹시…….” 그가 말했다. 나는 그 순간에 노예가 된 것 같은 느낌이었다.

경찰 보트는 오른쪽에서 우리와 같은 방향을 유지하면서 우리가 방향을 바꿔 조금이라도 리버랜드 해안에 가까이 접근하는 걸 막고 있었다. 그들은 그런 상황을 유지해 우리 옆에 붙어서 끝까지 상류로 따라오고 있었다. 우리는 그들을 째려보았고, 그들도 우리를 째려보았다. 군사 산업 복합체에 속한 전문적인 위협 요원들인 그들이 훨씬 솜씨가 좋았다. 게다가 그들은 제복에 총에 진짜 보트를 갖추고 있었고, 그 모든 것이 어마어마하게 도움이 되었다. 그에 비해 우리는 쾌락주의자, 자유 의지주의자, 대마초 무속 신앙인 그리고 머리가 벗겨져가는 작가로 이루어진 무리였다. 우리가 준비한 건 무정부 자본주의지 대치 상황이 아니었다. 혹시 그 두 가지가 같은 것인지도 모르겠지만. 나는 아직도 확신할 수가 없다.

"오, 제발요." 터키 여자가 말했다. "지나가게 해주세요."

경찰은 허락하지 않았다.

"저기 정박 금지 표지판 보입니까?" 안톤이 물었다. 우리는 눈을 가늘게 떴다. 아, 멀리 백 미터쯤 앞에 하얀색과 빨간색이 섞인 작은 표지판이 보였다. 아마도 손으로 그린 것 같았다.

"그곳이 리버랜드가 시작하는 곳입니다." 그는 자랑스럽게 말했다.

국경으로 다가가면서 분위기는 불길해졌다. 안톤은 우리 보트와 경찰 보트 사이의 공간을 이 미터까지 줄였다. 우리 보트는 표지판과 나란히 섰지만 해안으로 가는 뱃길은 여전히 막혀 있었다. 하지만 우리는 리버랜드에 도착했다. 우리는 그곳 해안에 나란히 선 것이다. 경찰 보트 너머이긴 했지만 어쨌든 리버랜드를 바라보았다. 약속대로 리버랜드는 나무와 늪이 가득했고 모기가 우글거렸다. 하지만 그곳은 분명히 삼백오십 미터 길이의 하얀 모래 해변을 가진 잘생긴 한 조각의 땅이었다.

"난 저곳에 카페를 차릴 겁니다." 슈테판은 해변을 가리키며 말했다.

“좋은 카페겠죠?” 터키 여자가 물었다. 슈테판은 대답할 필요가 없었다. 그는 마리화나를 섬기는 주술사 아닌가. 섬이 지나가고 그 뒤에도 리버랜드의 해안은 백 미터가량 이어졌다. 세르비아에서는 아마도 크로아티아의 영토일 거라 말하고 크로아티아는 분명히 크로아티아의 영토라고 얘기하고 비트 대통령은 리버랜드라고 주장하며 나는 잘생긴 땅이라고 일컫는 땅이었다. 그러더니 리버랜드는 등장할 때와 마찬가지로 슬그머니 사라졌다.

우리는 여전히 리버랜드의 기슭에서 삼십 미터 떨어져 있었고, 여전히 경찰 보트에 가로막혀 있었다. 다른 보트에 부딪쳐 물에 젖어 체포되고 크로아티아의 유치장에서 며칠을 견디지 않는 한 약속된 땅에 더 가까이 갈 수 없는 상황에서, 우리는 뱃머리를 돌려 돌아오고 말았다. 우리가 그곳에 갔었다고 말할 수 있을까? 보트에 탔던 사람들도 확신할 수는 없다. 나는 타인에게 뽐내고자 하는 면에서 보면 갔었다고 말할 수 있다고 결론내렸다. 배를 탔던 곳으로 돌아오니 비트 대통령이 기다리고 있었다. “리버랜드에 가보니 어떻습니까?” 그가 물었다.

“아주 아름답더군요.” 나는 대답했다. 그 순간, 하나의 아이디어인 한 조각의 황량한 땅덩이는 정말 아름다웠다.

리버랜드 프로젝트 전체를 엉뚱한 짓이라고 치부하는 일은 당연히 쉽다. 나도 처음에는 그랬고 중간까지도 그랬다. 사실 프로젝트의 주요 인물들과 주말을 보내고 난 지금도 내가 완전히 그들을 비웃지 않는 건지 확신할 수는 없다. 하지만 프로젝트의 낭만이 나를 반하게 만들었다. 현재 존재하는 모든 나라는 리버랜드와 똑같은 방식으로 시작했다. 한 무리의 급진적인 사람들이 뭔가 다른 사람들이 불가능하다고 말하는 걸 추구했다. 무에서 유를 창조해내는 것이다.

국가란 신성하거나 늘 존재해왔던 것처럼 느껴질 수 있지만, 사실은 만들어진 것이고 나뉘었다가 재결합해왔다. 나라들은 국명을 바꾼다. 국경이 있지만 지우고 다시 그린다. 수도를 변경한다. 화폐도 바꾼다. 항상 새로운 정부를 선거로 뽑는다. 로디지아(짐바브웨의 전 이름-옮긴이)나 버마(미얀마의 전 이름-옮긴이), 실론(스리랑카의 전 이름-옮긴이), 남수단(수단 공화국에서 분리됨-옮긴이), 유고슬라비아 또는 집에서 가까운 곳으로 말하자면 독일 민주 공화국의 시민들에게 국경의 신성함과 정권의 지속 기간에 관해 물어보라.

자유 의지주의자들의 말이 옳다. 국가는 정말 허구의 집합체이다. 그들은 그런 허구를 바꾸고 더 좋고 공정한 허구를 만들어내는 새로운 기술의 가능성에 관해서도 옳은 주장을 하고 있다. 변화는 벌써 진행되고 있다. 다음에 술집이나 레스토랑 또는 지하철을 탔을 때 주위를 확인해보라. 얼마나 많은 사람이 물리적인 장소를 벗어나 가상의 장소, 즉 디지털 무주지에 들어가 있는지를. 물리적인 장소는 이제 과거만큼 중요하지 않다. 우리가 태어난 장소로부터 백 킬로미터 안쪽에서 자라고 일하고 배우자를 찾고 아이들을 기르고 죽을 수밖에 없는 시대는 오래전에 지나갔다. 이민자인 나는 자유로운 이동의 혜택을 직접 경험했다.

그렇다면 리버랜드가 자발적 조세 제도와 반정부, 마리화나 무속 신앙의 파라다이스를 조만간에 이뤄낼 수 있다는 의미일까? 리버랜드 프로젝트는 브랜드로서 잘 알려져 있으며 날이 갈수록 더 많은 추종자의 관심을 끌고 있다. 이 프로젝트가 온전히 정치적인 것만은 아니다. 여기에는 흥미와 모험, 반란이 있다. 쉼없이 돌아가는 거대한 돌덩이 위에서 우리가 사는 짧은 시간 동안 뭔가 더 거대한 것의 일부가 되어 불가능한 꿈을 좇는 일과 관련이 있다. 바로 자신만의 나라를 만들어내는 낭만에 빠지는 것이다. 그런 삶을 살짝 맛본 나는 그것이 멋지다고 확신할 수 있었다. 실제로 원하는 걸 얻어낸 다음에는 작은 늪지대를 오직 자유 시장의 보이지 않는 손 그리고 그레고르들만으로 무장한 사회로 만들기 위해 애써야 하는 삶보다 그냥 계획일 때가 오히려 더 뛰어났다.

세상은 리버랜드 프로젝트 뒤에 있는 사람들 같은 과격주의자들로 인해 훨씬 더 재미난 곳이다. 그들은 다른 어떤 사람들보다 더 거대한 상상력과 신념을 가졌다. 그들이 성공해 나도 진짜 리버랜드의 모래 해변을 발로 밟을 수 있기를 희망한다. 또한 그들의 프로젝트는 나 자신의 프로젝트를 좀 더 이해할 수 있도록 도와주었다. 나는 기존 체제에 도전하고 있었다. 유일하게 다른 점은 내게 있어 기존 체제란 대부분 나 자신이라는 것이다. 바로 내가 베를린에서 쌓아 올린 삶에 대한 책임과 기대들이다. 스스로에게 지루해졌다는 걸 인정하는 건 묘한 일이다. 하지만 나는 이제 내가 그랬었다는 걸 안다. 그런 느낌은 이미 이스탄불에서부터 사라졌다.

여행하는 목적이 바로 그것이다. 자신이 속하지 않은 곳에 있음으로써 느끼는 생소함은 사람을 주위 모든 것이 어떻게 작동해야 하는지에 대한 기대 그리고 결국 그에 대해 어떻게 반응해야 한다는 생각으로부터 자유롭게 만들어준다. 대신 아이 같은 순진함이 생겨난다. 나는 그런 느낌이 어마어마하게 즐겁다. 리버랜드와 마찬가지로 내 노력에도 아무 결과가 없을지도 모른다는 걸 안다. 그러나 벨그레이드 공항에서 독재자에 대해 커지는 집착을 세르비아 대통령이었던 슬로보단 밀로셰비치에 관한 책으로 달래면서, 그럼에도 불구하고 나는 내가 하는 여행을 즐기고 있다는 걸 깨달았다.

테겔 공항에 내린 뒤 나는 아네트에게 곧 집에 도착한다는 문자를 보냈다. 그러면 대개 그녀는 '자기가 돌아와 기뻐.'라든지 '얼른 보고 싶어.' 같은 답신을 보내곤 했다. 이번에는 전혀 답이 없었다. 현관문에 도착해서 자물쇠에 열쇠를 꽂았다. 열쇠를 돌리려고 애썼다. 열쇠는 꿈쩍도 하지 않았다.

11

두 번째 쉬어가기

진짜 인생과 진짜 문제

초인종을 누르고 나서 실연 당한 후 아파트를 보러 다니고 팬티만 입은 채 소파에 앉아 아이스크림을 통째로 먹으며 몇 달을 보내는 상상 속에 조바심을 내며 기다렸더니 아네트가 안쪽에서 문을 열었다. 자물쇠를 바꾼 게 아니라 그냥 안쪽에서 열쇠를 꽂은 채 빼지 않은 거였다. 우리는 복도에서 토론을 벌였는데, 누군가 봤다면 '상당히 열기가 높았다.'라고 표현했을 것이다.

화해를 위해 나는 다가오는 수많은 행사에 참석하겠다고 동의했고, 앞으로 몇 달 동안 내가 어느 곳에 있을 것인지 자신감 있게 보여주었다. 그리고 그곳은 분명히 베를린일 거라고 말했다.

베를린에 있는 동안 나는 우편으로 온 편지를 뜯어보고

세금을 내고 전등을 갈고 아네트가 자신의 천재성을 계속 해서 반복적으로 헤아릴 수 없을 정도로 알아차리지 못하는 동료를 욕할 때 관심이 있는 것처럼 보이기 위해 최선을 다했다.

나는 귀를 기울였다. 대개는. 나는 공감했다. 가끔은. 나는 상점에 가서 우리가 먹고 힘낼 초콜릿을 샀다. 설거지를 했다. 그런 다음 설거지를 조금 더 했다. 그런 다음 다시 설거지를 했다.

일상적인 삶은 약간 지루하다. 나는 싱크대에 서서 접시에 묻은 수프를 씻어내며 깨달았다. 일상은 해야 할 일들과 내야 할 고지서, 설거지해야 할 *설거짓거리(?)*로 가득하다. 그것만으로는 끔찍하지 않다면, 혹시 아주 작은 한 가지 대수롭지 않은 잘못(이를테면, 글쎄, 몇 년 동안 세금 내는 걸 잊는 정도)을 하면 *사람들은 당신을 교도소에 가둘 것이다.*

그런 일은 전혀 추천할 것이 못 된다.

도피와는 다르다. 현실 도피는 끝내준다. 달아나는 건 당신을 일상의 감옥으로부터 탈출하게 해준다. 그래서 나는 집에 돌아와 행복한 척하는 동안 비밀리에 트란스니스트리아 여행에 관해 조사했다. 그곳은 내가 벨그레이드에 있을 때 발견한, 소련 시대로 되돌아간 이상한 나라다. 그곳에서는 설거짓거리가 기다리고 있지 않으리라는 건 확실했다. 게다가 리버랜드 여행에 이어지는 완벽한 후속편이 될 터였다. 리버랜드의 시민들과 내가 변화를 꿈꾸고 스스로 재창조를 시도하며 새로운 것을 향해 달려 나가는 동안 트란스니스트리아는 반대의 행동을 하고 있었다. 그 나라는 과거로 회귀하려 애쓰고 있었다.

트란스니스트리아는 작고 좁고 긴 불안정한 땅덩이 형태로 몰도바와 우크라이나 양쪽에서 짓눌림을 당하고 있다. 녹슨 철의 장막이 마침내 무너졌을 때, 많은 동유럽 국가는 과거 자치권을 되찾고 새로운 국가 체제를 만들기를 원했다. 지금은 트란스니스트리아라고 부르는, 작고 좁고 긴 불안정한 땅덩이는 스스로 몰도바라고 부르는 나라 속에 있다는 걸 스스로 발견했다. 공식 언어를 몰도바어로 결정한 몰도바였다.

주로 러시아어를 사용하는 트란스니스트리아는 언어상의 불편이 있었다. 몰도바가 서쪽을 보고 있을 때 트란스니스트리아는 의지할 곳 없이 동쪽, 어머니 나라 러시아를 향하고 있었다. 문화적 주도권 싸움이 이어졌다. 외교라는 백색 예술이 싸움을 진정시키기 위해 노력했다. 실패했다. 전쟁이라는 흑색 예술이 시작되었다. 트란스니스트리아의 인구는 고작 오십만 명밖에 되지 않으며 어느 지역은 폭이 겨우 몇 킬로미터밖에 되지 않는다는 사실을 잊지 않았다면, 전쟁이 벌어진 날 점심 식사 시간 이전에 트란스니스트리아가 백기를 흔들면서 분수에서 크게 벗어나는 생각을 품었다며 겸손한 사과를 하고 전쟁이 끝났어야 마땅했다.

일은 그렇게 흘러가지 않았다. 그 대신 오십만 명밖에 안 되는 대담한 레닌주의자들은 모스크바에 지원을 요청했다. 모스크바는 아마도 우쭐한 생각이 들었을 것이다. 요새는 아무도 러시아와 유사한 이념을 가지고 어울리길 원하지 않기 때문이다. 러시아가 전에 차지했던 영토에는 이제 서로 다른 각자의 깃발이 휘날리고 있고, 자본주의의 싸구려 보석을 향해 손을 뻗고 있었다. 몰도바와 우크라이나 양쪽에서 짓눌림당하고 있는 이 작고 좁고 긴 불안정한 땅덩이만 제외하고는.

물론 모스크바는 무기를 보내주었다. 엄청나게 많은 무기를.

1990년 11월부터 때때로 소규모 전투가 이어졌고 1992년, 상황은 확대되기 시작했다. 같은 해 7월까지 전쟁은 지속되었고, 칠백 명가량의 인명이 희생되었다. 결국 러시아가 양측의 평화 회담을 열어 중재에 나섰다. 그 과정에서 아마도 자신이 양측 가운데 하나를 꾸준히 무장시켜왔다는 말은 언급하지 않은 것 같았다. 평화 회담의 결과로 몰도바는 트란스니스트리아에 '패배했다'는 걸 인정하지 않았고, 트란스니스트리아가 '진짜 나라'라는 사실을 받아들이지도 않았다. 몰도바는 그저 자신이 옳다는 걸 증명하는 비용이 너무 비싸다고 결정한 것뿐이다. 양측은 휴전에 동의했고 지금도 휴전은 이어지고 있다. 트란스니스트리아 사람들은 그들만의 나라를 갖고 있다고 생각한다. 하지만 인정하는 나라는 전혀 없으며 그렇다고 해서 그들에게 도전하려는 의지도 갖고 있지 않다. 그 이유는…… 러시아 때문이다.

리버랜드와 달리 트란스니스트리아를 방문하는 사람은 체포당하지 않는다. 아니, 체포당하지 않기를 바란다. 왜냐하면 나는 그곳을 방문하기로 했기 때문이다.

12

트란스니스트리아, 티라스폴

"〈트루먼 쇼〉가 〈트와일라잇 존〉을
엿 먹이는 것 같군."

최소한의 관광객, 단 한 명의 셰리프, 사치스러운 권태를 느끼는 국외자

트란스니스트리아에 가는 건 특별히 어렵지는 않지만, 그곳에서 본 상황을 이해하거나 다른 사람과 논의하는 건 어려운 일이다. 나는 단체 관광에 참여하기로 했다. 모두 열두 명으로 이루어진 팀이었는데 유감스럽게도 그 가운데 일곱 명이 나처럼 영국인이었다. 더 유감스러운 일은 가이드인 크리스와 잭은 아일랜드인이었다. 그들이 일하는 여행사는 유별난 목적지에 특화된 곳이었다. 나는 우크라이나에서 그들과 처음 만나 며칠을 보냈다. 술에 취하지 않았을 때 그들은 유쾌한 사람들이었지만, 취하면 끔찍했다.

그들은 늘 취해 있었다.

그들은 오데사에서 출발한, 우리 말고는 아무도 타지 않은 열차에서 티라스폴 중앙역(동시에 유일한 기차역)의 플랫폼에 내릴 때 특히 많이 취해 있었다. 티라스폴은 트란스니스트리아의 수도(인 동시에 유일한 도시)다. 여러분이 생각하는 수도나 도시와는 다를 수 있다.

플랫폼에서 우리만을 맞이하기 위해 기다리고 있는 이민국 직원을 발견했을 때, 트란스니스트리아에 오는 관광객이 얼마나 적은지 확실하게 알 수 있었다. 직원은 얼굴이 창백한 중년 사내로 트란스니스트리아 이민국 직원 공식 유니폼 주머니에 손을 깊숙이 넣어 온기를 유지하고 있었다. 그는 귀족 마냥 턱을 높이 들었다. 넓적한 얼굴은 탄수화물과 쾌락주의로 부풀어 올라 있었다.

직원 옆에는 세르게이라는 그 지역 학생이 서 있었는데, 주변 관광을 위해 여행사에서 고용한 친구였다. 트란스니스트리아에서 나고 자란 동안의 금발 청년이었다. 그는 우울한 높이로 턱을 낮추며 겸손한 모습을 보였다. 그는 겸손함을 망토처럼 걸치고 있었다.

"트란스니스트리아에 오신 걸 환영합니다." 이민국 직원이 말했다. "사진 지우세요!" 그는 기차역 안쪽을 몰래 사진 찍고 있던 미국인 마이크에게 소리 질렀다. "여기는 공공기관 건물입니다. 촬영 금지예요."

우리는 역사 쪽으로 걸어갔다. 모두에게서 퍼져나오는

친밀하고 유쾌한 분위기를 감지했는지, 직원이 물었다. "여러분 모두 술을 마셨습니까?"

나를 제외한 모두는 술을 마시고 있었다. 아주 많이, 평소처럼. 단추를 잘못 끼운 노란색 더플코트를 입은 잭은 비틀거리며 앞으로 나가 직원과 악수했다. "안녕하십니까, 선생님. 만나서 반갑군요." 공식적으로 잭은 우리 팀을 위해 일할 두 명의 가이드 가운데 한 명으로 고용된 상태였다. 현실에서 그는 술을 마시러 가는 여행을 안내할 때만 솜씨가 좋았다. 그는 술을 마시는 일에는 전문가였다. 아니, 어떻게 해야 술을 마실 수 있는지를 안다고 할까.

이민국 직원은 잭을 향해 눈을 가늘게 떠 보였다. *잭을* 어떻게 해야 할지 모르는 것 같았다. "열차에서 소란이 있었다는 보고를 들었습니다. 위스키와 맥주 문제인가요?" 그의 입가에서 쓴웃음이 흘러나왔다. "여러분은 트란스니스트리아에 아주 잘 적응하겠군요, 동무들!"

역사 앞쪽으로 와보니 사각형 미닫이 창문이 보였다. 창문 안쪽에는 지루해보이는 여자 한 명이 회전의자에 앉아 있었다. 의자는 바퀴 하나가 떨어져 나가고 없었다.

"안녕, 자기. 만나서 아주 기뻐요. 좋은 밤 보내고 있어요?" 잭은 여자가 앉은 창문틀에 팔뚝을 올려 간신히 몸의 균형을 잡으면서 말했다. 창문 아래쪽에서 그의 두 다리가 흔들리고 있었다. 여자는 아무 말도 안 했다. 그녀 역시 *잭*을 어떻게 해야 할지 모르는 것 같았다.

이민국 직원은 관객이 생겨 기쁜 것 같았다. 그는 배지를 받고 놀이터 모래밭을 순찰하라는 명령을 받은 어린아이처럼 뽐내며 주위를 걸어 다녔다. 우리는 창문 앞에 몰려들어서 입국 수속 서류를 나누어 받았다. 우리가 서류를 제출해도 그는 신경도 쓰지 않았다. 그는 그저 이야기가 하고 싶은 듯했다.

"여기 프랑스에서 오신 분 계신가요?" 그의 첫 질문이었다. 그때는 파리에서 바타클랑 테러 공격이 벌어진 뒤 사흘이 지났을 때였다. 파리에서 온 안-소피가 손을 들었다.

직원은 주먹을 쥐고 하늘로 들어 올렸다가 흔들고 다시 내리더니 손가락 관절에 입을 맞췄다. "프랑스, *매우* 아름다운 나라죠……."

"감사합니다." 안-소피가 대답했다.

"제가 듣기로는 그곳에서 뭔가……." 직원은 말을 멈추고 알맞은 단어를 생각해내려 애썼다. "*말썽*이 있었죠?"

안-소피는 몸을 뒤로 뺐다. 아마도 백삼십 명의 목숨이 사라진 사건을 자전거 바퀴에 구멍이라도 난 것처럼 묘사하는 걸 듣고 놀란 모양이었다. "테러 공격 말씀이죠?"

"그렇죠. *말썽.* 파리에서. 끔찍해요. 끔찍해." 직원은 쥔 주먹을 가슴에 가져다 댔다. "트란스니스트리아는 여러분과 함께합니다!"

멋진 말이면서 기대하지 못했던 상황이었다. 그의 목소리는 엄숙해졌다. "당신은 난민인가요?"

안-소피는 입을 열었지만 아무 말도 나오지 않았다. 그녀는 나머지 우리를 바라보며 자신의 머리가 들었다고 보고하고 있는 내용을 진짜 들은 건지 확인을 요청하고 있었다. 맞았다. "에…… 난민이요?"

"네, 망명을 신청합니까?"

"*트란스니스트리아에 말인가요?*"

이민국 관리인 사내는 그러지 않아도 튀어나온 가슴을 더 내밀었다. "그렇습니다. 트란스니스트리아에 말입니다. 트란스니스트리아는 위대한 나라입니다!"

내 생각에는 *위대하다*는 말과 *나라*라는 말에 대한 기준에 따라 달라질 문제였다.

"음…… 글쎄요……." 안-소피는 웃음을 참았다. "아뇨. 저는 그냥 관광하러 왔습니다."

직원 사내는 고개를 숙이고 눈을 감았다. "관광객이군요,

알겠습니다. 어쨌든 환영합니다."

"저 사람은 아마 한 번도 트란스니스트리아를 떠난 적이 없을 겁니다." 세르게이가 속삭였다. "그래서 세상을 저런 식으로밖에 보지 못하는 것일 수도 있어요. 장단을 맞춰주지 않으면 서류에 도장을 찍어주지 않을 겁니다."

모두 서류를 작성하기까지는 시간이 제법 걸렸다. 이민국에 펜이 세 자루밖에 없었고, 우리는 술 넣을 공간을 더 많이 만들기 위해 유용한 물건들, 이를테면 펜 같은 걸 짐으로 싸오지 않았기 때문이다.

익살맞은 풍경이었다. 세상에 분명히 존재하는 나라들에서 온 열두 명의 사람이 술에 취해 귀에 거슬리는 소리를 내면서 지나치게 큰 코트를 입고 모자를 쓴 사내와 부서진 회전의자에 앉은 여자에게 실례가 되는 태도로 존재하지도 않는 나라로 들어가는 비자를 요청하고 있었다.

"미국에서 오신 분 혹시 계신가요?" 국경을 지키는 이민국 직원의 다음 질문이었다. 끊임없이 손가락으로 카메라를 만지작거리던 마이크가 옹송그리며 한가운데로 나섰다. "나는 당신네 미국에 관해 읽던 중이었습니다." 직원이 말했다.

마이크는 웃지 않으려 애쓰며 고개를 끄덕였다.

"나는 디트로이트에 관해 읽고 있었습니다." 사내는 *디트로이트*라는 단어가 마치 *아틀란티스*라도 되는 것처럼 놀라 눈을 크게 뜨며 말했다. "늑대가 많다더군요!"

"디트로이트에요?"

"네. 디트로이트에요. 늑대가 아주 많아요."

"알겠습니다……." 마이크는 고개를 갸우뚱하며 말했다.

"그리고 또." 사내가 말을 이었다. "범죄도 많아요. 당신네 디트로이트에는."

그 말이 더 그럴듯했다. 우리는 다시 대화를 이어나갈 수 있었다.

"네, 범죄가 잦죠." 마이크는 얼른 고개를 끄덕였다. 디트로이트, 범죄, 좋아.

"어쩌면." 직원이 생각에 잠겨 수염을 매만지며 덧붙였다. 그는 여행은 해보지 못한 사람인지는 몰라도 그래도 세상 물정을 전혀 모르지는 않았다. "그건…… 전부 깜둥이들 때문인가요?"

이런…….

우리는 천천히 비자를 받았다. 너그럽게도 우리는 이곳, 나라가 아닌 곳에서 스물네 시간을 머물 수 있는 허가를 받았다. "원래는 열두 시간이었어요." 세르게이가 양팔을 옆으로 늘어뜨린 채 말했다.

기차역 입구 맞은편에 있는 택시 정류장에 가보니 택시가 달랑 한 대 서 있었다. "다른 택시는 어디 있는지 모르겠군요." 세르게이는 우리가 처한 상황을 혼자 남은 택시 기사와 토론하고 있었다. 택시 기사의 우울한 표정을 보니 그 역시 방금 여기 도착했고 우리처럼 상황이 우스꽝스럽다는 걸 안 모양이었다. 나를 제외한 관광객들은 뇌가 알코올에 젖은 나머지 내가 느끼는 감정의 분위기를 눈치챌 수가 없었고, 그저 환하고 행복한 관용의 웃음을 띠고 서 있었다.

십오 분 뒤 텅 빈 기차역 주차장으로 두 대의 자동차가 필요 이상의 빠른 속력으로 등장했다. 두 대의 찌그러진 자동차는 마치 마구잡이로 서로 부딪히며 진행한 자동차 경주를 방금 마쳤지만, 메달권 근처에는 가보지도 못한 차들처럼 보였다. 그들은 혼란에 빠진 진짜 택시 기사로부터 연락을 받고 달려온 비공식 택시 기사들이었다. 세르게이는 우리가 AIST 호텔에 가고 싶어 한다고 설명했다. "거기 닫았어요." 정식 택시 기사가 딱 잘라 말했다.

"이런." 세르게이가 말했다.

달리 더 좋은 방법이 없어서 우리는 어쨌든 그곳으로 가기로 했다. 결국 나는 두 대의 비공식 택시 가운데 하나에 탔다. 기사는 호리호리하고 깔끔하게 면도한 중년 사내였다. 우리는 그때까지 세르게이 말고는 젊은 사람을 한 명도 만나지 못했다. 사내는 움푹 들어간 슬픈 눈 아래 광대뼈가 튀어나온 모습이었다. 나는 그에게 따뜻한 밥을 한 끼 사주고 싶었다. 그러고 나서 여러 번 더 그렇게 해주고 싶었다. 기사는 그의 작은 차의 트렁크를 열어 우리가 짐을 넣을 수 있도록 해주었다.

"감사합니다." 나는 스포츠 가방을 메고 자동차로 다가가며 말했다. 트렁크 안을 봤더니 커다란 스피커 하나가 들어 있었고 가방이 들어갈 자리가 없었다.

"이런." 나는 우리 관광단의 새 좌우명이 된 탄성을 내질렀다. 기사는 스피커를 향해 고개를 끄덕이고는 깊게 한숨을 쉬더니 트렁크를 쾅 닫았다. 그걸로 정리가 끝났다. 우리 일행 네 사람은 작은 자동차에 올라탔고 각자 짐을 품에 꼭 안았다. 밉살스럽게 긴 다리 때문에 내가 앞 좌석에 앉게 되었다. 기사는 내가 탄 뒤에 차에 올라타 편안하게 자리를 잡았다. 그리고 내게 고개를 돌리고 윙크하더니 스테레오의 볼륨 다이얼을 귀청이 떨어질 정도로 높였다. 댄스 음악이 일반적인 예의범절을 무시하는 수준의 볼륨과 강렬함으로 연주되기 시작했다. 베이스 소리에 숨이 막혔다. 기사는 가속 페달을 밟으며 큰 소리로 깔깔대며 웃었고, 타이어가 미끄러지는 소리와 함께 우리는 (우리 말고는 조용한) 티라스폴의 밤 속으로 튀어 나갔다.

미치광이가 틀어준 음악의 가혹한 볼륨 때문에 청각이 고통스러운 여정이었다. 나는 트란스니스트리아가 기차역에서 처음 사십오 분 동안 보여준 것 같은 재밋거리를 다음 날에도 보여준다면 이곳 여행이 얼마나 멋질까 상상하면서 스스로를 치유했다. 트란스니스트리아는 우리를 망쳐놓고 있었다. 나는 이곳을 절대 떠나지 않겠다고 결정했다. 하지만 쉽지 않을 터였다. 스물세 시간 남짓 지나면 떠나야 했기 때문이다.

이동은 오 분도 걸리지 않았다. 우리가 지나온 도시는 놀라울 정도로 현대적이었고 격자형으로 건설되어 있었다. 거대하고 위압적인 구소련식 건물들은 모두 뭔가를 위해 새로 칠하고 말쑥하게 단장한 것 같았다. 거리는 비어 있었다. 사람은 열 명도 보이지 않았고 늑대도 한 마리 없었다.

작은 자동차는 거대하고 단조로운 콘크리트로 만든, 〈스타워즈〉 속 데스스타 같은 건물 앞에 끽, 소리를 내며 멈췄다. 기사는 엔진을 끄고 내게 고개를 돌리더니 비장하게 고갯짓을 해 보였다. *우리가 해냈어.* 그렇게 말하는 것 같았다. *그들이 우리를 의심했지만, 우리는 해내고 말았어.* 나는 서둘러 손잡이를 잡아당겨 문을 열고 비틀거리며 도로에 떨어지듯 내려섰다. 구소련 시절 러시아의 가장 위대한 권투선수들에게 얻어맞기라도 한 것처럼 귀가 울렸다. 두 다리로 제대로 선 나는 우리 앞에 있는 거대한 돌기둥 같은 호텔을 올려다보았다. 건물의 조명은 전부 꺼져 있어 호텔처럼 보이지는 않았다. 희망이 죽어버린 장소를 보는 것 같았다. 희망의 시체 건물 뒤쪽으로 끌고 나가 땅에 묻었고, 확실하게 하기 위해 그 시체를 다시 파내 총으로 쏴버린 것처럼 보이는 곳. 이걸 만든 건축가는 무슨 생각을 했던 걸까? 더 중요한 건 건축가는 그런 생각을 한 죄로 적절한 처벌을 받았을까?

한때 입구였을 수도 있는 곳 앞에 다섯 명의 거대한 남성들이 줄지어 서 있었는데, 달빛에 드러난 그들의 실루엣은 앨범 표지를 찍기 위해 잡은 포즈처럼 보였다. 트랜스니스트리아의 앨범 '신나는 (공산당) 파티를 원해?'.

갑자기 물밀듯 밀려 들어온 외국인들을 내려다보는 그들의 모습은 마치 오랫동안 두려워했던 말기 예후가 나타났다는 설명을 들은 환자 같았다. "저 사람들은 직업이 뭐죠?" 언제나 방금 잠에서 깬 것처럼 보이는 쓸데없는 재능을 지닌 프랑스계 캐나다인 피에르가 물었다.

"위협하는 거?" 누군가 대답했다.

"여러분, 안녕하쇼?" 잭이 입구까지 이어진 몇 개의 계단을 불안하게 올라가며 사내들에게 소리쳤다. "어떻게들 지내셨는가? 아주 멋진 밤이죠?"

사내들은 팔짱을 낀 채 아무 말도 하지 않았다. 한 사람이 돌아서더니 건물의 잠긴 현관문을 열었다. 문의 경첩이 불길하게 삐걱거렸다. 로비로 들어가니 과거에 사용하던 물건들의 묘지가 보였다. 부서진 자판기를 지저분한 천으로 덮어놓았고, 식물도 없는 다양한 토기 화분들이 놓여 있고, 서로 어울리지 않는 가구는 한 덩어리로 쌓인 채 녹이 슬고 먼지가 쌓여가고 있었다. 세르게이가 사내들 가운데 한 명에게 말했다. 그는 우리가 생각하던 걸 확인해주었다. "여러분밖에 투숙객이 없는 모양입니다."

"오늘 밤 그렇다는 건가요? 아니면 지난 십 년 동안 그랬다는 건가요?" 피에르가 물었다.

리셉션 데스크 안쪽에는 믿기 어려울 정도로 나이 많은 여자가 앉아 있었는데, 지금까지 살아 있는 사람들 가운데 가장 나이가 많을 것이 확실해 보였다. 여자는 먼지와 거미집에 둘러싸인 채 앉아 있었다. 어쩌면 지난 1967년에 마지막 투숙객이 체크아웃한 뒤 계속 그곳에 앉아 있었는지도 몰랐다.

"안녕하세요, 아가씨." 잭이 말했다. *끅*, 하는 트림과 함께. "만나서 반갑군요."

여자는 아무 말도 안 했다. 아마도 앉은 채 미라가 된 모양이었다.

하지만 그 순간 놀랍게도 여자는 천천히 앉은 자리에서 일어서더니 중세의 간수처럼 커다란 열쇠 뭉치를 움켜쥐고 리셉션 데스크 뒤에서 조심스럽게 걸어 나왔다. 엘리베이터 한 대는 고장나 있었고, 그걸 알리기 위해서인지 식물을 심은 화분 한 개가 입구를 막고 있었다. 노부인은 다른 엘리베이터를 손으로 가리키더니 마치 생각 깊고 상처 입은 부엉이처럼 천천히 우리를 향해 고개를 돌렸다.

"타도 괜찮을지 모르겠네요." 엘리베이터에 올라타며 마스가 말했다. 마스는 상냥한 덴마크인으로 법학을 공부하는 학생이었는데 나와 같은 방을 사용할 예정이었다. 엘리베이터에는 카펫이 깔려 있었다. 엘리베이터는 삐걱대는 소리를 내면서 꼭대기 층인 9층까지 올라갔다.

엘리베이터 아래로 떨어져 죽지 않은 걸 다행으로 생각하며 우리는 재빨리 어두운 복도로 나갔다. AIST 호텔은 아마도 1967년 이 건물에 사용했던 것 같은 천막이나 파이프 그리고 다른 물건들을 여기저기 쌓아둔 풍경으로 우리를 위한 환영 위원회를 준비해두었다. 머리 위에서는 조명이 깜박거렸다.

"맙소사." 잭이 말했다. "이건 〈베이츠 모텔〉(알프레드 히치콕의 영화 〈싸이코〉의 캐릭터들을 기반으로 한 스릴러 드라마-옮긴이)이 〈샤이닝〉(스티븐 킹 원작을 스탠리 큐브릭 감독이 연출한 공포 영화-옮긴이)과 붙어먹는 꼴이로군." 노부인이 발을 끌며 걷는 모습은 마치 걷기에 관해 책으로 읽어보기는 했지만, 시도는 처음인 사람처럼 보였다. 그녀는 아무 말 없이 복도의 첫 객실로 다가갔다. 객실 안 침대들은 매트리스만 깔린 상태였다. 노부인은 서랍장을 가리켰다. 그곳에 담요와 베개가 들어 있었다. "다른 사람들이 쓰던 것들인가 봐요." 마스가 말했다.

노부인은 아주 천천히 고개를 끄덕였는데, 그런 움직임이 나이 먹은 척추에 어떤 영향을 주는지 확신하지 못하는 것 같았다. 노부인은 복도로 걸어 나가 다음 객실로 향했다. 다음 방은 테스토스테론이 지나치게 넘쳐나는 우리 관광단에서 두 명뿐인 여자인 젠과 안-소피가 사용할 곳이었다. 우리는 복도에서 터져 나오는 웃음소리를 들었다. 밖으로 나가보니 노부인이 손에 문고리를 들고 서 있었다. 문고리는 이제 문에 달려 있지 않았다.

"빌어먹을, 난장판이군." 잭은 목에 난 수염 그루터기를 긁으며 말했다. 복도 멀리 달려 있던 조명이 더는 참을 수 없었던 모양이었다. 마지막으로 한 번 깜박이더니 비추던 빛을 꺼버리고 말았다. AIST는 놀라움이 가득한 곳이었다. 이런 모습이 과거라면 나는 현재에 더 행복해할 수 있다는 사실을 깨달았다.

짐을 풀고 다시 로비에 모인 우리는 그런 것이 존재하지 않는다는 사실을 아직 알지 못한 채 티라스폴의 밤 문화를 탐사해보고 싶은 열망에 빠져 있었다. 우리는 도시의 길거리가 조용하다는 걸 발견했다. 매우 조용했다. 누구든 바늘을 떨어뜨려도 주변에서 모두 알아차리고 주의를 줄 것 같은 분위기였다. 두 구역을 걸어 다닌 다음에야 우리는 뭔가 움직이는 걸 발견했다. 암청색 경찰차 한 대가 느릿느릿 우리를 스쳐 지나갔다. 경찰차를 운전하는 경관은 아직 어떻게 먹어야 할지 알 수 없는 이국의 과일이라도 되는 것처럼 우리를 바라보았다. 순찰차는 웃길 정도로 작은 러시아제 라다 자동차였다. 마치 레고로 만든 자동차처럼 보였다. 라다는 아름답기는 하지만 위엄은 없었다. 마치 소방관 옷을 입은 원숭이처럼 보였다. 라다 자동차는 서커스에서 굴러나온 여덟 명의 어릿광대 같은 모습이다. 그 가운데 한 명은 트럼펫을 분다. 트란스니스트리아 경찰이 이런 차를 타면서 지역 주민들의 존경과 경외심, 협력을 얻어낼 수는 없을 것처럼 보였다. 이곳에는 범죄가 존재하지 않는 것이 분명했다. 아니면 키가 백육십 센티미터가 넘는 사람들은 범죄를 저지르지 않거나. 키가 크면 절대로 뒷자리에 탈 수 없을 것이다. 뭐, 어릿광대라면 탈 수도 있겠지만.

나는 발길을 서둘러 옮겨 세르게이에게 다가갔다.

"여기는 범죄가 자주 일어나나요, 세르게이?"

그는 낄낄대며 웃었다. "진심으로 묻는 거예요? 이곳은 하나의 거대한 밀수꾼 소굴이에요. 제가 모시고 가서는 안 되는 동네도 있어요. 그냥 소련의 무기를 판매하는 거대한 전초 기지들입니다."

"늘 이렇게 조용한가요?" 크리스가 물었다.

"아뇨." 그는 어깨를 으쓱했다. "대개는 더 조용했죠."

"하지만 아름답네요." 안-소피가 말했다.

“네. 새 총리가 선거 때문에 페인트칠에 열심이죠. 페인트는 싸니까요. 건물 내부에는 아무것도 안 해도 됩니다.”

“총리는 좋은 사람인가요?”

“아뇨, 별로 그렇지 않아요. 다른 자들과 마찬가지죠.”

레스토랑까지 십오 분을 걸어가는 동안 우리는 열 명의 보행자와 십여 대의 자동차, 두 대의 경찰 순찰차를 목격했다. 계속 우리 눈에 띄는 단어가 있었다. *셰리프*였다.

셰리프 슈퍼마켓, 셰리프 호텔, 셰리프 제과점.

“저 *셰리프*라는 건 뭔가요?” 나는 유일하게 문을 연 레스토랑에서 매콤한 페퍼로니 피자를 먹던 중에 세르게이에게 물었다.

“셰리프는 트란스니스트리아에서 가장 부자인 사람입니다.” 세르게이는 맥주를 한 모금 마시며 말했다. “그 사람은 지난 1990년대에 경찰청장이었습니다. 아마도 그 사람만 사업 허가를 내줄 수 있었던 것 같은데, 자기 자신에게 모든 허가를 내준 겁니다. 지금 그는 거의 모든 걸 소유하고 있어요. 그는 경쟁이라는 걸 아예 없애버렸습니다.”

나는 반체제 인사들을 라다 자동차 유리에 밀어붙여 얼굴을 짓누르고 손과 발을 묶은 뒤 멀리 떨어진 숲으로 납치해가는 모습을 상상했다. 셰리프는 티라스폴을 자신의 고담시로 생각하는 트란스니스트리아의 악당 브루스 웨인처럼 들리는 이름이었다.

“한 사람이 그렇게 많은 걸 통제한다니 놀랍네요.” 마스가 말했다. 세르게이는 무표정하게 어깨를 움츠렸다. “그래서는 안 되죠. 여기는 아무도 존재하는지 모르는 나라입니다. 원하는 건 뭐든 할 수 있어요.”

“그럼 부패는 얼마나 심각한가요?” 내가 물었다.

“흠……. 생각해보죠…….” 세르게이의 눈이 반짝였다. “아, 기억납니다. 매일, 종일 부패가 일어나죠. 예를 들어 다음 주에 저는 운전면허 시험을 봅니다.” 그는 맥주를 한 모금 더 마셨다. “저는 합격할 겁니다.”

“그걸 어떻게 알죠?”

“접수했을 때 직원이 말해줬어요. 합격하고 싶으면 직원한테 오십 달러를 주면 됩니다.”

우리는 모두 입을 벌렸다. “그래서 저는 대학에 가지 않았습니다. 대학에서도 시험 볼 때마다 미리 뇌물을 먹이면 되거든요. 저는 돈이 없어요. 그래서 지금 저는 그냥 집에 있어요. 구글 대학교에 다니는 셈이죠.”

슬픈 이야기였지만 세르게이는 매우 자연스럽게 행동했다. 그의 목소리에서 감정이나 후회가 전혀 느껴지지 않았다. 마치 자신이 절대 방문할 일 없는 어떤 나라의 일기예보를 읽고 있는 것 같았다.

“병원에서는 말이죠.” 그는 관객이 재밌어하는 걸 보더니 말을 이었다. “치료를 받고 싶으면 의사에게 뇌물을 줍니다. 뇌물을 주면 당장 치료를 받습니다. 그러지 않으면 십팔 개월을 기다려야 해요.”

“트란스니스트리아의 문화가 시간이 지나면 변할 것 같나요?”

“트란스니스트리아 문화라는 건 없어요.” 세르게이는 힘주어 말했다. “우리는 러시아인이에요. 그게 전부입니다.”

저녁 식사를 마치고 우리는 모두 ‘술 마시러’ 가기를 원했다. 참신한 생각이자 그날 일찍부터 그리고 그 전날에도 계속 마셔대던 걸 생각하면 멋진 속도의 변화였다.

“제가 아는 곳이 있어요.” 세르게이는 장담하며 말했다.

“레스토랑보다는 사람이 많을까요?” 크리스가 주위의 텅 빈 좌석들을 살펴보며 물었다. 바둑판 무늬를 이루는 티라스폴의 길거리를 세 구역 지난 다음 우리는 한 가라오케 바에 들어가 대답을 얻었다. 그렇지 않았다.

우리가 들어서자 마치 문에 연결된 줄에 매달려 있던 인형처럼 바 뒤쪽에서 직원 두 명이 벌떡 일어섰다. 다른 손님은 없었다. "〈트루먼 쇼〉와 〈환상특급〉의 짬뽕이군." 잭이 말했다.

술집 직원은 치아가 평평하게 갈렸고 키가 작고 탄탄한 체격의 삼십 대 중반 여자와 유령처럼 창백하다 못해 거의 피부가 반투명으로 보이고 늘 자신의 존재에 사죄하는 듯 보이는 조금 더 젊은 남자, 두 명이었다. 관광객들은 오아시스의 노래를 끔찍하게 따라 부르고 이어서 비틀스의 노래를 끔찍하게 따라부른 다음 1980년대의 노래들을 끔찍하게 부르더니 도저히 더 끔찍해질 수는 없다고 생각했을 때, 아무 노래나 마구 부르기 시작했다.

그러는 사이에 술이 잔뜩 오갔다. 나는 하품이 나와 잠들지 않으려고 몸을 꼬집었다. 나서기 좋아하는 두세 사람이 계속 마이크를 주고받았다. 한 시간이 지난 뒤 다툼이 생겼다. 여자 바텐더와 가이드 크리스 사이의 문제였다. "바가지 좀 그만 씌워요." 크리스는 영수증을 흔들며 말했다.

여자는 양손을 허리에 얹으며 짝다리를 짚고 섰다. "큰 거 한 잔 달라고 했잖아요."

"내가 언제 그랬어요? '큰 거'는 또 뭔데?"

여자는 크리스를 위아래로 훑어보았다. "당신이 큰 거처럼 생겼죠."

"그게 대체 무슨 뜻이에요?" 크리스는 영수증을 흔들었다. "난 두 배짜리, 더블로 한 잔 달라고 했지. 그런데 당신이 네 배짜리 술값을 내밀었잖아요!"

"당신이 네 배로 달라고 했어요." 여자는 미간을 찡그린 채 눈을 흘기며 말했다.

"누가 더블도 아니고 더블에 더블로 럼 앤드 코크를 시켜요? 그런 술은 있지도 않은데."

"트란스니스트리아에는 있어요."

크리스는 텅 빈 바를 가리켰다. "그렇게 손님을 벗겨 먹으려고 하니까 손님이 하나도 없지."

여자는 눈을 더 가늘게 떴다. "어떻게 그런 식으로 말을 해요?"

여자는 온순한 남자 동료(그는 벽에 찰싹 붙어서 스스로 안 보이는 사람인 척했지만 성공하지 못하고 있었다)를 밖으로 내보내 술집 경비원을 깨우게 했다. 경비원은 의자에 앉아 벽에 머리를 기대고 잠들어 있었다. 전체적으로 느긋한 밤이었다. 아마도 매일 이런 식이었을 것이다.

경비원이 무거운 눈꺼풀을 문질러 잠을 지워내며 들어왔다. 바텐더 여자는 그에게 러시아어로 말했다. 천천히 눈을 깜박이는 경비원은 벌어진 상황이 자신과 어떤 관련이 있는지 알지 못하는 것 같았다. 그는 크게 하품을 했다. 여자는 허리춤에서 한쪽 손을 내려 크리스가 있는 쪽을 향해 흔들어댔다. 경비원은 벗겨진 머리를 긁었다.

"술은 잔뜩 마시는 걸 좋아하니까 더 큰 걸로 줬잖아요."

크리스가 혀를 차며 말했다. "내가 안 시킨 걸 계산하면 안 되죠. 그런 식으로 장사하는 거 아니에요."

내가 보기에는 여기서는 셰리프가 그럴 수 있다고 하면 그런 식으로 돌아갈 것이 분명하다는 생각이 들었다. 세르게이가 끼어들어 차분하고 합리적이고 외교적인 마법을 발휘한 후에야 결국 여자는 물러섰다. 크리스는 돈을 되돌려 받았다. 여자는 그 이후 내내 크리스나 그녀의 눈길에 띄는 사람이면 누구에게든 눈살을 찌푸려 보였다.

새벽 세 시에 조명이 꺼졌다. 여전히 손님은 우리밖에 없었다. "빌어먹을, 여러분 모두 사랑해요." 잭은 불안한 자세로 바에 몸을 기대고 섰다. 나는 이미 몇 시간 전부터 집에 가고 싶었지만 고루한 사람처럼 보이기 싫어서 굳세게 견뎌내고 있었다. 우리 가운데 두 사람은 뭔가 다른 건 없는지 궁금해 밖에 나가 돌아다니고 있었다. 서로 껴안고 노래를 부르고 비틀거리고 난리였다.

'네 배짜리 여사'는 바 위로 잭에게 종이를 한 장 내밀었다. 계산서였다. 우리는 계산서가 따로 나오리라 예상하지 못했다. 술을 시킬 때마다 돈을 냈고, 가끔은 우리가 시킨 것보다 더 많이 지불하기도 했다. 기대하지 않았던 욕설이 터져 나왔는데, 대부분은 잭의 입에서 나왔다. 혹시 불편하신 분들이 있을까 봐 일부 검열을 해서 적어보겠다.

"난 여러분을 사랑하지 않아요. 이 빌어먹을 XXXX 사기꾼들아." 잭은 계산서를 세심히 살펴보더니 말했다. "저것들이 우리가 부른 XXXX 노래 한 곡마다 XXXX 이 달러씩이나 벗겨 먹으려고 하네. XXXX한 것들 같으니, XXXX하는 것들."

잭의 분노는 이해할 수 있을 것 같았다. 이 나라에서 이 달러라면 지나친 금액이었다. 평균 한달 월급이 이백 달러밖에 안 되는 나라인데. 우리가 받아든 노래방 계산서는 백십 달러였다. "노래 한 곡에 XXXX 이 달러씩이라고? 장난하는 거야? 아예 노래 저작권을 사서 원하는 대로 불러도 그것보다는 싸겠군." 크리스가 잭 옆에 서서 계산서를 바위로 다시 밀어내며 말했다. "이렇게 비싸게 받는다고 어디 적혀 있다는 거야?" 크리스는 바 주위를 둘러보며 가격표나 메뉴를 찾았다. 여자 바텐더는 꿈쩍도 하지 않았다. 양손을 허리춤에 올린 채였다.

"당신들이 물어보지 않았잖아." 여자가 말했다. "물어봤으면 말해줬지."

활기라고는 없는 남자 직원은 멀리 떨어진 곳에서 먼지를 떨어내고 술병을 정리하는 아주 중요한 일에 몰두했다. 여자 바텐더가 남자 직원을 다시 불러서 잠에 빠진 경비원을 한 번 더 깨워 불러오라는 지시를 내렸다. 경비원은 그의 멍청한 존재를 우리 앞에 드러내는 데 전보다 더 오랜 시간이 걸렸다. 그는 발을 질질 끌고 걸으며 잔뜩 하품을 하면서 나타났다. 규칙을 읽어보지도 않은 경기에서 심판을 봐달라는 부탁을 받은 사람처럼 보였다. 여자 바텐더는 바를 사이에 두고 크리스와 맞섰다. 그녀의 손가락이 금방이라도 크리스의 코에 닿을 것 같았다. "당신이 뭔데, 나한테 이래라저래라 하는 거야?" 그녀가 말했다.

"고객이다. XXXX 같은 가게 같으니. 갑시다. 돈은 낼 생각 없어."

여자는 두 손을 위로 들어 올렸다. "가격은 내가 정한 게 아니야. 나랑은 아무 상관도 없다고."

"당신들도 서로 얘기가 안 통하는구먼, 안 그래?" 성난 잭이 쏘아붙였다. 나는 여자가 암청색 라다 순찰차를 부르게 되리라 생각했다. 세르게이가 재치 있게 다시 개입해 밤

새 마이크를 인질로 잡고 있던 세 사람을 설득해 그들이 돈을 내도록 했다. 그렇게 하는 걸 강력하게 권장한다고 말하는 세르게이는 정작 이유는 말해주지 않았다. 단체 관광은 좋은 면도 있지만, 단체라는 속성에 너무 강하게 의존하게 된다. 이번 관광에서 나는 자동차의 다섯 번째 바퀴 같은 존재였다. 오래전부터 빠지고 싶었다.

다음 날은 아주 좋았다. 대로는 적당히 붐비고 있었다(트란스니스트리아의 기준으로). 넓은 도로에는 노인들이 많았고, 그들은 강력한 바람에 몸을 움츠린 채 흰색으로 칠한 보도를 걷고 있었다. 낡아빠진 구소련제 트롤리버스가 덜거덕거리며 지나갔다. 통근하는 사람들은 이미 오래전 흘러가버린 번영의 시대를 보여주는 선전물이 뒤덮은 지저분한 유리창에 몸을 기대고 있었다.

아침 식사를 마치고 세르게이는 시내 관광을 이끌었다. 시내는 내가 원래 가졌던 긍정적 인상이 그대로 유지되고 있었다. 차분하고, 뻔뻔할 정도로 구소련을 닮았고, 야만적인 건축물을 좋아하고 외부인에게 불친절하거나 적대적이지 않으며 그냥 그들 스스로의 존재에 혼란스러워하는 모습이었다. 세르게이는 현재 대통령은 반(反) 셰리프를 내

걸고 선출되었다고 설명했다. 이 도시에는 슈퍼마켓이 하나밖에 없고 이름이 따로 있지만 셰리프 슈퍼마켓이라고 불렸는데, 대통령인 예브게니 바실리예비치 셉추크는 당선된다면 두 번째 슈퍼마켓을 열겠다는 공약을 내세웠다. '대표 없이 과세 없다'나 '공산화되느니 죽음을' 또는 '트란스니스트리아를 다시 위대하게'보다는 확실히 야심이 덜한 정치적 약속이지만, 어쨌든 그 공약은 통했다. 그가 만든 새 슈퍼마켓이 최근에 개점했다. "안쪽을 구경하시죠." 세르게이가 말했다. 세계 어느 곳에나 있는 평범한 슈퍼마켓과 다른 점은 없었다.

"그럼 여기는 셰리프의 슈퍼마켓보다 저렴한가요?" 마스가 물었다.

"아뇨. 제 생각에는 비슷할 겁니다. 어쩌면 실제로 이곳을 소유한 건 셰리프일 수도 있어요." 세르게이는 냉담한 태도로 말했다. "아니면 그자의 친구 소유겠죠."

택시 한 대가 옆을 지나갔다. 기사 옆자리에는 유색 인종 승객이 타고 있었다. 이민국 관리가 했던 말을 생각해보면, 이 장면은 디트로이트 시내를 늑대 한 마리가 걸어가는 모습만큼이나 예상 밖이었다.

"여기 흑인도 있어요?" 내가 물었다.

"물론이죠." 세르게이는 짧게 자른 머리칼을 손으로 천천히 문지르며 말했다. "두 명 있어요."

나는 머리를 뒤로 확 젖혔다. "두 명이라니 무슨 말이죠? 진짜 이 나라 전체에 두 명이라는 건가요?"

"그래요. 그들은 농구팀에 속해 있어요."

"잠깐, *여기 농구팀도 있어요?*"

"그럼요." 세르게이는 고개를 끄덕였다. "셰리프라는 팀이죠."

물론 진짜였다. 벼룩시장으로 가는 길에 우리는 레닌 동상을 여러 개 목격했다. 그 가운데 하나는 정부 건물 밖에 세워져 있기도 했다. 역사를 지우고 있는 우크라이나에서는 요즘 레닌 동상이 철거되고 있었다. 트란스니스트리아는 진보와 싸우고 있었다. 세르게이는 내게 셰리프의 아들의 선거 포스터를 보여주었다. "만일 셰리프의 아들이 선출된다면 상황이 바뀔 거라고 생각해요? 트란스니스트리아가 진짜 나라가 될 수 있을까요?"

"아뇨." 그는 웃었다. "신문을 보면 정치인들은 늘 *다른 나라로부터 인정을 받기 위해 일하고 있다*고 떠들죠. 거짓말이에요. 아무 일도 일어나지 않아요. 저들은 그들의 독점 체제를 위협할 수 있는 건 아무것도 원하지 않아요."

점심 식사 후 우리는 차를 타고 버려진 벽돌 공장을 방문했다. 나는 세르게이에게 체르노빌에 관해 이야기해주었다. 그는 이맛살을 찌푸렸다. "그런 데 가고 싶어 하는 사람이 어디 있겠어요? 트란스니스트리아에는 버려진 건물이 널렸어요! 저는 해외여행 갔을 때 스타벅스나 맥도날드, 쇼핑몰에 가는 게 좋았어요. 여기에는 없는 곳들이죠."

가는 길에 우리는 티라스폴 교외의 한 마을에 있는 슈퍼마켓에 들렀다. 셰리프가 소유한 곳일 수도, 아닐 수도 있었다. 세르게이는 그곳에서 보드카 한 병, 양파 한 개, 빵 한 덩이, 약간의 치즈를 사서 비닐봉지에 넣어 들고 나왔다. 버려진 공장 출입구에서 그는 우리에게 기다리라고 하더니 전리품을 들고 건물 안으로 사라졌다. 그는 빈손으로 돌아왔다. "이제 들어갈 수 있어요." 그가 말했다. "경비원에게 뇌물 좀 줬어요."

우리는 경비원이 사는 집 앞을 지났다. 그는 공장의 녹슨 철문에서 가장 가까운, 버려진 집에 살고 있었다. 그가 사는 오두막 밖에 나와 있는 욕조 안에는 폐품과 쇠붙이 조각들이 가득했다. 경비원이 밖으로 나와 우리를 흘깃 바라보았다. "안녕하십니까, 경비대장님. 어떻게 잘 지키고 계십니까?" 잭이 말했다. 경비원은 대답하지 않았다. 그는 비니를 썼고 굵고 검은 수염을 덥수룩하게 길렀다. 그에게서 장미 냄새는 나지 않았다. 후회의 냄새가 났다. 세르게이의 말로는 경비원이 아마도 교도소에 갔다 왔고 출소 후에 갈 곳이 없어서 정부가 그를 이곳에 남은 설비를 지키도록 배치했을 거라고 했다.

우리가 십 분에서 십오 분 정도 둘러보고 있는데, 비싼 오프로드 트럭이 다가와 멈췄다. 뚱뚱한 사내가 차에서 내려 세르게이를 향해 휘파람을 불었다. 두 사람은 뭔가 격렬한 대화를 나누었다. 듣기에는 금방 전쟁이라도 터질 것 같았다. 하지만 세르게이의 얼굴을 보면 두 사람은 오래된 친구로 서로 상대방 어머니의 건강이 어떤지 묻고 있는 것 같았다. 이곳에서는 모든 것이 협상 대상이었고 모두가 뇌물을 받고 싶어 했다. 그런데도 세르게이는 자신이 어쩔 수 없이 살아가야만 하는 삶의 혼란과 불확실성 앞에서 단 한 번도 당황하거나 갈팡질팡하지 않았다. 내가 본 세르게이는 더할 나위 없이 인상적이었다. 그는 주위 환경에 완벽하게 적응하는 카멜레온 같았다. 하지만 카멜레온인 그는 주위 환경이 모두 허튼수작이며 그에게 주변과 조화를 이루라고 강요해서는 안 된다는 걸 이해하고 있었다. 그는 냉정한 태도를 갑옷처럼 두르고 있었다. 누군지 모를 사내는 다시 트럭에 타고 흙먼지를 구름처럼 남긴 채 사라졌다.

"누구예요?" 우리가 물었다.

"몰라요." 세르게이는 아무렇지도 않게 말했다. "우리더러 나가라고 했어요. 내가 뇌물을 준 사람이 책임자가 아니니까 자기한테 뇌물을 달라고 하더라고요."

바로 그 순간 수염을 잔뜩 기른 경비원이 우리가 둘러보고 있던 공장의 다른 입구에서 나타났다. 그와 세르게이는 아까처럼 위협적인 소리를 내며 대화했다.

"괜찮아요. 안 나가도 됩니다." 잠시 후에 세르게이가 말했다. "두 사람이 상의를 했는데 경비원이 그 사람에게 내 전화번호를 줬기 때문에 이제 모든 건 문제 없어요."

"그럼 이제부터는 두 사람 모두에게 뇌물을 줘야 하는 건가요?" 내가 물었다.

"네. 사실은 트럭 사내에게 내가 그러겠다고 말한 거죠. 저는 오늘 뇌물을 준 원래 경비원에게 전화해서 다른 사람이 있는지 물어볼 겁니다. 없다고 하면 그때 오면 됩니다."

"이런 상황에서도 아주 차분하네요." 나는 금속 파이프 위에 앉으면서 말했다.

세르게이는 어깨를 으쓱했다. "그러지 않을 이유가 있나요?"

"글쎄요. 모두가 서로 뜯어먹으려고 난리를 치는데, 피곤하지 않아요?"

"물론 지긋지긋하죠." 그는 마치 거북이가 자신의 껍데기에 관해 말하듯 말했다. "하지만 제가 어쩌겠어요?" 나라면 미친 것처럼 화내거나 울먹거리거나 모스크바로 이사라도 갈 터였다.

시내로 돌아오는 길에 나는 세르게이 옆자리에 앉았다. "이곳에 이데올로기가 존재할까요?" 내가 물었다. "사람들이 공산주의로 돌아가고 싶어 한다고 생각해요?"

세르게이는 턱을 긁었다. "아뇨. 그건 정부에서 하는 말이죠. 이곳은 무법자의 나라예요. 아무것도 지지하지 않아요. 그저 돈이죠."

"앞으로 어떻게 될까요? 사람들이 또 혁명을 원할까요?"

세르게이는 웃었다. "그들이 끝장내기를 원할지 잘 모르겠네요. 아뇨, 제 생각에 사람들은 대부분 그냥 혼자 두길 원하는 것 같아요."

나는 얼굴을 찌푸렸다.

"왜 여기 오고 싶었어요, 애덤?"

"몰라요. 여기서는 뭔가 다른 일이 벌어지고 있다는 생각이 들었나봐요."

"지금도 그렇게 생각해요?"

"아뇨." 나는 한숨을 내쉬었다.

"그럼 여기 온 걸 후회해요?"

"그렇지는 않아요. 왜 그런지 그래도 베를린보다는 여기 있는 편이 나아요."

세르게이는 눈을 크게 떴다. "왜요? *나라면* 베를린이 더 좋을 텐데."

"몰라요. 그곳은 모든 것이 그냥 일종의 기능일 뿐이잖아요? 지루하죠."

우리는 그들이 겪은 독립전쟁의 기념물이 된 구소련제 탱크 앞을 지났다. 세르게이의 아버지가 그 탱크를 타고 싸웠다고 했다. "따분함은 사치스러운 거죠." 세르게이가 말했다.

나는 헉하고 숨이 막혔다. *따분함은 사치스러운 것.* 이 간단한 말이 발톱을 깊이 박은 채 사라지지 않았다. 물론 옳은 말이다. 나는 따분함 속에 포함돼 있는 놀라운 특권을 보지 못하게 되어버렸다. 전 세계 대부분의 사람은 정치 참여 여부를 스스로 결정할 수가 없다. 너무 안전하고 지루한 나머지 위험을 찾아, 좀 더 살아 있다고 느끼기 위해 적극적으로 밖에 나가지 않는다.

나는 이상한 사람이다. 괴짜, 국외자. 따분함은 적이 아니다. 고마움을 모르는 마음이 적이다. 나는 따분함을 잘못 바라보고 있었다. 세계 대부분 지역에서 따분함은 불가능할 정도로 사치스러운 상황인데, 나는 그걸 일상용품인 것처럼 글을 쓰고 있다. "저라면 선생님의 지루하고 평범한 삶과 제 삶을 기꺼이 바꾸겠습니다." 세르게이는 능글맞게 웃었다.

나는 헛기침을 했다. "그래요. 나중에 생각해보죠."

13

몰도바, 키시너우

“나는 악마의 화신이다!”

사자 십억 마리, 고루한 원로 여행자,
샴페인 기차와 음주 버스

다음 목적지인 몰도바는 세계에서 가장 방문객이 적은 나라 10위권에 속한, 관광객에게 소모된 적이 거의 없는 곳이다. 대담하고 산만한 알코올 중독자들과 함께하는 트란스니스트리아 티라스폴에서 몰도바 키시너우까지의 짧은 기차 여정은 트란스니스트리아산 코냑이라는 매력적인 액체 덕분에 매끄럽게 지나가고 있었다. 나는 몰도바에서 부쿠레슈티까지 이들과 여행을 함께할 예정이었다.

“자, 생각해봐요.” 데이비드는 자신의 휴대용 스피커에서 나오는 음악을 들으며 소리쳤다. “사자 십억 마리랑 태양이랑 싸우면 누가 이길까요?” 그는 영국에서 온 역사학과 학생인데 도무지 입을 가만히 두지 못했다.

나는 신음을 냈다. “사자 십억 마리?” 마이크가 말했다.

문간에 객차 승무원이 나타났다. 열차에는 객차마다 따로 승무원이 한 명씩 있었다. 아마도 완전 고용을 위해 애쓰던 과거 사회주의의 잔재 같았다. 몸에 꼭 맞는, 누가 봐도 공무원 같은 옷을 차려입은 것 말고는 우리 객차 담당 승무원이 정확히 무슨 일을 맡고 있는지 확실하지 않았다. 우리는 모두 뭔가를 쏟거나 망가뜨리거나 소리 지르면서 최대한 그를 바쁘게 하려고 애쓰고 있었다.

"쉬이이잇. 너무 시끄러워요." 승무원은 스피커를 가리키며 말했다. 데이비드는 소리를 줄였다가 승무원이 사라지자 다시 볼륨을 높였다. 마이크는 자기 자리에 털썩 앉았다. "사자 십억 마리라니 진짜 상상조차 하기 어렵네요."

"알아요, 그렇죠." 데이비드가 말했다. "자, 이제 태양을 상상해요. 그리고 양쪽이 싸우는 거죠."

다들 턱을 긁는다. 이마를 찌푸린다. "그게 어떤 식으로 가능하지?" 크리스가 물었다.

데이비드는 어깨를 으쓱했다. "몰라요. 하지만 사자가 많잖아요, 그죠? 그놈들이 태양을 깨물거나 하지 않을까요?"

마이크는 병째 돌아다니고 있는 코냑을 다시 한 모금 마셨다. "그래, 나라면 사자에 돈을 걸겠어."

〈앨라배마의 즐거운 우리 집〉이라는 노래가 흘러나왔

다. 우리는 앨라배마에서도, 각자의 집에서도 멀리 떨어진 곳에 있었다. 우리는 노래를 따라 부르고 한 배에서 태어난 멍청한 강아지들처럼 애정 담은 몸짓으로 서로에게 엎어졌다. 처음 기차가 출발할 때 객차는 가득 차 있었다. 금발로 염색하고 무릎까지 오는 긴 가죽 부츠를 신은 여자가 마지막까지 버텼다. 이십 분을 참아낸 그녀는 나지막이 으르렁거리더니 발을 쿵쿵 구르며 우리 옆을 지나갔다. 나는 눈으로 사과했지만 통한 것 같지는 않았다.

"만나서 반가웠수." 잭이 여자에게 소리쳤다. "들려줘서 고마워요. 다음 칸에서 재미 많이 보슈, 멍청이 같으니."

그녀의 고통을 나도 느꼈지만, 함께 여행하는 사람들을 모두 버릴 용기를 낼 수는 없었다. 이들은 완전히 구제 불능인 걸까? 아마도 그런 것 같았다. 아마도, 그렇다. 타협안으로 반란 비슷하게 행동하기로 한 나는 그들로부터 몇 자리 떨어진 곳에 앉아 조용히 속만 끓이고 있었다.

키시너우 중앙역에 도착하고서야 나는 안심할 수 있었다. 며칠만 있으면 부쿠레슈티에서 이들과 헤어질 터였다. 플랫폼에서 기다리던 우리는 혼란스러워 보이는 한 남자가 멍하니 자기 신발을 들여다보고 있는 걸 발견했다. 마르고 흐느적거리는 그의 몸은 자신의 의지와는 반대로 뻗어

나간 것처럼 보였다. 머리 옆은 바짝 깎고 가운데만 덥수룩하게 남겼다. 모호크족처럼 앞으로 빗어 내려 펄럭거리는 머리칼은 마치 풍향을 재는 바람 주머니 같은 모양이면서 동일한 기능을 하고 있었다. 그는 우리의 가이드인 마리우스였다.

여행사의 투철한 절약 정신을 지키기 위해 진짜 여행 가이드가 아닌 그곳 학생인 마리우스가 가이드 흉내를 내고 있었다. 불행하게도 그는 세르게이처럼 지식이 많거나 매력적이진 못했다. “기차역이 예쁘네요. 언제 만들어진 거죠?” IT 컨설턴트인 폴이 물었다. 걷다 발을 헛디디곤 하는 그는 인생에서 잘못된 결정을 하는 것 말고는 어느 것에도 컨설팅을 할 수 있는 상태가 아니었다.

마리우스의 눈길이 위로 향했다. “에.” 그는 말했다. “그렇죠. 상당히 오래되었습니다.” 그는 양손을 앞으로 뻗고 돌아서더니 우리를 숙소로 안내하기 위해 한곳에 모으려 했다. 그 순간 사람들은 기차역의 넓은 홀에 경쟁하듯 흩어져 노래를 부르거나 춤을 추는 등 뒤죽박죽인 상태였다. 데이비드와 안-소피는 어두운 구석에서 끌어안고 있었다.

“여러분.” 마리우스가 소리쳤다. 아무도 대답하지 않았다. 그는 근처에서 공중전화 부스를 살펴보고 있는 두 사람을 찾아내 나머지 사람들이 모여 있는 ATM 기계 근처로 데려오려 애썼다. "저기요. *여기요!*" 마리우스가 소리 질렀다. "여러분. 제발, 잠시만요."

소용이 없었다. 배회하던 사람의 팔을 잡았던 손을 놓고 다른 사람을 데려오려고 시도하는 순간 첫 번째 사람은 뭔가 반짝거리는 물건이나 술에 정신이 팔려 어디론가 사라졌다. 마리우스를 제외한 다른 모든 사람에게는 재미난 광경이었다. 그에게는 길고 긴 사흘이 될 것 같았는데, 마리우스는 이제야 그걸 알아차린 것 같았다. 마리우스는 휘파람을 불었다. 아무도 대꾸하지 않았다. 이제 십 분이 지났는데 그는 이미 잔뜩 화난 것 같았다.

"클럽에 가시고 싶은 분?" 그는 소리쳤다.

모든 사람이 단번에 주목했다. 어두운 구석에서 모습을 드러낸 이들은 즉각 초롱초롱한 반응을 보였다. 마리우스 주위를 모두가 둘러섰다. *누군가 클럽 어쩌고 하지 않았어?* 그렇다. 모든 사람은 클럽에 가고 싶었다. *왜 그런 일이 가능하다고 더 빨리 말해주지 않았지? 도대체 클럽은 어디 있고, 우리는 왜 아직 클럽 안에 들어가지 못한 거야?*

거짓말쟁이 마리우스는 우리를 클럽에 데려가지 않았다. 대신 우리는 십 분 동안 걸어서 거대하게 높이 솟은 호텔

입구로 갔다. '*중요한 건 크기*'라든지 '키시너우에서 *가장 큰 파티*' 같은 영리한 마케팅 슬로건을 사용하면서 기본적으로 규모를 두고 마케팅하는 종류의 호텔이었다.

티라스폴의 AIST 호텔을 겪고 났더니 이런 호텔조차 말할 수 없이 호화로워 보였다. 침대에 누우면 몸이 튀어나오는 게 아니라 푹 파묻혔다. 침대 양옆에는 전등도 있었다.

전등이. 양쪽에.

거의 지나칠 정도다.

따뜻한 물로 샤워를 마친 나는 다시 로비로 내려와 나머지 사람들을 기다렸다. 나는 맥주로 시작한 뒤 독주로 넘어가지 않으면 자제하는 것이고, 여섯 가지 언어로 욕할 줄 아는 것을 다른 문화를 이해하는 것으로 생각하는 사람 열두 명과 하루를 더 보내느라 녹초가 된 상태였다. 트란스니스트리아에 와서야 뭔가 터져버렸지만, 추측하자면 나는 체르노빌에서부터 천천히 뭔가가 쌓이고 있었던 것 같았다. 내 가슴 한가운데 뭔가 새롭고 제대로 정의할 수 없는 감정이 분명해지고 있었다. 나는 그걸 조심스럽게 살펴보고 있었다. 지금까지는 향수병에 죄책감을 덮어씌우고 그 위에 후회를 가볍게 뿌린 감정이라고 결론지었고, 내게 다음으로 필요한 것은 여기가 아니라 그곳에 있다는 사실을 점점 더 깨닫고 있었다. 복잡한 감정이었다. 함께 다니는 사람들을 견딜 수 있는 내가 마음에 들었다. 인간 경험에 대한 무관심이 점점 줄어들고 있었다.

로비에 있는 바에서 이곳 분위기를 파악하고 젖어들기 위해 나는 그날의 첫 번째 맥주를 주문했다. 몰도바에 관해 알게 될수록 흥미로웠다. 한때 트란스니스트리아와 전쟁을 했고 패배한 사실을 부정하고 있다는 것 말고는 몰도바에 관해 아는 것이 전혀 없었기에 어렵지 않은 일이었다.

여자 바텐더가 냉장고로 가더니 내 맥주와 거스름돈으로 꽤 두툼해 보이는 루마니아 돈 지폐 뭉치를 가지고 돌아왔다. 지폐 다발을 움켜쥐고 주머니에 집어넣다 보니 내가 강도질이라도 성공한 것처럼 보였다. 바에는 나 말고는 한 자리 건너 앉은 늙수그레한 신사 한 명밖에 없었다. 그는 나와 똑같은 맥주 위로 몸을 숙이고 있었는데, 라일락 무늬 리넨 셔츠를 입고 위쪽 단추 두 개는 풀어둔 상태로 하얗고 숱 많은 가슴 털을 드러내고 있었다. 얼굴엔 보조개가 있었고 녹슬었음에도 문제없이 바다를 누비는 배처럼 조용한 품위가 느껴졌다.

"유로화 환율이 어떻게 되는지 아십니까?" 내가 신사에게 물었다.

사내는 등 없는 의자에 앉은 채 몸을 돌렸다. "잘 모르겠군, 젊은이. 하지만 그 정도면 아직 술을 제법 마실 수 있을 만큼 돈이 남은 걸 거야." 나는 '젊은이'라고 불린 지 제법 세월이 지났고, 사실 평생 그런 말을 들어보지 못했을 수도 있었다. 상대방 말투에서 악센트가 살짝 느껴졌다.

"아일랜드 분인가요?"

"웨일스야." 사내는 웃었다. "하지만 다른 생애였던 것처럼 옛날이군."

나는 차가운 맥주를 처음으로 한 모금 마셨다. "이곳에서는 얼마나 오래 사셨어요?"

사내는 목을 긁었다. "글쎄, 그게…… 내가 전에……." 그는 말을 멈추고 바의 뭔가를 바라보았다. "첫 번째 회사를 세웠지. 그게 언제냐면, 어……." 목소리가 희미해졌다. 확실하지 않다거나 잊은 게 아니라 지나간 세월이 너무 많아 그걸 꺼내는 일이 마치 빨대 하나로 바닷물을 마시려 애쓰는 것과 같았기 때문이었다. "그런 다음 회사를 팔았는데, 그게 아마 적어도 이십 년은 지났을 거야, 젊은이."

"무슨 일을 하는 회사였는데요?"

"에, 그것도 마찬가지로 긴 이야기 아니겠나." 그의 말투가 '아니겠나.'라고 말할 때 살짝 올라가는 것처럼 들렸다.

내 짐작으로는 아마도 내게 되묻는 식으로 말하려고 했는데, 대답할 수 있는 사람이 자기밖에 없으니 마음을 바꾼 것 같았다. "물류 사업으로 배와 트럭을 운영하면서 돈을 좀 만졌지. 그래, 사업을 하면서 남자다워졌어. 그런 다음 사업을 모두 넘기고 여행을 떠난 거야. 그래서 더 남자다워질 수 있었네. 자네는 키시너우에서 뭐 하는 건가?"

나는 막 샤워를 마치고 뒤쪽 로비 소파에 늘어져서 벌건 눈으로 휴대전화를 들여다보고 있는 일행 몇 명을 엄지손가락으로 가리켜 보였다. 로비는 드물게도 와이파이가 되는 구역이어서 그들은 와이파이에 푹 빠질 생각인 모양이었다. "단체관광 중입니다." 내가 말했다.

사내는 눈을 굴렸다. "오, 단체관광이로군. 알겠어."

잠깐 이야기가 끊겼고 나는 단체관광의 장점을 설명하면서 방어해야 하나 생각했지만 그러지 않았다. 사내는 맥주를 한 모금 더 마셨다. "이제 내가 한마디만 충고하겠네, 젊은이. 아프리카로 가게. 말도 안 되는 단체관광은 잊어버려." 사내는 내 동료들이 있는 쪽을 향해 손을 흔들어보였다. "아프리카로 가는 티켓을 사. 아프리카 어디든 상관없어. 당연히 편도로 사야지. 그리고 그냥 떠나버리는 거야." 그는 잠시 말을 멈췄다. "아프리카에 가면 정리가 될 거야.

사나이가 되는 거지."

그는 날 보자마자 내가 사나이가 아니라고 추론했다. 좀 더 솜씨를 발휘해서 숨겼어야 했는데. 맥주병을 잡은 손아귀에 힘이 더 들어갔다. "아프리카에 오래 계셨나요?"

"그럼, 내가 사업을 시작하기 전까지. 뭐냐…… 두 번째 회사지. 아프리카에 가면 우리가 잃어버린 뭔가 특별한 정신이 있어. 그곳에서는 뭐든 될 수 있네. 무슨 일이든 할 수 있어. 단체관광 친구들이랑 여기서 정신 나간 짓을 하는 것보다 훨씬 좋지."

몸이 움찔했다. "저 아프리카에 가봤습니다."

"오, 가봤군." 사내는 능글맞게 웃었다. "단체관광으로 갔겠지?"

나는 고개를 돌려 함께 여행하는 동료들을 바라보았다. 그들은 난잡하고 무례했다. 그들 중 많은 이가 제대로 구실도 하지 못하는 주정뱅이였다. 하지만 그들은 솔직하게 나를 대했다. 가식적이지 않았다. 그저 재밌는 시간을 보내고 싶어 했다. 미래는? 미래가 문제이긴 했다. 하지만 그들은 바에서 만난 알지 못하는 사람에게 어떻게 살아야 한다면서 가르치려 들지 않았다. 사내는 내가 손아귀에서 빠져나가고 있다는 걸 눈치챘다. "단체관광이 필요하다 생각하겠지, 나도 알아. 하지만 날 믿게. 난 경험 많은 사람이야. 경험이 많은 것 이상이지. *자네는 단체관광이 필요 없어.* 그냥 가서 부딪히면 잘 풀릴 걸세. 자네 어깨 위에 달린 머리는 꽤 좋아 보이는군, 그래. 왜 그걸 사용하지 않는 거야?"

"저에 관해 아무것도 모르시잖아요." 나는 의자에서 일어서며 말했다.

"글쎄, 자네도 나만큼 오래 살아보면 다 알게 되겠지."

손톱으로 손바닥의 부드러운 살을 꾹 눌렀다. 화난 걸 상대방에게 보여주고 싶지 않았다. "충고 감사합니다." 나는 사내를 지나쳐 여행 친구들에게 돌아왔다. 나이 든 사내는 계속 혼자 술을 마셨다. 사내는 나에 관해 아무것도 알지 못했다. 나도 그를 전혀 몰랐다. 그런데도 내가 단체관광을 하고 있다는 사실에 근거해 그는 54개 국가가 속해 있고 11억 명의 다양한 사람이 사는 아프리카를 더 순수하고 더 고귀한 존재가 되는 거대한 지름길 정도로 폄하하는 인생 조언을 쉽게 할 수 있다고 생각한 것이다.

물론 이 순간 내가 보기에 아프리카에 가면 '자신을 찾을 수' 있다는 것은 명백해 보인다. 하지만 마찬가지로 볼리비아에서도, 통곡의 벽 앞에서 몸을 흔들면서도 또는 그냥 사는 곳에서 개를 산책시키면서도 자신을 찾을 수 있을 것이다. 매일을 살면서 자기 성찰이 없는 사람들은 집을 떠나 로마에 가거나, 글로스터에서 가봉으로 이사하는 것만으로 새로운 사고방식이나 숨어 있는 이해의 깊이를 마술처럼 발견하지 못한다.

나는 현재 하고 있는 모험을 다시 생각해보았다. 모험인지도 모르겠지만. 내 모험이 칠십 대에 키시너우에서 가장 큰 호텔 바 의자에 앉아 방금 만난 사람에게 인생 조언을 하는 식으로 끝나길 원하지 않는다는 걸 알았다.

다음 날 아침, 늙은 사내는 식당에 혼자 앉아 조식을 먹고 있었다. 그는 내가 들어서자 웃으며 자기 맞은편 빈자리를 가리켜 보였다. 나도 웃어준 다음 다른 쪽에 혼자 자리를 잡았다. 인생 조언을 듣기에는 너무 이른 시간이었다. 약속했던 시간에서 겨우 한 시간이 더 지난 뒤에 마리우스가 시내 관광을 진행하기 위해 나타났다. 키시너우는 알고 보니 공사중이라는 면에서 흥미로운 곳이었다. 도시의 모든 것은 너무 새것이라 아직 마무리되지 않았거나 정말 낡아서 곧 무너져내려 뭔가 다시 새로운 것, 이를테면 쇼핑몰로 바뀔 수 있었다. 마리우스는 우리를 어느 교회와 의사당 건물로 데려갔다.

"여기가 머저라케 교회인가요?" 폴이 중부 유럽 여행 가이드북에서 고개를 들며 물었다.

마리우스는 아랫입술을 깨물며 눈길이 분주해졌다. 그런 표정은 금세 그의 상징이 되었다.

"그럼, 저기 뒤쪽에 보이는 건물은 뭐죠?"

마리우스는 머리를 쥐어뜯으며 발뒤꿈치를 축으로 몸을 돌렸다. 마이크가 그에게 구명줄을 던졌다. "저게 아마 오페라 하우스일걸?"

마리우스는 어깨의 긴장을 풀었다. "그으렇구운요. 맞아요, 오페라 하우스." 그는 오페라 하우스라는 말을 처음 들어보는 것처럼 말했다.

점심 식사를 하기 위해 마리우스는 우리를 쇼핑몰의 푸드코트에 데려갔다. 국제적인 쇼핑몰을 좋아하던 세르게이의 모습이 다시 생각났다. 이들은 서부 유럽을 이렇게 생각하는 걸까? 우리가 이런 걸 좋아한다고 생각하는 건가? 쇼핑몰, 사치품 브랜드, 맥도날드? 어쩌면 그들의 생각이 옳을 수도 있다. 하지만 그렇다고 해서 그들도 그래야 하거나, 우리가 현대화하며 겪은 모든 실수를 되풀이할 필요도 없다.

그날 오후 마리우스와 동료들에게 지친 나는 혼자 도시

를 돌아다니기로 했다. 많은 멋진 공원과 이제 구소련에나 어울리는 넓고 평평한 도로를 구경하는 일은 즐거웠다. 나는 중앙 공원을 거닐며 개선문, 성탄 성당 그리고 15세기에 터키 침략자들을 물리친, 도시에서 가장 존경받는 슈테판 첼 마레의 기념탑을 구경했다. 현재 약 팔십만 명이 키시너우를 고향으로 삼고 있지만, 그들의 표정은 행복하지만은 않은 것처럼 보인다. 많은 사람은 내가 우크라이나와 트란스니스트리아에서 익숙해진, 무표정한 얼굴을 하고 있다. 키시너우의 많은 부분이 제2차 세계 대전으로 인해 파괴되었고, 당시에 인기 좋고 당당했던 구소련 스타일로 재건되었다.

도시는 1991년 이미 독립한 곳인데도 여전히 자신만의 정체성을 확립하려고 애쓰는 것처럼 보였다. 의사당 밖에는 사람들이 두 무리로 나뉘어 서로 겨우 백여 미터 떨어져 시위를 벌이고 있었다. 한쪽은 서방으로 가서 유럽연합에 가입하고 싶어 했다. 다른 쪽은 트란스니스트리아처럼 친러시아파로 동쪽을 끌어들이고 싶어 했다. 티라스폴처럼 이 도시의 거리에서 가장 놀라웠던 일은 특정 세대가 아예 보이지 않는다는 점이었다. 열여덟에서 서른 살까지의 사람은 없었다.

나는 그동안 열정적으로 유럽 통일주의자였다. 국경이 더 적은 세상이 더 좋은 세상 아닌가? 사람들이 태어난 곳의 단점을 자유롭게 극복할 수 있고, 비자 없이 더 큰 번영을 누릴 수 있는 곳으로 자유롭게 이주할 수 있는 세상. 하지만, 나는 지금까지 잘사는 유럽 국가 두 곳에서만 살아왔다. 사람들이 이주해 오는 곳이지 떠나는 곳이 아니었다. 유럽의 실험에서 패배한 사람들이 있을지도 모른다는 사실이 처음으로 명확하게 보였다. 이미 이곳의 많은 젊은이가 떠났다. 이곳 사람들에게 갑자기 비자 없이 경제적으로 더 강한 나라 스무 곳을 제시하며 이주할 수 있다고 하면 어떤 일이 벌어질까? 물론 떠난 사람들이 남은 가족에게 돈을 보낸다든지, 언젠가 가족을 꾸리기 위해 돌아올 수도 있다. 하지만 그들은 당장 키시너우에 없고, 양측으로 갈려 시위를 벌이는 사람들에게서 볼 수 있는 것처럼 떠난 사람들은 이곳에 필요했다. 세워야 할 나라가 있고 만들어내야 할 국가의 정체성이 있었다. 하지만 아이디어와 에너지가 넘치는 나이대의 사람들은 이미 나라를 떠나는 것으로 투표를 대신해버린 상태였다.

몰도바는 자유를 가졌지만 자유를 통해 뭘 해야 할지 아직 모르는 것 같았다.

키시너우의 여러 쇼핑몰을 이틀 동안 살펴보고 나니 이제 여행이 끝나는 루마니아로 이동해야 할 때였다. 어쨌든 내 여행은 그곳이 마지막이었다. 나는 어서 시간이 지나기를 기다리고 있었지만, 우선 키시너우에서 부쿠레슈티로 가는 야간열차라는 쉽지 않은 문제를 해결해야 했다. 야간열차라면 어떤 상황이 벌어질지 나는 알고 있었다. 이미 그들과 두 번 기차 여행을 해봤기 때문이다. 그들은 세 번째 기차 여행에 적잖이 흥분하고 있었다. 우리가 키시너우에 도착한 뒤로 대화가 오가지 않는 상황에서도 누군가 '샴페인 열차!'라고 외치곤 했다. 그러면 다른 사람이 '칙칙폭폭'이라고 대꾸하거나 양팔을 돌리면서 기차 흉내를 내고 샴페인 마개를 따는 시늉을 해보이곤 했다.

이런 즐거움은 크리스가 기차역에서 돌아와 우리에게 야간열차가 취소되었다는 소식을 전하면서 산산이 부서졌다. 그 대신 우리는 부쿠레슈티로 가는 야간버스를 타야 했다. 침대도 없는 버스에서 열두 시간을 보내야 했다. 나는 즉시 우한에서 겪은 야간버스를 생각했다. 모든 사람은 이 소식을 마치 바비큐 파티에서 한번 만난 적 있는 어떤 친척이 죽었다는 소식을 들은 것처럼 굴었다. 유쾌한 사람이긴 했지만 그분의 죽음이 그리 안타깝지는 않은 분위기였다.

"음주 버스?" 조용한 애도의 시간이 지나고 누군가 말했다. 몇 명이 중얼거리듯 뭔가 말했고, 누군가 내키지 않는 듯 경적 울리는 소리를 흉내 냈다. 음주 버스도 괜찮았지만, 확실히 샴페인 열차만은 못했다.

그날 오후에는 백오십만 병의 와인을 저장하고 있는 세계 최대의 와인 저장고 밀레슈티 미치의 와인 시음 일정이 있었다. 나는 가지 않기로 했다. 우리 일행과 알코올이 섞이면 얼마나 끔찍한 결과가 나오는지 충분히 알 수 있을 정도로 시간을 보낸 터였다. 그들은 진과 멍청함을 더블에 더블로 섞은 술 같은 사람들이었다(트란스니스트리아에는 그런 술이 있다). 아마도 밀레슈티 미치는 이들이 저장고를 약탈하고 나면 세계 최대라는 기록을 잃게 될 것이다.

예상했던 대로 습관의 노예인 그들은 와인 시음 여행에서 가장 좋게 표현해도 곤드레만드레 취해 부스스한 상태로 돌아왔다. 빰이 발그레해진 그들은 호텔 로비에 있는 소파에서 함께 뭉쳐 뒹굴고 있었다.

"음주 버스!" 젠이 소리쳤다.

"음주 버스!" 다른 이들이 하나가 되어 대답했다. 몰도바의 와인이 기운을 돋우는 건 틀림 없어 보였다. 주위를 둘러보았다. 두 사람이 보이지 않았다. "안-소피랑 데이비드는 어디 있어요?"

"버스 떠나려면 아직 한 시간 남았잖아요." 피에르가 윙크하며 말했다.

"음주 버스지." 잭이 고쳐 말했다.

"음주 버스라고 해야지, 고마워요, 잭."

잭은 트림을 했다. "별말씀을."

나는 피에르 옆자리에 앉았다. "와인 시음은 어땠어요?"

피에르가 천천히 눈을 껌벅거렸다. 겉으로 보기에 그는 조금 전에 자신의 몸으로 순간 이동해 들어와서 아직 몸을 어떻게 움직여야 하는 건지 잘 모르는 것 같았다. "그야, 좋았죠. 그 사람." 그는 잠시 눈을 깜박이며 말을 멈췄다. "말했지. 맛만 보고 뱉는 거라고. 시음이라서."

"멍청한 소리." 마이크가 덧붙였다.

"그럼 뱉지 않았다는 말이네요?"

잭이 낄낄대며 웃었다. "빌어먹을, 당연히 안 뱉었지."

우리는 몇 분 일찍 버스에 도착했다. 가장 가까운 주류판매점에 가서 맥주, 와인, 보드카 등 필수 식량을 준비했다. 버스 여행을 한 번만 견디면 해방이었다. 일행이 끔찍한 사람들은 아니었지만, 함께 여행하기에는 끔찍한 사람들이었다. 그것이 몇 시간밖에 안 된다고 해도. 그들은 여행이 아니라 그저 점점 더 이국적인 배경 앞에서 술을 마시고 싶어 하는 거였다.

버스 기사는 얼굴이 넙데데하고 불친절한 사내로, 뺨이 살짝 얽었고 코는 낮은 걸 만회하려는 것처럼 옆으로 퍼진 모습이었다. 영어를 하지 못하는 그는 술을 가지고 타려는 일행을 대화 없이 막으려 애썼다. 그는 거칠게 손바닥을 펴 보이고 양팔로 엑스 자 모양을 해보이면서 화장실이 고장 났으며 술을 갖고 탈 수 없다고 확실하게 표현했다. 간단히 말해서 이 버스는 절대로 *음주 버스*가 될 수 없다는 거였다. 잭은 풍성한 코트 속에 레드 와인 한 병을 숨긴 채 기사 앞을 통과했다. "시키는 대로 합죠, 대장님. 문제없습니다."

기사는 이 말에 만족해 운전석으로 돌아갔다. 코트와 가방 안쪽에서 더 많은 밀수품 술병이 등장했다. "누구 컵 가진 사람?" 잭이 병을 따며 물었고, 병마개가 바닥으로 굴러 떨어졌다. 컵을 가진 사람은 없었다. "이런, 빌어먹을." 잭은 술병을 위로 치켜들었다. "음주 버스를 위하여!"

우리는 버스 뒤쪽 좌석 좌우에 나눠 앉아 있었다. 버스에 사람들이 올라탔다. 노랫소리는 점점 커졌다. 몰래 숨겨온 술병이 더 많이 등장했고, 기사는 몇 번 뒤로 와서 술을 뺏으려고 했다. 하지만 성공하지 못했고 이제 출발할 시각이었다. 버스는 이곳 사람들로 거의 가득 찼는데, 대개 우리보다 몇 십 년은 더 늙은 사람들이었다. 나는 다른 승객들과 나 자신에게 미안함을 느꼈다. 어떤 일이 벌어질지, 이미 어떤 상황이 시작되었는지 알고 있었다. 승객들이 혹시 잠을 조금이라도 잘 수 있으리라 생각했다면, 앞으로 오랜 시간 동안 잠에서 깬 채 그들이 얼마나 잘못 생각했는지 깨닫게 될 터였다.

버스가 출발하고 삼십 분이 지났을 때, 우리 일행이 릭 애스틀리의 1987년 히트곡 〈Never Gonna Give You Up〉을 따라 부르고 있는데 땅딸막하고 납작한 모자를 쓴 그 지역 사내 한 명이 버스 앞쪽 자리에서 일어나 우리를 향해 돌아서더니 열정적으로 소리치며 부탁했다. "쉬이이잇, 그만해요!"

우리 일행이 야유를 보냈다. "앉아, 바보야." 잭이 소리쳤다. 기사가 버스를 세우고 뒤로 다시 와서 술병을 뒤졌지만 우리도 절대 술을 포기하지 않았다.

"저기요, 대장님." 잭이 말했다. "운전이 정말 끝내주시네요. 끝내줘요."

"아주 훌륭해요." 크리스가 보태고 나섰다. "아주 훌륭하십니다. *자리로 돌아가세요.*"

기사는 크리스 너머로 손을 뻗어 잭이 오른손과 창문 사이에 놓아둔 술병을 빼앗으려 했다.

"이런! 무슨 짓을 하는 거야?"

"안 돼요." 기사는 얼굴이 벌게져 말했다. "안 돼요!"

두 사람이 술병을 함께 움켜쥐자 장면은 가벼운 코미디극으로 변질하고 말았다. 술병을 뺏지 못한 기사는 잭에게서 떨어져 몸을 일으켜 세우더니 셔츠의 주름을 폈다.

잭은 양 손바닥을 들어 보였다. "진정 좀 하라고요." 그는 엉덩이 오른쪽에 숨겼던 술병을 꺼냈다. "술병 가져가도 돼요. 하지만 아직 다 끝내지 못했으니까." 그는 뚜껑을 열더니 남은 술을 다 마시고 빈 병을 기사에게 건넸다. 기사는 우리가 앉은 자리 주변을 손으로 더듬었다. 그의 손이 닿기만 하면 술병은 사라져서 좌석 아래나 위를 통해 다른 사람에게로 넘어갔고, 기사는 소리를 지르면서 몸싸움을 벌이며 숨을 헐떡거려야 했다. 몇 분이 지나자 기사를 달래기 위해서 크리스가 빈 술병 몇 개를 모았다. "여기 있어요. 이게 마지막입니다." 그는 윙크했다.

기사는 버스 앞쪽으로 되돌아갔다. 그는 분명히 의견을 전달했지만 매우 날카롭지는 않았다. 승객 중 이곳 사람들 몇 명이 동정하듯 기사의 등을 살짝 두드렸다. 자신이 당한

데 대한 보복으로 기사는 난방을 최대한으로 높였다. 버스 안은 용광로로 변했다. 머리 위 송풍구에 손을 대보니 고기도 충분히 익을 것 같은 열기가 뿜어져 나왔다. 나는 휴지를 뭉쳐서 송풍구를 틀어막았다.

재보복이라는 말이 있는지 모르지만, 일행은 재보복에 나서서 노상강도에 관한 술자리 노래를 더 크게 부르고, 마지막으로 남은 트란스니스트리아산 코냑 병을 주고받았다. "음주 버스, 음주 버스." 그들은 외쳤다.

다른 사람들은 겁에 질렸지만, 아무 힘이 없었다. 나와 같은 줄 반대쪽 창가에 앉은 루마니아 사내는 몸에 붙는 줄무늬 블레이저를 입었고 음주 버스에 동참하기에는 무척 똑똑해 보였다. 하지만 그는 주머니 안에 숨겨둔 얇은 금속 술병에 든 술을 잔뜩 마셨다. 그가 자리에서 일어났다.

"*나는 악마의 화신이다.*" 그는 완벽한 영어로 소리쳤다.

버스 안이 조용해졌다. 우리 일행은 이제 루마니아어로 노래를 부르는, 이상한 사내를 관찰하고 있었다.

"음주 버스!" 잭이 사내를 향해 소리 질렀다.

사내는 거의 쓰러질 것처럼 몸이 흔들리더니 한 손으로 앞자리 머리받이를 붙잡아 균형을 잡고 술병의 술을 다시 한 모금 마신 다음 잭과 눈길을 주고받았다. 그러고는 태고의 울부짖음을 내뱉었다. "*음주 버스!*"

음악이 들렸다. "음주 버스, 음주 버스, 음주 버스." 우리 쪽 사람들이 대답하듯 합창했다. 사내도 합류했다.

출발한 지 두 시간이 지나고 버스는 넓은 옥수수밭에서 멈췄다. 그곳 길가에서 사내 네 명이 기다리고 있었다. 그들이 남아 있던 네 자리를 채웠다. 우리보다 뒤에 있는 자리였다. 그들은 몸에 진흙이 묻었고 묵직한 작업화를 신고 있었다. 막 힘겨운 하루의 노동을 마친 것처럼 보였다. 이제 그들은 무슨 영문인지도 모른 채 달걀이 익기라도 할 것처럼 뜨거운 음주 버스의 뒷줄에 처박힌 것이다. 앞에는 악마의 화신이라 주장하는 사내가 보였고, 열한 명의 술에 취하고 공격적인 외국인이 아일랜드의 술자리 노래를 부르며 주위를 둘러싸고 있었다(그 가운데 한 명은 귀마개를 꽂고 속만 끓이고 있었다).

"*나는 루시퍼이니, 내 포효를 들어라!*" 악마의 화신이 말했다. 내 입에서는 상처 입은 짐승처럼 신음이 흘러나왔다. 내게 가나의 밀주 공장을 잊을 수 있도록 해주는 순간이 바로 이럴 때였다. "혹시 약 있어요?" 나는 옆에 앉은 폴에게 물었다. "수면제가 정말로 절실하네요."

"바륨이 있어요. 근육 이완제죠. 도움이 될 수도 있어요."

이런 상황이라면 뭐든 먹어봐야 했다. 내 몸의 근육은 엄청나게 긴장하고 있었다. 뇌도 마찬가지였다. 아마도 머리 위에서 돌아가는 오븐에 익어버린 것일지도 몰랐다.

악마의 화신이 다시 일어섰다. "*널 죽이겠다. 너희 전부를 죽이겠노라.*" 그는 소리쳤다.

크리스는 캔맥주를 들어 올렸다. "건배하자고, 친구."

다시 "음주 버스, 음주 버스, 음주 버스." 노래가 울려 퍼졌다. 잭이 고장 난 화장실을 사용하려고 일어섰다. 다시 자리에 주저앉은 그는 남은 레드와인으로 손을 뻔었다. "자, 여러분. 그동안 화장실이 멀쩡했다면 이제 진짜 고장 났습니다!"

내 앞에서 데이비드의 머리가 불쑥 나타났다. "여러분, 다른 문제가 떠올랐습니다. 몽골 군대와 곰 사백 마리가 싸우면 누가 이길까요?"

버스 중간쯤 자리에서 이곳 사람들의 대변인 노릇을 하는 것으로 보이는 사내가 한 명 일어났다. 그는 자신이 협상해야 하는 상대방과 말이 통하지 않음에도 불구하고 외교적 노력을 시도하고 있었다. "쉬이이이. 안 돼요!" 그는 큰소리로 말하며 입술에 손가락 하나를 가져다 댔다. "쉬이이이이이이이이이이!"

"그냥 앉아, 재수 없는 놈." 잭이 비웃으며 말했다. 모두는 사내가 자리에 앉을 때까지 비웃고 야유했다. 아직도 여덟 시간의 고통을 견뎌야 했다. 원로 여행자 선생께서 따라와 지켜보지 않은 것이 다행이었다. 나는 혹시 정신을 잃을까 봐 창문에 계속 머리를 부딪혔다.

갑자기 버스가 멈췄다. 우리를 내쫓으려는 것 같았다. 나는 버스에 탔을 때부터 이 순간을 기다려왔다. 창문 밖을 보니 최근 쟁기질한 들판이 시커멓게 보였다. 눈에 보이는 건물은 없었다. 버려지기엔 끔찍한 곳이었다. 버스 중간에 있는 문이 열렸다. 네 명의 농부가 자리에서 일어나더니 소지품을 챙겨 문으로 향했다. 그들이 탈출할 수 있어 나는 행복했다. 그들이 내 앞을 지나갈 때 나는 앞장선 사람과 눈길을 맞췄다. 사내는 웃더니 루마니아어로 우리가 앉은 쪽을 향해 뭐라고 말했다. "잘살 수 있기를 기원하는 겁니다." 악마의 화신이 말했다. 나보다 앞쪽에 앉은 사람들에게는 "풍성한 수확을 바랍니다."라고 말했다.

눈앞 광경의 어리석음은 지나쳤다. 나는 넋이 나가고 끔찍해서 발작적으로 흥분한 상태였고 바륨의 효과를 조금이라도 느낄 수 있기를 기다리고 있었다. 농부들은 텅 빈 도로에 내려섰다. 그들은 너무 착한 천사들이었고, 이 세상을 정화하는 것 같았다.

“멋진 친구들이야.” 잭이 말했다. “저 친구들에게는 시간을 얼마든지 내줄 수 있어.”

“그리고 *지옥의 불은 오늘 밤 화끈하게 타오르지.*” 악마의 화신이 다시 자리에서 일어서더니 말했다. 만일 책에서 읽는 장면이고 내가 그 상황에 갇혀 등에서 땀을 흘리며 멀미를 하지 않기 위해 정신을 집중하면서 꼼짝 못하는 게 아니라면, 어쩌면 즐길 수도 있을 법한 광경이었다. 나는 다시 원로 여행자 선생을 떠올렸다. 그것이 내 미래일까? 더 중요한 건, 왜 이 버스가 내 현재여야 하는가?

베를린에 돌아가면 내 삶은 위대한 사람들로 이미 가득 차 있다. 사랑하는 여자친구가 내가 일종의 모험을 계속하는 동안에도 나를 기다리고 있다. 가끔은 인내심을 발휘하기도 하면서. 하지만 지금은 그걸 확신할 수가 없다. 그녀가 아르헨티나 수도원에서 말했던 것처럼 나는 운명을 앞지르려고 애써왔다는 생각이 들었다. 나는 내가 점점 나이 먹는 걸 인정하지 않았고, 친구들이 집을 사고 가족을 꾸리고 직장을 잡고 그들의 인생을 살아갈 때, 바륨에 취해 또 다른 독재자(차우셰스쿠)에 관해 알아보고 싶어서 악마의 화신과 함께 야간버스를 타고 부쿠레슈티로 가고 있었다.

나는 판에 박힌 생활을 하다 여행의 열정을 재발견했고, 일시적이긴 했지만 그로부터 벗어나는 데 도움을 받았다. 하지만 그 순간 나도 모르게 추는 반대쪽으로 지나치게 흔들려 버렸다. 해결책은 새로운 문제로 모습을 바꾸었다.

나는 평범하지 않았다. 나는 원하는 모든 걸 가졌다. 안정, 사랑, 인정, 돈, 시간. 하지만 그 가운데 어느 것에도 만족하지 않았다. 나는 괴짜였다.

나는 물방울이 맺힌 창문에 머리를 기댔다. 뭔가 바뀌어야 했다. 갑자기 나는 다음에 어디로 여행해야 할지 알게 되었다. 그곳을 마지막으로 당분간 여행은 없을 터였다. 내가 십 년 동안 미뤄오던 여행이었다.

14

영국, 셋퍼드

“대체 여기서 뭐하는 거야?”

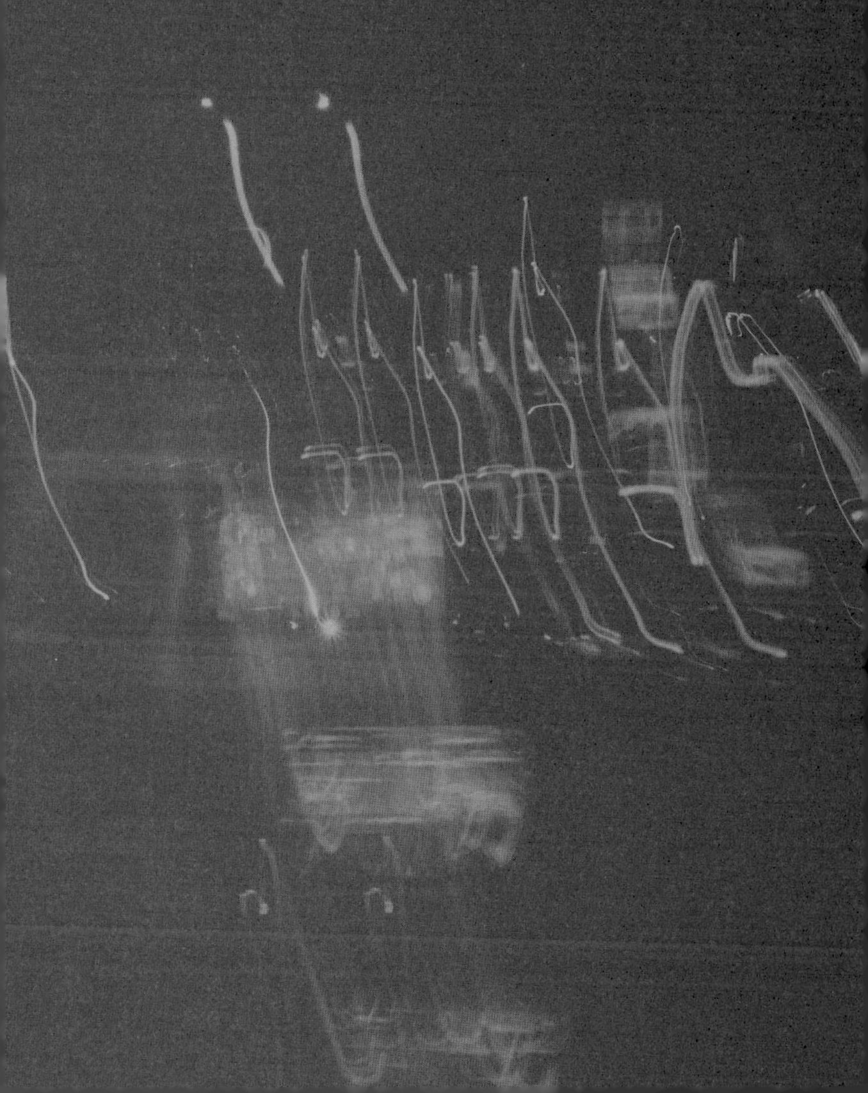

고향으로의 귀환, 할아버지의 장례식, 합법적인 마약, 인생의 복용량

기차 유리에 흘러내리는 빗물은 내 우울하고 암담한 기분과 완벽하게 어울렸다. 예전에 했던 그 어떤 여행보다 이번 여행이 훨씬 걱정스러웠다. 알지 못하는 문제 때문에 하는 걱정이 아니었다. 내 마음에 들지 않는 건 내가 알고 있는 문제였다. 나는 고향인 셋퍼드로 향하고 있었다.

셋퍼드는 이스트 앵글리아에 속한 곳으로 영국의 엉덩이에 튀어나온 종양 덩어리라고도 할 수 있다. 셋퍼드는 마치 누군가 숨기려 하는 것처럼 숲으로 단단히 가려져 있다. 태어나서 십팔 년을 그곳에서 살았던 나는 그럴 가능성도 배제하지는 않는다. 그쪽 지방에서 셋퍼드가 유일하게 받는 평가는 '조금 거칠다'는 것인데, 그건 마치 캥거루를 두고 '조금 뛰어다닌다'고 하는 것과 마찬가지다.

내가 알기로 셋퍼드는 전국적으로 널리 뉴스에 나온 적이 세 번 있다. 첫 번째는 영국에서 매일 나무를 쓰레기로 만드는 수단 중 가장 인기가 좋은 〈더 선〉 지에서 제 1면에 우리 마을을 영국에서 '도깅(dogging)'의 중심지라고 소개했을 때였다. 도깅이란 주차장에서 모르는 사람과 만나 익명으로 섹스하는 걸 말한다. 두 번째로 《쓰레기 같은 동네》라는 책에서 셋퍼드를 최악의 지역 가운데 하나로 선정했을 때도 뉴스에 소개된 적이 있다. 그때는 모두 신나게 받아들였다. 영국 도깅의 중심지보다는 그쪽이 나았기 때문이다. 셋퍼드의 주차장 매출에는 좋지 않은 영향을 미쳤겠지만. 우리가 마지막으로 약하게나마 스타가 되었던 것은 2004년으로, 영국이 유럽 축구 선수권 대회에서 포르투갈과의 경기에서 승부차기로 졌을 때였다. 도심에서 폭동이 벌어졌고 영국의 훌리건들이 포르투갈인이 운영하는 술집을 공격했다. 당시 솅겐 조약에 속한 지역에서 이민자 만 명이 셋퍼드의 공장으로 일하러 몰려와 있어서 도시의 인구는 오십 퍼센트 늘고 외국인에 대한 혐오는 열 배로 부풀어 올라 있었다. 그들 가운데 대부분은 포르투갈인과 폴란드인이었다.

열여섯 살이 되었을 때 나는 마을에 있는 터키 과자 공장에서 일한 적이 있다. 후하게도 시급 2.8파운드를 받고 일했다. 다른 곳에서라면 아주 적은 돈이지만 칩 버티(감자 튀김을 넣은 샌드위치-옮긴이)가 겨우 80펜스인 셋퍼드에서는 그 정도면 큰돈이다. 내가 맡은 일은 하루에 아홉 시간 동안 과자를 담은 상자의 종이 뚜껑을 덮는 정도의 일이었다. 일을 배우는 데 채 일 분도 걸리지 않았다. 전직 포주 사내 한 명이 그곳에서 일했는데, 내가 감수성 높은 젊은 동정남이라는 사실을 알고는 자신의 타락한 경험담으로 나를 더럽힐 수 있으리라 생각했고 실제로 그렇게 했다. 그는 유리로 만든 커피 테이블 아래 누워 위를 올려다보는 일에 집착했는데……. 여기까지만 하겠다. 슬프게도 나의 공장 생산 라인 근무 경력은 어느 늦은 밤에 한 방화범이 성냥불을 던지면서 끝장나고 말았다. 공장은 불에 타 사라졌다. 셋퍼드의 능력은 도깅에만 있지 않았다. 방화에도 꽤 재능이 있었다. 몇 년 전에는 누군가 마을의 수영장에도 불을 질렀다. 아니, 나는 그 사건도 도무지 이해되지 않는다. 셋퍼드에서는 모든 것이 이해되지 않지만, 모든 것에 불이 잘 붙는 것은 틀림없다.

학교에서 걸어서 집으로 돌아오는 길은 공개적인 망신과 괴롭힘을 당하는 시련의 연속이었다. 어린 시절 나는 엄청나게 부러운 눈으로 어른들을 보면서 어른이 될 때까지 기다릴 수 없다고 생각하며 시간을 보냈다. 어른들은 자동차나 기차를 타고 떠나 다시는 셋퍼드로 돌아오지 않아도 되었다. 내겐 마법처럼 보였다.

열아홉 살에 나는 소원을 이루었다. 대학에 입학해 고향을 떠났다. 그날 이후 나는 오직 셋퍼드를 잊기 위해 최선을 다했다. 그곳에서의 모든 기억을 상자에 담아 머릿속 가장 깊은 곳 선반에 밀어 넣어두었다. 상자에는 이렇게 적어두었다. '유년 시절 트라우마 – 절대 열지 말 것!'

마지막으로 제대로 고향을 방문한 지 십 년 뒤 다시 그곳으로 가는 기차에 왜 올랐는지 궁금할 것이다. 내가 고향을 찾은 이유는 깔끔하고 기분 좋은 결말을 위해서가 아니었다. 혹시 미래 어딘가에 결말이 존재한다면 그리로 가는 길은 거의 확실하게 셋퍼드를 지나리라는 생각이 계속 들었기 때문이다. 어쨌거나 나의 대응 전략 대부분(감정을 드러내지 않고 농담 뒤에 숨기면서 상황이 어려워지면 달아나고 과거를 마치 묻어야 할 뼈처럼 여기는)을 그곳에서 배웠기 때문이다. 셋퍼드는 내 성격적 결함과 우정, 직업, 책임 속에서 뒹구는 내가 고수해온 행동 패턴의 출발점이었다.

작은 기차역은 내 기억 속과 똑같았다. 기차역 옆에 '기찻길'이라는 술집도, 조금 길을 따라 내려가다가 달라진 것 없는 건널목에서 달라진 것 없는 빨간 우체통을 지나면 보이는, 내가 어렸을 때 자주 갔던 신문 판매점도 똑같았다. 본 것들이 모두 같다면 이곳의 다른 모든 곳도 그럴까? 비가 점점 많이 내렸다. 내 불안도 점점 커졌다. 나는 어깨 사이로 머리를 숨기려고 애썼다. 나는 시내 보행자 전용 구역에 있는 호텔로 무거운 발걸음을 옮겼다. 나는 셋퍼드에서 잘 알려진 '스타오케이 케밥' 식당을 다시 보고 충격을 받았다. 내가 존재 자체를 잊었던 곳이었지만, 다시 본 순간 오랫동안 무시하고 있던 기억의 상자 뚜껑이 활짝 열리면서 오랫동안 짓누르고 있던 수십 개의 경험이 튀어나왔다. 그 가게 앞에서 토했던 일, 툭하면 벌어지던 싸움을 구경한 일, 반대편 교회 담벼락에 학교 친구들과 등을 기대고 앉아 있을 때 어떤 남자가 내 머리에 감자 칩을 던졌던 일까지. 가게는 과거와 완전히 똑같은 간판에 같은 방식으로 배열한 집기와 실내 장식은 물론 메뉴까지 달라진 것이 없었다. 마치 시간 속에서 얼어붙은 것 같은 모습이었다.

내가 묵을 호텔은 한 건물 공사장을 마주 보고 있었는데, 프런트 데스크에 있던 직원은 자부심을 감추지 못하며 그곳에 새로운 상가와 '상영관 세 개짜리' 극장이 생길 예정이라고 했다. 스타오케이 케밥은 정체를 겪고 있지만 셋퍼드의 다른 곳들은 발전하고 있었다. 또 다른 기억이 수면으로 떠올랐다. 이곳에는 1990년대 중반에 잠깐이지만 극장이 있었다. 개관하고 (대대적인 광고와 함께) 한 달쯤 지났을 때, 나는 친구 케빈과 함께 지금은 컬트 클래식 영화가 된 것이 거의 확실한 〈비버리 힐빌리즈〉를 보러 갔다. 극장에 도착한 우리는 문과 창문이 판자로 막힌 모습을 발견했다. 어떻게 개관한 지 몇 주 만에 망할 정도로 적자를 내는 사업이 존재 가능한지 지금도 내게는 이상한 일로 남아 있다. 어쩌면 누군가 극장에 불을 지르겠다고 위협했을지도 모를 일이고, 혹시 시장님께서 우리가 '쓰레기 마을'이라는 지위를 잃게 될까 두려워한 것일 수도 있다.

점심 식사 후 산책을 했다. 파운드랜드 상점 근처 술에 취한 두 사람이 껴안고 애정을 담아 서로에게 욕을 해대고 있었다. *또 시작이로군.* 나는 생각했다. 저 사람들은 금세 싸우기 시작할 거야. 셋퍼드는 늘 그랬지. 하지만 그들은 싸우지 않았다. 조용히 함께 벤치에 앉아 스페셜 브루 맥주 캔을 하나씩 손에 들고 휘파람을 불었다. 한 무리의 십 대 아이들이 스쳐 지나가자 나는 긴장했다. 어렸을 때 견뎌야 했던 쓸데없는 패거리주의나 괴롭힘을 더는 걱정하지 않아도 된다는 걸 잊었기 때문이다. 이제 나는 그런 아이들에게 익명인, 그저 따분한 한 명의 어른이었다.

놀랍게도 서서히 진행되는 젠트리피케이션의 증거가 여기저기서 보이고 있었다. 버스 정류장은 철거되었고 몇 백 미터 떨어진 곳으로 옮겨가, 더 멋지게 들리는 버스 환승장이라는 새로운 이름을 얻었다. 고등학교 역시 더 권위 넘치는 '아카데미'라는 명명법을 이용해 새로운 브랜드로 태어났다. 유명한 TV 시트콤 〈아빠는 예비군(Dad's Army)〉의 촬영지인 이곳에는 프로그램 관련 박물관이 세워져 있었다. 이곳에서 태어난 토머스 페인의 동상이 서 있었다. 나는 리틀 우즈 강의 제방을 따라 산책했다. 강은 내가 묵는 호텔 뒤쪽을 따라 느릿느릿 흘렀다. 도심을 빠져나가는 강을 따라가면서 나는 유독성 침전물, 녹슨 쇼핑 카트, 돌연변이 물고기, 헤로인 중독자들을 보게 되리라 기대했다. 하지만 대신 오리와 백조, 무성한 수양버들, 초가지붕, 때 묻지 않은 숲 그리고 영국의 전통적인 술집들을 발견했다.

감히 말하건대, 그곳은 *예뻤다.* 아마도 늘 그랬던 것 같았다. 내가 고향인 이곳보다 더 나은 사람이라고 한 것, 〈쇼생크 탈출〉의 *앤디 듀프레인*이 하수구를 통해 탈출한 것처럼 추한 이곳을 견디고 탈출한 뒤 내 몸을 씻어내야 했고, 그러고 나서야 나는 지금처럼 부유한 중산층이 되어 이국적이고 국제적인 삶을 얻어냈다고 한 묘사와는 어울리지 않았다. 그건 멋진 이야기였지만, 어쨌든 꾸며낸 것이었다. 강력한 반대 증거가 있으면 의견을 바꿀 의사를 가진 사람인 나를 늘 자랑스럽게 여겼다. 이제 증거가 나왔다. 셋퍼드는 쓰레기 같은 곳이 아니었다. 추한 곳으로 왜곡한 건 내 상상이었다. 그러니 나는 여러 해 동안 불필요하게 이곳을 비난하고 피해 온 것이다.

산책하는 동안 머릿속 생각이 미래를 향해 헤매는 걸 느낄 때마다 생각의 멱살을 부드럽게 잡아 당겨 다시 과거로 데려갔다. 나는 내가 취직해 신문을 팔던 신문 판매점으로 걸어갔다. 사 년 동안 하루도 쉬지 않고 일 년에 364일 동안 새벽 6시 반에 일어났고 한 달에 32파운드를 벌었다. 뒤늦게 깨달은 것이지만 그건 분명한 아동 착취였다. 신문 판매점은 지금은 인도 식당으로 바뀌었다. 이름은 카르마 아니, 코르마였다.

식당을 바라보고 서서 신문 판매점의 소름 끼치고 변덕스러운 매니저였던 맬컴의 톡 쏘는 듯한 향기를 풍기는 싸구려 면도 크림을 생각하고 있는데, 자동차 경적이 울려서 돌아보니 일터에서 집으로 돌아가던 숙모님이 탄 차였다. 부모님과 형제들은 오래전 고향을 떠났지만 셋퍼드에는 여전히 조금이지만 친척이 남아 있었다. 이곳에 남아 있다는 이유로 자주 만나지 못했던 친척들. "넌 줄 알았다." 숙모님이 열린 조수석 창문 너머로 말했다. "왜 너라고 생각했는지 모르겠다. 여기서 뭘 하는 거니?"

나는 아주 좋은 대답은 할 수가 없었다.

우리는 차를 타고 몇 블록 떨어진 곳에 있는 숙모님 댁으로 향했다. 숙모님은 속사포처럼 더 먼 친척들 소식을 전했다. 출산, 결혼, 죽음. 친척은 마치 빙산과도 같다. 수면 아래에서 훨씬 더 많은 일이 이루어진다. 이십 년 동안 보지 못한 그레이엄 아저씨가 지금은 우익 영국독립당에서 활동하고 있다는 걸 알게 되었다. "아주 끔찍한 생각을 하고 있다니까. 그 사람이 입을 열면 난 그냥 귀를 막아버린단다." 숙모님은 지방 자치 단체에서 복지 상담사로 일하고 있고, 전화를 받으며 일하느라 힘든 하루를 견뎌야 했다. "실제로 세상에서 어떤 일이 벌어지는지 알아야 해, 애드. 온갖 못된 사람들에게도 제도는 친절하게 적용되고 있어."

폴 아저씨는 소파에서 졸고 있었다. 아저씨는 만성적인

근육 통증인 섬유근육통을 앓고 있었고, 지난 십칠 년 동안 집에만 틀어박혀 지냈다. 역사책을 읽고 컴퓨터 전쟁 게임을 하면서 시간을 보냈다. "마음을 활발하게 유지해야 해. 그게 힘든 부분이지." 아저씨는 가택 연금 상태에서도 어떻게 그렇게 낙관적으로 지낼 수 있느냐고 묻는 내게 말했다. "외로움은 말이야, 익숙해지기 마련이야." 아저씨는 셋퍼드의 발전에도 비슷하게 긍정적이었다. "프리미어 인 호텔이 또 확장하더구나. 네가 다니던 고등학교는 이제 알아볼 수도 없을 거야. 셋퍼드는 정말 좋아지고 있어." 아저씨는 어떤 상황 속에서도 능동적인 역할을 맡은 사람에게서나 기대할 수 있을 정도의 만족감을 드러내며 말했다. 경영자나 어쩌면 컨설턴트 같았다. 아니면 경영 컨설턴트처럼 보였다. "새로 생기는 극장 얘기 들었지?"

새 극장에 관해 모두가 기대를 품고 있었는데, 그 말은 엄청나게 실망할 것이 거의 확실하다는 뜻이었다.

할머니는 바로 옆집에 살고 계셨고, 숙모님은 할머니를 매일 찾아뵀다. 그리로 걸어가던 중에 나는 그날이 할머니의 아흔다섯 번째 생일 전날이라는 걸 알았다. 가보니 할머니는 작은 단층집 거실에서 두꺼운 녹색 모직 담요를 덮고 《나를 찾아줘》라는 소설을 읽고 계셨다. 갑자기 나타난 나를 보고 할머니는 내 이름을 떠올리기 위해 애쓰고 있다는 사실을 감추려고 과장되게 "어……."라고 소리를 냈다. 아주 가끔 만나는 할머니가 내 이름이 애덤인지 앤서니인지 잘 모른다면 절대 기분이 좋을 리가 없다. "*네가* 여기서 뭘 하는 거니?" 할머니가 물었다. 다른 많은 노인처럼 할머니도 과거를 회상하며 시간을 보내는 일이 어렵지 않았다. 할머니는 갑자기 내가 한 번도 만나본 적 없는 사람들, 그리고 상상 속 사람이거나 죽었거나 두 가지 모두인 사람들 이야기로 나를 융숭하게 대접했다. 이야기들은 서로 상충했고 결론도 없이 무더기로 어지럽게 무너졌다. "할아버지가 수술대 위에서 어떻게 하다가 심장이 멈췄다가 다시 뛰기 시작했는지 말해줬니?"

나는 신음이 나왔다. "네, 할머니. 할아버지를 만날 때마다 들었어요." 할아버지는 무료 신문을 가져오는 배달부에게도 그 이야기를 했고 가끔은 그냥 지나가는 사람에게도 들려주었다. 할머니는 보행 보조기의 도움을 받아 일어서더니 나이에 비해 정정한 모습으로 침실로 향했다. 그때는 할머니 연세를 몰랐지만 지금은 알기에 이렇게 말할 수 있다. 할머니는 침대 옆에 있는 서랍을 뒤적거렸다. "지난번에 만났을 때 네가 할아버지 장례식 어쩌고 물어봤지."

"제가요?" 전혀 기억이 나지 않았다. 할머니는 어떻게 기억하지? 그냥 꾸며내신 건가?

"잃어버리지 않았다면 내 생각에 여기 있을 거야. 아, 여기 있네." 할머니는 내게 가죽으로 묶은 책을 내밀었다. 할아버지의 장례식 안내장이었다. 우리는 소파에 앉아 함께 안내장을 살펴보았다.

"할아버지가 여든아홉치고는 괜찮지 않았니?" 할머니는 첫 페이지의 거친 흑백사진을 내려다보며 말했다.

"그럼요, 할머니. 할아버지는 아주 미남이셨어요."

나는 할아버지 장례식에 참석하지 않았다. 아마 그때도 여행하고 있었을 터였다. 지금은 후회되는 일이다. 새롭고 이국적인 것들을 좇느라 감상적으로 행동할 또 한 번의 기회를 저버린 것이다. 장례식에서는 기독교 찬송가를 많이 불렀다. "할아버지가 기독교였어요?" 내가 물었다.

할머니는 숨을 들이마셨다. "*내 생각엔* 그랬을 거야."

할머니가 보지 못하는 곳에서 숙모님이 단호하게 고개를 흔들었다.

"네 할아버지처럼 욕을 달고 사는 기독교인이 있다는 얘기는 처음 듣는다." 숙모님은 함께 걸어서 숙모님 댁으로 돌아오는 길에 말했다. "네 할머니는 욕하는 기독교인이니까, 할아버지도 그랬으리라 생각하고 싶으신 거야. 할머니는 지금 역사를 다시 쓰고 있어. 할아버지도 돌아가시기 전에 그랬단다." 숙모님은 흥분한 개 한 마리가 우리 옆을 지나 들판을 가로질러 가는 동안 잠시 말을 멈췄다. "사실 할아버지는 늘 그런 식이셨어."

숙모님이 한 말은 묘하게도 익숙했다. 나 역시 그렇게 행동해왔다는 걸 깨달았다. 아마 우리 모두 그럴 것이다. 우리는 살아오면서 성공한 일에서는 스스로 주인공 역할을 해냈다고 생각하고, 실패한 일에서는 맡았던 역할을 최소화하는 방법을 통해 삶이라는 이야기 속에서 자신의 모습을 재구성한다. 정당한 행동을 하는 게 아니라 우리가 한 행동을 정당화한다. 나는 상상력을 발휘하는 감독이 되어 셋퍼드에서 보냈던 성장기 이야기를 슬래셔 무비로 장르를 바꿨다. 그 영화 속에서 나는 하층 계급 사람들로 이루어진 좀비 군단을 피해 달아나고 있었다.

다음 날 어릴 때 가장 친했던 친구인 댄을 만나기로 했다. 삼 년 전에 댄이 결혼한다며 연락해왔을 때, 나는 아네트가 유감스러워했음에도 참석하지 않기로 선택했다. 그뿐 아니라 그걸 기회로 아예 친구 관계를 끊고 내가 우리 관계가 수명을 다했다고 느낀다는 걸 댄이 알아차리게 했다. 관계를 유지하는 데 너무 노력이 많이 들게 되었거나 관계가 정점에 달했다고 느꼈을 때 이메일로 친구 관계를 끊은 사람이 내 생각에 여덟 명에서 아홉 명은 되는 것 같다. 관계를 끊을 이유는 없었다. 그들과 교류할 시간은 분명 있었다. 나는 대부분 집에서 빈둥거리면서 구글에서 내 이름을 검색하거나 초콜릿을 먹었다. 그저 노력을 기울이거나 그들에게 전념하기 싫었을 뿐이다. 아니면 그들이 내가 전화도 안 하고 편지도 보내지 않고 찾아오지도 않는다고 불평할 때 느꼈던 죄책감이 싫었을 수도 있다.

어떤 대상이 가치가 있는지 알 수 있는 유일한 방법은 그걸 위해 기꺼이 희생할 수 있는지 판단해보면 된다는 걸 그때는 알지 못했다. 그래야 생활의 수준이 높아지고 삶이 주는 신호와 잡음을 구분할 수 있게 된다. 일부일처제가 다른 사람 아닌 두 사람 사이에만 신성한 행위를 하기로 동의하는 관계를 만들어주는 것과 똑같다. 내가 이스탄불에서 시위대와, 이스라엘에서 정통파 유대인들과, 아르헨티나에서 하레 크리슈나 교인들과 보낸 시간을 돌아보면 분명해 보인다. 의무 없는 삶은 이기적인 삶이다.

왜 그랬는지 나는 그 교훈을 배우지 못했다.

나는 친구 관계를 끊은 뒤로 댄과 연락하지 않았다. 우리는 영국이 포르투갈과의 축구 경기에서 진 다음 공격당했던 술집에서 만나기로 했다. 댄은 십 분 늦게 어슬렁거리며 나타났다. 댄은 팔 년 전인가 나를 찾아와 마지막으로 만났을 때보다 살이 꽤 쪘지만 우리는 즉시 서로 알아보았다. 댄은 우리 관계를 위해 노력했고, 나는 그러지 않았다. 살던 나라를 떠난 사람은 나였다. 뻣뻣하게 악수하는 것만으로는 기분이 나지 않아서 부자연스럽게 서로 껴안았다.
"다시 만나니 좋네, 플레치." 댄은 높은 바 의자에 앉으며 말했다. "그런데 왜 갑자기?"

나는 아주 좋은 대답은 할 수가 없었다.

나는 최근의 여행에 관해 말했고, 과거의 추억을 따라 거니는 중이라고 말했다. 댄은 이해하지 못하는 것 같았고, 그래서 나는 그나마 물살이 잔잔한 쪽인 그의 직업 이야기 쪽으로 노를 저었다. 지난 십이 년 동안 댄은 교도관으로 일했다. 그는 법망을 교묘하게 벗어나는 환각제 때문에 지난 삼 년 동안 특히 끔찍했다고 말했다. 교도소 울타리 안으로 *불법* 환각제를 던지면 즉시 교도소에 갇히겠지만, 적법한 환각제를 던지는 건 감자 칩을 던지는 일이나 마찬가지다. 적법한 환각제는 향정신성 물질로, 표면적으로는 그저 불법 환각제(마약)에 분자 한두 개 정도만 바꾼 것에 불과한데, 법률이 그 성분을 불법화할 때까지 계속 판매할 수 있다. 댄은 적법한 환각제가 교도소 구내로 비 오듯 쏟아졌다고 했다. 수감자들은 그들이 뭘 먹는지도 모른 채 마약을 공급하는 자들에게 고마워하는 마음을 품었다. 어떤 수감자는 별 문제없는 반응을 보였지만, 일부는 난폭해지거나 지나치게 복용해 죽기도 했다. 댄은 고개를 옆으로 기울이더니 최근에 수감자에게 주먹으로 맞아 세 군데가 부러졌다가 치료를 받아 고친 자신의 코를 보여주었다. "녀석은 뭔가 약에 취해 정신이 나가 있었나봐."

"수감자가 너한테 주먹을 휘두른 게 처음이야?"

댄은 낄낄대며 웃었다. "아니, 늘 있는 일이야. 하지만 이렇게 정통으로 맞은 적은 처음이었지. 이 친구야, 그놈들은 우릴 화나게 하려고 별짓을 다 해. 컵에 오줌을 싸서 문틈으로 끼얹기도 하지. 똥을 던지기도 해. 최근에는 한 수감자가 동료에게 와서는 '널 공격하라고 돈을 받았어'라고 말했어. 주머니에서 면도칼을 꺼내 불쌍한 친구의 얼굴을 대각선으로 그어 버렸다고. 대개 그런 짓을 하는 이유는 재분류를 받아 가족과 가까운 곳으로 이감되고 싶어서야. 하지만 수감자 대부분은 착해. 전부 나쁜 놈들은 아니야."

처음 한 시간 반 동안 대화는 조금 싸늘했지만, 교도소에 사는 사람들과 마찬가지로 그리 나쁘지만은 않았다. 댄은 감시의 눈길을 보였지만(혹시라도 직업과 관련한 말장난이 되지 않을까 조심했다) 맥주가 석 잔째 들어가자 느긋해졌는지 의자에 앉은 채 자세가 구부정해졌다. 댄이 내가 어떤 사악한 의도도 없이 찾아왔고 오랜 시간이 지났음에도 우리는 여전히 좋은 사이임을 확신한다고 생각했다. 우리는 이런저런 주제를 넘나들면서 특유의 영국식 유머로 서로 놀려댔는데, 공격적인 동시에 애정이 담겨 있었다.

"플레치." 댄은 조금 심각한 목소리로 말했다. "미안하지만 말하지 않을 수가 없어. 결혼식 때는 왜 그랬던 거야?"

나는 의자에 앉은 채 꿈틀거렸다. 갑자기 의자가 가시로 뒤덮인 것 같았다. "나는……. 나도 모르겠어." 나는 더듬거리며 테이블 아래를 내려다보았다. "난 그러는 게 최선이라고 생각했어. 우정은 과거에만 의존해 존재할 수 있는 건 아니잖아?"

댄은 의자에 앉은 채 몸을 뒤로 기울였다. "우리 우정이 왜 과거에만 의존하겠어? 내가 아직 이곳에 살고 같은 일을 한다는 건 나도 알지만, 나 역시 변했어."

나는 내게 절교당한 친구를 한 번도 다시 만나본 적이 없었다. 그뿐 아니라, 오직 미래 시제로만 살아가는 내 재주 때문에 인생에서 외과 수술하듯 도려낸 사람들을 다시 한번 생각해본 적조차 없었다. 하지만 그런 사람들 가운데 한 명이 바로 옆 높은 의자에 앉아 있고 여전히 화를 내고 있음은 명백해 보였다. "알아. 미안해. 내가 의도했던 것보다 내가 보낸 메시지가 훨씬 퉁명스러웠을 거야."

"글쎄." 댄은 머뭇거렸다. "난 네가 어떤지 알아. 넌 언제나 아주 직설적이었어. 아마 그래서 그렇게 독일을 좋아하는 거겠지. 하지만 내 생각에 사람들은 그런 태도가 아주 퉁명스럽다고 할 거야."

나는 조금 더 꿈틀거렸다. 그것이 내가 할 수 있는 최소한인 것 같았다. 댄은 남은 맥주를 모두 마셨다. "우린 좋은 관계를 유지하고 있었어. 그런데 네가 그냥 관계를 끊어버린 건 아주 슬픈 일이었다고 생각해."

나는 고개를 끄덕이고 속도를 맞추기 위해 술잔을 빠르게 기울였고, 실제로는 아무것도 인정하지 않으면서 죄책감을 느끼는 것처럼 들리도록 중얼거렸다. 그의 말이 옳았다. 댄은 변했다. 셋퍼드도 마찬가지로 변했다. 나는 그걸 잊고 있었다. 왜냐하면 나는 떠나는 날 '멈춤' 버튼을 눌렀고, 셋퍼드는 그때 모습으로 내 마음속에 남았기 때문이다. 하지만 사실 셋퍼드는 그때부터 계속 변하고 있었다.

"가자고." 댄은 의자에서 일어서며 말했다. "소개해주고 싶은 사람들이 있어."

댄 부부는 댄과 내가 자란 곳에서 몇 집 떨어진 위치에 집을 갖고 있었다. 우리가 도착하니 댄의 아들인 노아가 거실에서 만화영화를 보고 있었다. 노아는 이제 겨우 십일 개월이지만 나이에 비해 엄청나게 덩치가 컸다. 아이는 유쾌하게 주름진 노인 같은 모습이었는데, 그래서 불안하지만 자랑스럽게 우리를 향해 몇 걸음 걸어왔을 때, 그 모습은 이제 막 익히기 시작한 재능이라기보다 천천히 걷는 방법을 잊어가는 것처럼 보였다. 우리는 함께 저녁을 먹고 정원에 앉아 보드카와 크랜베리 음료(우리가 어릴 때 마시던 것으로, 마찬가지로 나는 잊고 있었지만 댄이 특별히 준비해두었다)를 잔뜩 마셨다.

댄의 아내인 에이미 역시 교도소에서 일했는데, 두 사람은 내가 수천 킬로미터도 마다하지 않고 들으러 찾아올 만한 온갖 괴상하고 재미난 이야기보따리를 풀며 저녁 시간을 보냈다. 교도소에서 있었던 일뿐 아니라 댄과 내가 아는 사람들에 관한 이야기도 있었다. 임신으로 끝나버린 하룻밤 사랑 이야기부터 불륜으로 짧게 마무리된 결혼, 도박과 술로 통제 불능이 되어버린 사람들까지. 성장한 사람들의 이야기와 여전히 똑같이 고집불통으로 남아 있는 사람들. 사이코패스들과 사커 맘(자녀의 교육에 열성적인 중산층 기혼 여성-옮긴이)들. 그리고 아이들, 엄청나게 많은 아이들. 그런 이야기 속에 과거 이야기도 양념처럼 뿌려졌지만, 중요하지 않은 조연 역할이었다. 두 사람은 그들의 결혼식을 최소 여섯 번은 언급하면서 내가 견뎌낼 수 있는 한 최대로 나를 놀려댔다.

"미안해, 댄." 마침내 창피해진 나는 얼굴을 벌겋게 붉히며 말했다. "후회하고 있어. 내가 결혼식에 갔어야 했는데."

댄은 에이미를 바라보았다. "그래, 왔어야지. 바보 멍청이 같으니. 어떻게 생각해, 여보? 그만 풀어줄까?"

에이미는 웃었다. "아니, 조금 더 엎드려 빌게 두자." 두 사람은 웃었다.

열한 시가 되자 우리는 일어서서 한 번 더 껴안았다. 이번에는 진정으로 따뜻한 포옹이었다. "정말 좋았어." 댄이 말했다. "다음에는 이렇게 오래 떨어져 지내지 말자고, 알았지?"

"알았어." 나는 진심을 담아 말했다.

다음 날 아침 나는 버스 환승장에서 뉴마켓으로 가는 버스를 기다리고 있었다. 뉴마켓은 오십 킬로미터쯤 떨어진 곳으로 부모님과 누이가 현재 사는 곳이다. 셋퍼드에서 보낸 이틀은 엄청나게 즐거웠고 재미있는 캐릭터들과 웃긴 이야기로 가득했다. 그들을 다시 방문하는 일은 예상처럼 나를 우울하게 만들지 않았다. 나는 더는 과거의 여드름투성이에 혼란스러워하는 십 대 아이가 아니었다. 셋퍼드 역시 내가 그렇게 꾸며댔던 것처럼 끔찍하거나 타락한 곳이 아니었는데, 그렇게 생각한 건 아마도 찾아오고 싶지 않았던 일말의 죄책감을 누그러뜨리기 위한 행동이었는지도 몰랐다. 셋퍼드는 일반적으로 장이 서는 정도의 소도시였고, 영국이 자랑할 만한 최고의 도시는 아니었지만 그렇다고 가장 끔찍한 곳도 아니었다.

이상한 곳일까? 물론 그렇다. 하지만 모든 곳은 이상한 곳이기 때문이라는 걸 나는 깨닫게 되었다. 모든 곳이 이상한 이유는 기본적으로 사람들이 이상하기 때문이다. 우리는 혼란, 망상, 희망, 꿈, 신경증, 짝사랑, 억압된 트라우마, 부정, 솔직함, 유머, 진지함, 친절함으로 이루어진 이상한 변덕의 집합체이다. 왜 그런지 몰라도 나는 이곳 사람들이 거대하고 오염된 익명의 도시로 달아나고 싶은 욕구를 이겨내고 태어난 곳에서 계속 살기로 결정했기 때문에 그들의 인생사가 재미없어졌다고 생각했다. 바보 같은 생각이었다. 결국 내가 고향에 오지 못하게 한 것은 나 자신이었다. 나는 셋퍼드에 얽힌 이야기를 갖고 있었고, 그 이야기를 너무 자주 해서 스스로 그 이야기가 진짜라고 믿기 시작했던 거였다.

인간인 우리는 스스로를 이해하려고, 우리의 역사를 깔끔하게 만들려고 끝없이 노력한다. 우리의 이야기는 우리 자신일 뿐, 달리 그 무엇도 아니다. 나는 내가 정상이라는, 내 인생이 지루하다는, 그래서 탁심 광장, 헤브론, 키시너우, 티라스폴을 포함한 다른 장소에서 목격한 투쟁 속에 뭔가 더 큰 숭고함이 있으리라는 스스로의 정확하지 않은 이야기 속에 갇히고 말았다.

나는 아네트를 베를린에 남겨두고 또 다른 여행을 하고 있다. 작년은 우리 두 사람의 관계가 최악인 해였다. 사귄지 오래 지난 후에도 계속 서로 흥미를 느끼고 이해하기 위해 더 열심히 노력해야 했음에도, 나는 내 임무를 완수하지 못했다. 관계는 점점 어려워졌고 나는 늘 하던 대로 반응했다. 역효과를 낳는 행동의 소용돌이를 일으키며 문제로부터 달아나는 것인데, 그런 행동은 문제를 악화시킬 뿐만 아니라 결국 달아나고 싶은 충동만 증가했다.

나는 밖에서 벌어지는 상황, 다음에 찾아갈 이상한 나라, 다음에 벌어질 기묘한 일, 다음에 만날 독재자에게 너무 깊게 빠진 나머지 내가 가진 삶을 즐기지 않고 있었다. 여행은 멋진 일이다. 완벽에 가까운 놀라움, 궁금증, 흥분의 상태다. 자신의 가정에 도전하고 편견을 물리치고 새로운 이야기를 쓸 기회다. 여행자로, 망명자로, 모험가로, 탐험가로. 엄청난 투쟁과 생존, 호기심과 용기, 재발명의 위대한 이야기를 가진 사람으로. 그러나 그런 이야기를 좇는 일은 자신에게 해가 될 수도 있다.

인생의 모든 것은 복용량에 달렸다. 나는 그간 엉뚱한 양을 복용해왔다. 아무리 상황이 어려워져도 낭만적인 신기루나 새것을 향한 방랑벽으로 달아나지 않고 우선순위를 재조정하고 베를린에, 아네트에게, 작가로서의 내 직업에 전념하고 버틸 준비가 이제 되었다. 나는 내 이야기를 바꾸고 싶었다.

나는 이런 마음을 아네트에게 보여주기 위해 베를린으로 돌아오는 길에 그녀를 위해 내가 절대 살 일 없다고 생각했던 걸 샀다.

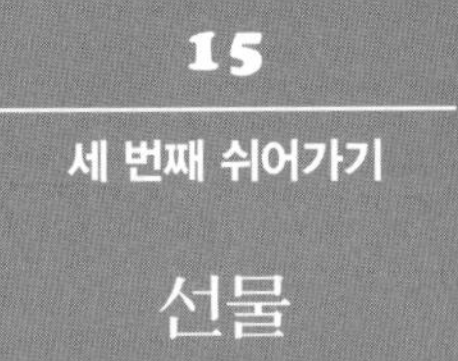

15

세 번째 쉬어가기

선물

나는 현관을 마주 보고 주방 테이블에 앉아 아네트가 퇴근해 돌아오기를 기다리고 있었다. 내 앞, 테이블 위에는 작은 사각형 상자가 놓여 있었다. 초조하게 상자 옆 테이블 위를 손가락 두 개로 두드렸다.

아네트는 지금쯤 집에 도착했어야 했다.

그때 자물쇠를 여는 짤그락거리는 열쇠 소리가 나더니 문이 쿵, 벽에 부딪히는 소리가 났다. 불쌍한 벽. 벽은 아네트를 견뎌내지 못했다. 다섯 걸음 걸어 들어온 아네트는 주방으로 향하는 복도에 서서 손에 든 편지를 자세히 살펴보고 있었다. 그녀는 시야 한쪽 구석으로 나를 슬쩍 보더니 꽥, 소리를 질렀다.

"기절하는 줄 알았네. 거기서 이상한 대머리 동상처럼

앉아 뭐 하는 거야?"

아네트의 시선이 아래쪽, 테이블로 향했다. 얼굴에 놀란 표정이 휙 지나갔다. "그건 뭐야?" 그녀는 내 앞에 놓인 선물 상자를 가리키며 말했다.

나는 차분하고 권위 넘치는 목소리로 말했다. "앉아 봐, 아네트."

"오, 맙소사. 이제 내 이름까지 부르네? 무슨 일이야?"

"우리 해야 할 얘기가 있어." 나는 감정을 겉으로 드러내지 않았다.

아네트는 배낭을 바닥에 내려놓았다. "지금 당장?"

"당장."

아네트는 얕은 숨을 빠르게 내쉬었다. "맙소사, 뭐야? 설마……."

그녀는 자리에 앉아 마치 전에는 한 번도 그래본 적 없는 것처럼 숨을 몰아쉬었다. "이 멍청이." 그녀는 중얼거렸다. 우리는 우리 관계를 언제 당첨됐는지 기억도 못하는 뽑기에서 상품으로 받은 토스터기처럼 대했다. 우리가 꼭 필요해 찾던 물건은 아니지만 사용하다 보니 토스터기도 확실히 쓸모가 있었다. 사람 사이의 관계에 대한 평범한 접근법은 아니었고, 늘 함께해야 한다고 생각하지도 않았으며 관계 자체가 목적도 아니었지만, 우리는 그렇게 생각했다. '함께 영원히 행복하게 살았답니다'라는 식의 압력은 느끼지 않았다.

나는 상자에 양손을 얹었다. "우리 사이가 최근 그리 좋지 않았다는 걸 나도 알아." 나는 말을 시작했다. "그리고 자기는 내게 우리 관계가 어디로 가는 거냐고 묻곤 했지."

나는 극적으로 크게 숨을 몰아쉬었다. 최대한 분위기를 자아내고 있었다. "하지만 이제 우리는 다음 단계로 나아갈 때야."

아네트는 나와 눈을 마주치려 했지만 그러지 못했다. 얼굴을 돌렸다가 다시 나를 향한 표정이 마치 공포영화를 보고 있는 사람 같았다. "오, 맙소사. 맙소사, 맙소사. 아아, 안 돼. 왜?" 아네트는 이혼 가정에서 자랐고, 애정 생활에 국가를 개입시키는 걸 강력하게 반대했다.

나는 양손으로 테이블 위 상자를 그녀 쪽으로 밀었다.

그녀는 마치 내가 한마디 할 때마다 실내 온도가 5도씩 올라가기라도 하는 것처럼 자리에 앉은 채 꿈틀거렸다. 나는 확신했다. 나는 준비가 됐다. "다음 단계로 나가고 싶어. 열어 봐."

아네트는 머뭇거리며 은색 종이에 싸인 상자로 손을 뻗

었다. "자기가 이런 짓을 하다니 믿을 수가 없네." 그녀는 포장지를 풀며 말했다. 그녀의 뺨 위로 눈물이 몇 방울 흘러내렸다.

아네트는 박스에 쓰인 글을 천천히 읽었다. "*반려석?*" 상자 속에는 그녀가 예상했던 보석이나 반지가 들어 있지 않았다.

나는 고개를 끄덕였다. "반려석이야."

아네트는 상자를 열고 손가락에 끼우는 종류의 돌이 아니라 정원에서 흔히 찾아볼 수 있는 돌을 발견했다. 작고 매끈한 회색 돌이었다. 반려석은 1970년대에 크리스마스 선물로 선풍적인 인기를 끌었던 장난감이다. 그냥 진짜 돌이다. 상자 안에는 돌에 맬 수 있는 줄(반려석을 산책시킬 때 사용한다)과 돌을 돌보는 방법을 적은 설명서가 함께 들어 있었다.

"우리의 첫 번째 반려 대상이야!" 나는 야단스럽게 말했다. "나는 우리가 다음 단계로 나아가 뭔가에 책임을 질 준비가 되었다고 생각해." 이제 나는 장난의 비열함을 즐기며 웃고 있었다.

아네트는 돌을 집어 들더니 내게 던지는 시늉을 해 보였다. "이 나쁜 놈. 왜 내게 이런 짓을 하는 거야? 난 청혼하는 줄 알았잖아. 맙소사." 그녀는 소맷등으로 눈가를 닦으며 말했다. "청혼을 했다고 해도 끔찍했을 거야. 와, 정말 다행이야."

"알아." 내가 말했다. "하지만……." 나는 이 대목에서 망설였다. 이번에도 나는 그 어떤 언어라고 해도 가장 하기 싫어하는 말을 할 생각이었기 때문이다. "이 장난에는 의미가 있어. *자기 말이 맞아.* 대개 그렇지만 말이야. 셋퍼드에 간 건 내게 좋은 일이었어." 나는 말을 이었다. "내가 변했다고 말하는 건 아니야. 그리고 당신이 *모든 일에* 옳다는 것도 아니고. 여행은 근사하고, 나는 늘 이 이상한 세상의 '인간 실험'을 최대한 많이 보고 싶어. 하지만 이제 나는 여기가 아닌 다른 모든 곳에서 내가 좇던 이야기들이 바로 이곳에서도 멋지게 존재한다는 걸 깨닫고 있어. 그리고 자신에게 중요한 것들을 위해 희생하는 일도 좋다는 걸 깨달았어."

아네트는 반려석을 상자에 다시 넣었다. "자기의 신기한 걸 보면 참지 못하는 성향은 나도 좋아. 처음 만났을 때부터 그랬으니까. 어떻게 된 건지 자기는 그냥 그러다 길을 잃은 거야. 그런 호기심이 자기와의 관계를 흥미롭게 만들었어. 자기는 책 한 권씩 읽을 때마다 갑자기 전혀 새로운 세계관이 생기잖아. 일주일 지나면 전부 잊지만."

나는 고개를 끄덕였다. "이번에 새롭게 얻는 시각은 좀 더 오래갈 수 있도록 노력하길 바라고 있어. 어떻게 된 일인지 나는 내 삶이 얼마나 운이 좋고 특별하고 전혀 평범하지 않은지 보지 못하게 되어버렸어. 이걸 좀 어떻게 해야 할 것 같아. 결혼식이든 가족 모임이든 또는 자기가 나랑 같이 가고 싶어 하는 사교 모임이든 무조건 갈 거야. 나도 가기 전에는 많이 툴툴거렸지만 결국 마지막에는 그런 모임에서 즐겁게 시간을 보냈거든. 그러는 동안 나는 이곳에 머물면서 자신을 다잡고 사람들과의 관계에 재투자를 하려고 해."

"좋아." 아네트가 말했다. "나도 그럴 수 있어."

나는 일어나 냉장고로 가서 자석을 떼어내고 아네트가 준비했다가 중국에 가는 바람에 취소한 이탈리아 여행 계획표를 가져왔다. 계획표는 사랑받지 못한 채 냉장고에 오래 붙어 있었다. "우리 다음 여행 말이야." 나는 계획표를 아네트에게 밀어 보이며 말했다. "만일 가기로 한다면 목적지는 자기가 골라."

아네트는 코를 찡그렸다. "아니야. 이탈리아도 좋지만 그곳이 전성기였던 때는 오백 년쯤 전에 지나버렸어. 난 이스탄불, 이스라엘, 가나 같은 여행이 그리워지는 것 같아."

"중국하고 하레 크리슈나도?" 나는 윙크를 해 보였다.

"지나친 걸 바라진 마." 아네트는 테이블 위로 계획표를 다시 내게 밀었다. "아니야. 우리가 어디로 가야 할지 내게 훨씬 더 좋은 생각이 있어."

16

북한, 평양

“혁명 정신을 칭찬하셨습니다.”

북한식 꼬치구이와 워터파크, 끔찍한 집단 무도회, 빌어먹을 두 형제들

아네트와 나는 베이징에 있는 여행사의 사전 교육장에 아슬아슬한 시간에 도착했다. 장소는 어느 식당 위층이었는데, 에어컨이 없었고 8월의 열기에 찌는 것처럼 더웠다. 실내에는 오십 명의 동료 여행자와 여섯 명의 서방측 여행 가이드가 있었다. 우리는 북한이 일본 식민지에서 해방된 지 칠십 주년을 기념하는 행사가 열리는 기간에 북한을 방문할 예정이었기 때문에 대규모 관광단으로 구성되었다. 행사의 하나로 군대 열병식과 집단 체조를 볼 수 있으리라는 소문도 있었다. "광기가 극에 달할 겁니다." 트리스탄이라는 키 큰 오스트레일리아 출신 가이드가 말했다. 여행자들은 손뼉을 치며 열정적으로 환호성을 질렀다. 우리는 광기를 위해 함께하는 사람들로 극에 달하는 모습을 보려고 모였다.

우리는 북한이라고 알려진 허구의 집합체를 보러 갈 것이다. 북한은 세계에서 가장 방문자가 적고 가장 비밀스러운 장소 가운데 하나로 전설적이고 악의적인 과대망상증 환자들로 이루어진 김 씨 가족이 무쇠와도 같은 의지로 지배하는 독재 국가다. 북한 또는 공식 명칭에 따르자면(명백하게 부정확하지만) 조선민주주의인민공화국(DPRK)은 지금까지 김 씨 가족의 단 세 명이 지배해왔다. 영원한 수령 김일성(재임 기간 1948~1994년), 그의 아들 최고 지도자 김정일(1994~2011년) 그리고 다시 그의 아들로 볼이 토실토실한 김정은 원수(2012년~)이다.

우리는 배낭을 메고 가방을 끌고 국경으로 가는 야간열차를 타기 위해 베이징 중앙역으로 향했다.

"우리가 진짜 가다니 믿어지지 않네." 아네트가 말했다. "오랫동안 북한에 관한 글을 읽기만 했잖아. 이제 마침내 가는 거야."

"자기가 이걸 진짜로 해보자고 밀어붙인 게 정말 기뻐." 내가 말했다. "내가 해왔던 모든 여행을 마무리하는 데 완벽한 장소야. 북한은 지금까지 갔던 모든 곳의 특징을 조금씩 갖고 있잖아."

“그래. 하지만 규모는 전혀 다르지.”

역 안으로 들어서니 사백만 명쯤 되는 사람이 사천 명이나 들어갈 법한 공간에서 서로 거칠게 떠밀고 있었다.

“아, 중국.” 내가 말했다. “돌아오니 반갑네.”

아네트는 양쪽 팔꿈치를 공격적으로 들어 올리고 우리가 돌파해야 하는 끔찍한 현장을 바라보았다. “덤벼라.”

여행자들에게 북한은 다른 나라와는 조금 다른 접근법을 제공한다. 일단 중국을 통해 입국해야 하고 항상 가이드를 동행해야 한다. 개인 가이드를 고용할 수도 있지만 어마어마하게 큰돈이 들 것이다. 그 대신 단체관광을 이용하면 그냥 많은 돈을 들인 수준으로 여행할 수 있다. 우리 여행 일정은 열흘이었다. 몇 주 동안 신경을 곤두세우고 작가의 입국을 북한인들이 허락할 수 있도록 추가로 서류를 꾸며서 보냈는데, 여행사로부터 모든 절차가 완벽하게 끝났다는 연락을 스카이프로 받았다.

나는 밀쳐대는 사람들 속에서 예전에 배운 권투 솜씨까지 발휘하는 아네트를 바라보았다. 다시 그녀와 함께 여행하니 좋았다. 누군가 대화할 사람이 생겼는데, 안심되게도 상대는 나보다 늘 더 정보가 많고 체계를 잘 잡는 사람이었다. 마치 살아 있는 구글과 여행하는 것 같았는데, 껴안을 수도 있었다.

열차에 오른 우리 여행단은 여러 객차에 나눠 앉아 서로의 이야기를 나누었다. 모두가 실제로 벌어지는 일임을 실감하지 못하고 있었다. 우리는 정말 북한으로 가고 있었다. 어떤 사람은 일시적인 기분으로 장난삼아, 또는 술집에서 들려줄 좋은 이야깃거리를 위해 참가했고, 어떤 사람들에게는 의심할 바 없이 지구상에서 가장 이상한 구석 가운데 한 곳을 오랫동안 열띠게 관심을 두고 연구해오던 시간의 정점을 찍는 여행이기도 했다. 모든 참가자는 다른 이들이 왜 북한, 아니 DPRK를 방문하기로 했는지 이유를 알고 싶어 했다. 서방측 가이드들은 계속 우리에게 북한이 아닌 DPRK라는 호칭을 쓰는 것이 좋다고 말했다. 북한 측 관리자 앞에서 북한으로 부르는 것은 실례라고 했다. 북한 사람들에게 북한은 한반도의 유일한 국가였다. 중심. 그 어떤 것으로부터 북쪽에 있는 곳이 아니었다.

술과 과자를 실은 손수레가 객차를 지나갔다. 우리를 지나간 손수레에는 아무것도 남지 않았다. 롭이라는 키 작은 영국인 가이드는 금세 술에 취했다. 우리는 할아버지 무릎 앞에 모인 아이들처럼 그를 둘러싸고 모였다.

"내가 아는 캐나다 사람이 있었어요." 그가 말했다. "한

국어를 아주 잘했고, 통역으로 일했습니다. 그 친구는 김정은을 여러 번 만났어요."

믿을 수 없다는 듯 사람들이 중얼거렸다. '직접 만나?'

"어쨌든. 별것 아니에요." 나는 갑자기 그레고르가 떠올랐다. "그 사람 말로는 지난번에 어떤 스포츠 행사에서 김정은을 만났는데, 맞아, 김정은이 그를 따로 부르더니 자기가 국민들을 더 잘살게 하기 위해 나라를 더 개방하고 싶다고 말하더랍니다."

"김정은이 언론에서 말하는 것처럼 정말 나쁘다고 생각해요?" 사이먼이라는 오스트레일리아 사람이 물었다.

롭은 큰소리를 내며 비웃었다. "언론을 믿으면 안 되죠." 그는 빈 캔을 발로 밟아 납작하게 만들었다. "내 생각에 그는 많은 오해를 받고 있어요. 난 사실 그가 나쁜 사람이 아니라고 생각해요." 그의 삼림 파괴 정책에 의문을 표하지 않는다면 그렇겠지. 언론의 보도(신뢰는 가지 않지만)에 따르면, 김정은은 고위 간부 한 명을 삼림 파괴 정책에 의문을 표시했다는 이유로 총살에 처했다고 한다.

"벌 알죠?" 롭이 말했다. "혹시 말벌 먹어보신 분?"

우리는 서로를 바라보았다. 있을 리가.

"끝내줘요. 말캉거리지 않아요. 씹을수록 바삭거리죠. 맛

있어요. 나는 중국 사람들보다 더 중국인 같은 사람이에요. 혹시 북한 꼬치구이라고 들어본 사람 있어요?"

그런 말도 들어본 적이 없었다. 우린 정말 아마추어들이었다.

"나선이라고 북동쪽에 있는 도시에 있을 때였어요. 맥주와 소주에 잔뜩 취했죠. 북한 관리자랑 함께 어떤 술집 주방에 서 있었어요. 멋진 사람이었죠. 내가 아주 잘 아는 사람인데……." *꺽.* "어디까지 얘기했더라? 아, 그렇지."

롭은 뭔가 잘 아는 것 같기는 하지만, 그걸 말로 옮기는 데는 문제가 있어 보였다.

딸꾹. "에, 뭐지? 아, 그러니까……. 갑자기 그 사람이 손을 뻗더니 선반에서 생달걀 두 개를 꺼내더라고요. 달걀에 젓가락을 꽂아 구멍을 내더니 입으로 가져가 힘차게 빨아들이는 소리를 내는 겁니다."

우리는 믿을 수 없다는 듯 웅성거렸다.

"그래서 나는 이 사람 진심인가? 오, 이런, 젠장. 나도 달걀에 젓가락으로 구멍을 뚫고 시도했어요. 바로 *북한식 꼬치구이죠.*"

믿을 수 없다는 느낌은 증폭되었다.

"봐요, 실제로 해보기 전에는 속단하지 말아요. 영화 〈록

키〉에서도 주인공에게 도움이 됐으니까."

나는 이번 기차 여행이 샴페인 열차처럼 나빠질지도 몰라 걱정스러웠다. 이번 단체관광을 진행하는 여행사가 대실패로 끝난 트란스니스트리아, 몰도바 여행을 진행한 바로 그 회사였기 때문에 더욱 그랬다. 아네트와 나는 다섯 회사의 상품 가운데 고를 수밖에 없었는데, 이 회사의 가격이 다른 곳과 비교해 절반 수준이었다. 다행스럽게도 이번에 함께 가는 여행자들은 그때 만났던 사람들이 아니고, 나이도 평균 삼십 세 정도였다. 좀 더 성숙하고, 어디로 가는지 많은 걸 알고 있었고, 그곳에 가는 일에 흥분해 있었다.

다음 날 아침 첫 햇빛이 열차의 얇은 파란색 커튼을 뚫고 들어올 때쯤 우리는 국경의 중국 지역에 도착했다. "미리 경고해두지만, 이곳 보안은 엉망이에요." 아일랜드인 가이드 잭이 말했다. 그렇다, 바로 그 잭이다. 말이 빠르고 술을 엄청나게 마시고 말이 험한 그 잭. 그와 다시 만나게 되어 아주 신이 나지는 않았지만 그는 이번 여행에서는 아직 훨씬 나은 모습을 보여주고 있었다. 북한은 그가 자주 다니는 여행지였다. 트란스니스트리아는 일회성으로 다녀온 곳으로 그에게는 거의 휴가나 마찬가지였다. 이곳에서는 잭도 책임감을 느껴야 했다. 한 번이라도 문제가 생기면 입국 금지를 당하거나 더욱 나쁜 상황이 벌어질 것이다. 오토 웜비어(2016년 1월부터 17개월간 북한에 억류돼 있던 미국인-옮긴이)는 포스터 한 장을 훔친 죄로 북한에서 일 년 동안 강제노동을 하다가 미국으로 돌아와 사망했는데, 그의 몸에서는 고문의 흔적이 발견되었다.

우리 객차의 문이 열렸다.

"자, 시작입니다." 잭이 말했다.

DPRK의 국경 경비대 한 무리가 들어왔다. 계급이 높아질수록 비현실적일 정도로 점점 커지는 모자를 각자 쓰고 있었다. 그들은 승객 가운데 북한인과 중국인들의 짐을 검사하기 시작했다. 삼십 분 뒤 한 사람이 우리가 있는 침상 쪽으로 다가왔다. 우리는 아래칸 두 개 침상에 일곱 명이 모여 앉아 있었다.

"어이, 좋은 아침입니다." 잭이 말했다. "아주 좋은 날씨 아닙니까?"

경비대 사내는 웃더니 거대한 모자를 벗었다. 실외 기온이 적어도 35도는 되는 날씨였다. 사람들로 가득한 열차 내부는 더 더웠다. 사내는 소매로 이마의 땀을 닦고 크게 한숨을 내쉬더니 다시 모자를 썼다. 그는 말도 안 되는 국경 수비 업무가 지겨워진 것 같았다.

“프래처?” 사내는 모아둔 여권의 맨 위에 있던 내 여권에서 이름을 불렀다.

“네.”

“전화?”

나는 그에게 휴대전화를 내밀었다.

“상경?”

알아들을 수가 없었다. 나는 책을 바라보았다.

“성경책이요.”

“아! 아뇨, 성경책 없습니다.”

“도서?”

나는 그에게 킨들을 내밀었다. 그는 킨들을 뒤집어 보더니 마치 체르노빌에서 몰래 빼내 온 물건이라도 되는 것처럼 조심스럽게 돌려주었다. 지금까지는 쉽게 넘어갔다.

“가방?”

나는 내가 앉은 침상 아래서 가방을 꺼냈다. 사내는 가방이 믿을 수 없는 개라도 되는 것처럼 조심스레 손으로 만졌다.

“안에 뭐? 옷들?”

내 생각에 그는 내가 대답할 말을 미리 일러주면 안 될 터였다. "네, 옷들."

사내는 가방을 다시 침상 밑에 넣었다. 엉터리였다. 세계에서 가장 심한 편집증에 빠진 곳이라고? 이스라엘만 해도 나를 훨씬 더 고되게 다뤘다. 모자의 무게에 눌려 한숨을 내쉬던 사내는 돌아서서 다음 사람의 서류를 꺼냈다.

옷들이라는 말은 입국 심사에서 마법 같은 단어였다. 경비대 병사들은 우리 가방을 확인하더니 열어 보지도 않았고, 결국 남은 것은 가운데 침상 위에 놓인 노트북 컴퓨터들 뿐이었다. 그들은 DPRK의 기술 전문가를 기다렸다. 우리가 온라인에서 읽은 바에 따르면 북한의 기술 전문가는 즉시 모든 드라이브의 자료를 지우고 마치 중세 시대의 마녀처럼 데이터 전체를 불살라버릴 것 같았다. 기술자가 도착했는데, 나는 그가 어떻게 북적거리는 열차에서 일곱 개의 노트북 컴퓨터를 샅샅이 뒤질 수 있을지 궁금했다. 그는 우리와 함께 여행하는 필리핀인의 노트북을 여는 것으로 작업을 시작했다. "필리핀은 미국과 관계가 좋아요." 잭이 말했다. "그래서 우리보다 그들을 더 자세히 조사합니다."

나는 DPRK 기술 전문가의 어깨 너머로 살펴보았다. 그는 시작 버튼을 누르고 검색 버튼을 누르더니 '인터뷰'라고 입력했다. 다른 무엇보다 그들이 가장 두려워하면서 외부 세계에서 들어오는 걸 막고 싶은 것은 영어로 제작되고 세스 로건과 제임스 프랭코가 출연한 나쁜 영화 〈인터뷰〉였다. 그 영화에는 김정은이 사망하는 내용이 나오는데 만일 인터넷 음모론이 맞다면 북한 정권이 이 영화로 얼마나 화가 났는지 그 복수로 소니사를 해킹해 곤란한 내용이 담긴 개인적인 문건들을 공개하기도 했다. 북한 정권은 유머 감각이 없는 것으로 유명하지만, 그렇다고 해서 영화 〈인터뷰〉가 유머 감각이 있는 것도 아니다.

IT 전문가의 검색 결과 그 영화가 나오지는 않았다. 하지만 예상할 수 있는 대로 인터뷰라는 낱말과 관련된 문서가 몇 건 발견됐다. 그는 문서를 살펴보더니 노트북을 닫았다.

“끝이에요?” 아네트가 잭에게 물었다.

“끝이죠.” 잭이 말했다. “이 불쌍한 친구들은 더 뭘 할 시간이 없어요.”

사십오 분에 걸친 불투명한 관료주의적 엉터리 짓이 끝나자 모자를 쓴 친구들은 작별 인사를 하고 열차에서 내렸다. 열차는 사과하듯 으르렁거리며 숨은 왕국 안으로 굴러 들어갔다. 술을 실은 손수레가 또 다가왔다. 손수레는 다시 빈 몸으로 돌아갔다. 열차는 인상적이게도 시속 삼십오 킬로미터로 속도를 높였다. “우리가 모든 걸 잘 볼 수 있도록 느리게 가는 건가요?" 필리핀 친구가 물었다. 잭은 웃었다. 그는 자기 직업을 즐기는 것 같았다. 그의 맥주도.

열차 창밖을 내다보던 우리는 거의 네온 빛에 가까운 밝은 녹색이 무성한 풍경을 접할 수 있었다. 발전소, 쇼핑몰, 아일랜드 술집처럼 흔히 볼 수 있는 인간의 악의에 훼손되지 않은 자연의 땅. 관광객들 사이에 눈에 띄게 흥분한 표정이 오갔다. 그 순간 사진으로 찍을 가치가 있다고 보인 모든 것들은 단지 북한에 있기 때문에 그렇게 보였다.

아네트는 내게 하이파이브를 했다. "우린 해냈어!"

"정말 그렇네." 하지만 우리가 뭘 해냈는지는 불확실했다. 진짜 우리가 읽어온 그대로일까? 위대한 김 씨 가족에 대한 개인 숭배 국가? 열차에는 집으로 돌아가는 북한 사람들이 많이 있었다. 그들은 모두 친애하는 지도자들의 얼굴이 담긴 빨간색 배지를 가슴에 달고 있었다. 성인이라면 매일 언제나 착용해야 한다. 진짜 모든 것이 사실일까?

그 순간…… *그들이 모습을 드러냈다.* 우리가 세 번째 마을을 지나가는데, 언덕 꼭대기 거대한 하얀색 벽에 아버지처럼 팔을 펼치고 있는 영원한 수령 김일성(줄여서 K1이라고 부르겠다)이 최고 지도자 김정일(K2)과 함께 들판에 서서 산 아래쪽 마을을 내려다보는 모습이 그려져 있었다.

모두 진짜였어. 여기 증거가 있잖아! 봐!

종이라는 이름의 스웨덴과 중국의 혼혈인 여행자는 제때 카메라를 꺼내지 못해 사진 찍을 기회를 놓친 일로 잔뜩 화가 났다. 잭은 다시 웃었다. "그런 건 문제가 되지 않을 겁니다, 친구. 이곳에서 떠날 때 찍은 사진을 확인해 보면 구십구 퍼센트의 사진 속에 '빌어먹을 형제 녀석들'이 찍혀 있다는 걸 알게 될 테니까요."

나는 다시 침상에 앉았다. "왜 형제라고 부르죠? 그들은 형제가 아니잖아요."

잭은 윙크하더니 새 맥주를 뜯었다. "아주 똑똑하시네요. 그냥 우리가 붙인 별명 같은 겁니다."

그러더니 잭은 어떻게 해서 이런 별명이 생겼는지 들려주었다. 별명은 여행사 역사상 최악의 여행자 두 명이 다녀간 뒤 생겼다. *팩맨과 페소*라는 이름의 미국 래퍼인 그들은 역사상 처음으로 북한에서 랩 뮤직비디오를 찍겠다고 약속하고 킥스타터 크라우드 펀딩을 통해 돈을 모금했다.

"그 사람들 미국을 한 번도 떠나본 적이 없었어요." 잭이 맥주를 마시면서 말했다. "옷도 달랑 한 벌씩만 가져왔는데, 중국에서 산 싸구려 맞춤 양복이었습니다. 북한에 있는 내내 얼어 죽을 뻔했어요. 그들은 버스에서 내리려고 하지 않았고, 북한에 대해 아무것도 몰랐습니다. 방문 사흘째에 우리는 경애하는 지도자들 기념탑에 들렀는데, 그런 장소에 이미 스무 번은 들렀을 때였을 겁니다. 한 명이 내게 쓱 다가오더니 묻더군요. 거짓말 보태지 않고 이렇게 말했습니다. '근데, 저 빌어먹을 형제 녀석들은 누구예요?'"

"진짜요?"

"진짜로요."

"와우." 내가 말했다. "그건 마치 이집트에 가서 피라미드를 가리키며 그게 모래성이냐고 묻는 거잖아요."

잭은 웃었다. "그래요. 아니면 이탈리아에 가면서 무솔리니가 무슨 파스타라고 생각하는 거나 마찬가지죠."

아네트는 바비큐 맛 과자를 사람들과 함께 나누어 먹고 있었다. "그 사람들 비디오는 만들었나요?"

"네. 제목이 *'북한으로의 탈출'*이었죠." 잭은 몸을 뒤로 젖히며 웃었다. "북한과 관련한 과거의 모든 탈출과는 방향이 정반대였죠. 멍청이들."

네 시간이 지나고 빌어먹을 형제 녀석들의 벽화와 동상이 십여 개 더 지나간 뒤 풍경이 변하기 시작했다. 들판과 논이 사라지고 길게 뻗은 포장도로와 집들이 보이기 시작하더니 외부를 유리로 장식한 번쩍거리는 공항이 시야에 들어왔다. 우리는 수도 평양에 접근하고 있었다.

잭이 공항을 가리켰다. "듣자 하니 김정은이 공항을 방문해 현지 지도를 하면서 출발 층과 도착 층을 분리해야 한다고 말한 것 같습니다. 이곳 사람들은 그런 생각이 엄청나게 혁신적이라고 말합니다. 불쌍한 사람들."

이때 우리는 처음으로 '현지 지도'라는 말을 들었다. 그게 마지막은 아니었으니…….

북한의 황폐한 철도망 때문에 느릿느릿하게 다섯 시간이나 걸린 백육십 킬로미터의 여정은 평양의 인상적인 구소련식 중앙역에서 끝났다. 우리는 들떴다. 지구에서 가장 은밀한 나라의 중심에 '옷들'과 함께 도착한 것이다.

역에서 나온 우리는 에어컨을 갖춘 깔끔한 버스 네 대에 나눠 올라탔다. 잭이 환영의 말을 짧게 하더니 우리를 북한 관리자들에게 넘겨주었다. 건망증이 심한 사람들에게는 편리하게도 우리 팀을 맡은 가이드는 미스터 박과 미시즈 박이었다. 그들은 버스의 방송용 마이크를 잡고 환영의 인사말을 했고, 그 사이 버스는 괴로운 표정으로 개미처럼 도시를 돌아다니는 보행자들로 가득한 평양 시내로 출발했다. 많은 사람이 군복을 입고 열을 맞춰 행군하고 있었다.

일반 시민들도 모든 옷을 정부로부터 지급받기에 스타일은 한 가지였다. 그들도 제복을 입은 것처럼 보였다. 남자들은 실크 셔츠와 양복바지를 입었고, 여자들은 풍성한 블라우스와 치마 차림이었다. 모든 옷은 치수가 두 단계 정도 커야 하는 것처럼 보였는데, 더위를 견디기 위함이 아닌가 싶었다.

평양은 꽤 매력적인 도시였지만, 지나칠 정도의 콘크리트와 구소련식 브루탈리즘을 따른 고층 건물의 화려함이 아쉬웠다. 분위기는 과도한 자부심과 냉전 시대를 섞어 놓은 것 같았다. 이 전시품 같은 도시에서 내가 가장 놀란 것은 그라피티가 전혀 보이지 않는다는 점이었다.

"티끌 하나 보이지 않네." 아네트는 내 옆자리에서 사진을 찍으며 말했다.

"그러네. 무슨 일이 일어날지 저기 가서 포장지를 하나 버려 보고 싶은 마음도 생겨."

평양을 찾는 거의 모든 여행자는 양각도라는 호텔에 묵는다. 왜냐하면 호텔이 작은 섬에 있어서 그곳에서는 정부 전복이 불가능하기 때문이다. 호텔 꼭대기 층에 있는 회전하지 않는 회전식 레스토랑에서 뷔페로 제공하는 쌀밥과 채소, 정체 모를 고기로 저녁 식사를 하면서 우리는 관광단에 속한 마지막 구성원을 만났다. 키르라는 이름의 호리호리한 크로아티아 사람이었다. 키르는 북쪽 관광지를 방문하기 위해 우리보다 하루 먼저 도착해 있었다. "비밀 지킬 수 있어요?" 그는 자신을 소개한 지 사 초 후에 말했다.

"그럼요." 나는 거짓말했다.

"어젯밤에 평양 도심에 있는 다른 호텔에 묵었는데요, 몰래 빠져나가 산책을 했어요. 물론 저들이 날 막을 거라고 생각했죠. 그런데 경비병이 정신이 팔렸는지 그냥 계속 걷다 보니까 갑자기 혼자인 겁니다. 평양 거리에 말이죠."

절대로 해서는 안 되는 행동이었다. 그는 휴대전화로 찍은 동영상을 보여주었다. "믿을 수가 없었어요." 그는 관리자들이 듣고 있지 않은지 흘금거리며 주변을 살폈다. "아마 십 분 정도 걸어 다녔을 겁니다." 동영상 속 그는 도로를 따라 걷고 있었다. 그가 지나는 곳 건물들은 계단을 제외하고는 불이 꺼져 있어 어두웠다. "그러더니 차 한 대가 다가와 섰는데, 운전자가 이상하다는 눈으로 보기에 얼른 뛰어서 호텔로 돌아왔어요."

저녁을 마치고 아네트와 나는 호텔 지하로 내려갔다. 그곳에는 당구대와 노래방 시설을 갖춘 바가 있었다. 매일 저녁 호텔을 벗어날 수 없던 우리에게는 그곳이 유일한 유흥 시설이었다. 키르가 휴대전화를 손에 든 채 당구장 구석에서서 사람들에게 비밀을 지킬 수 있는지 묻고 있었다. 그는 비밀을 지키지 못하는 게 분명했다. 바에서 맥주를 사고 거스름돈을 기다리던 내게 바 직원은 껌을 네 개 내밀었다.

바 여직원은 미안하다는 듯 웃었다. "거스름돈 없어요."

함께 여행하는 사람들 몇 명이 근처에서 당구를 치고 있었다. 그들은 어리둥절한 나를 보더니, 거스름돈으로 받은 껌을 흔들어 보였다. 화폐라는 건 서로의 믿음에 바탕을 두고 있으니 죽은 나무에 여왕의 얼굴을 새긴 네모난 물건이나 껌이나 다를 건 없어 보였다. 나는 신뢰하기로 하고 껌을 주머니에 넣었다. 나중에 맥주를 한 잔 더 마시려고 바에 다시 간 나는 쫄깃쫄깃한 법정 통화를 꺼내서 추가 맥주와 교환하려고 시도했다. 바에서 일하는 여자는 내가 껌을 내밀자 그냥 웃더니 껌을 다시 내 쪽으로 밀어냈다. 그녀는 이제 껌을 신뢰하지 않고 있었다.

다음 날 아침 극단적으로 반사교적인 시간인 6시 30분에 아네트와 나는 터덜터덜 회전 레스토랑으로 가서 쌀밥과 채소와 뭔지 모를 고기 그리고 달걀이 나오는 아침 식사를 먹었다. 전날 저녁 식사에 달걀이 추가되었다. 도시의 완벽한 모습을 내려다볼 수 있었다. 천천히 지난 밤을 떨쳐 내고 게으른 하품과 함께 새로운 평일을 준비하는 모습을 기대했지만, 도시는 이미 활기에 차 있었다. 여기저기 온통 단체로 모인 사람들이 칭찬해야 할 정도로 목적성을 가지고 서둘러 움직이고 있었다. 그런 사람들을 보고 있는 것만으로도 나는 피곤해졌다(이미 피곤한 것보다 더).

"우리가 북한에 있다니 믿어져?" 아네트가 물었다.

"아니. 그리고 내 생각에는 기대했던 것보다 훨씬 더 이상할 수도 있을 것 같아."

빡빡하게 채운 첫날 관광을 위해 버스에 올라탄 시간은 오전 7시 30분이었다. 처음으로 찾아간 곳은 집단농장이었다. 벌집 모양의 머리 스타일을 한 아름다운 여자가 우리를 맞았다. 그녀는 분홍색과 빨간색이 섞인 전통 복장 차림이었다. "환영합니다, 동무들." 그녀가 말했다. 그녀 뒤로 입구가 보였고 그 왼쪽에는 빌어먹을 형제 녀석들의 커다란 대리석 동상이 두 개 서 있었다.

"친애하는 지도자들의 전문적 지도를 받으며 일하는 김일성 집단농장에 오신 걸 환영합니다. 이곳에서는 우리의 위대한 조국을 위해 식량을 생산합니다."

몇 사람이 농장의 출입구 쪽으로 움직였다. "기다리십

시오, 동무들!" 여자는 그들을 다시 무리 쪽으로 안내했다. 아직 그녀의 말이 끝나지 않았다. "영원한 수령 김일성 동지께서 이곳 집단농장을 1957년에 처음 방문하셨습니다."

오케이, 좋아, 훌륭해, 잘했어.

"오늘 아침 들어 저 이름을 겨우 오십 번밖에 안 들었군." 아네트가 내 귀에 속삭였다.

여자는 돌아서서 양팔을 동상 쪽으로 뻗었다. "그분의 방문을 기리기 위해 우리는 이 동상을 세웠습니다."

자기 동상이라니. 겸손하기도 하셔라.

여자는 살짝 고개를 숙여 인사했다. "수령님께서는 동상의 혁명 정신을 칭찬하셨습니다."

김일성이 이곳에 몇 번 왔는지, 자신의 동상을 어떻게 생각하는지가 중요한 거야?

"수령님께서는 그 뒤 1971년에 집단농장을 방문하셨습니다."

그랬겠지.

"수령님께서 농부들을 현지 지도한 곳에서는 수확량이 눈에 띄게 늘었습니다."

또 현지 지도 얘기였다. 아마도 친애하는 지도자들은 진정한 르네상스적 교양인이고, 믿을 수 없을 정도로 많은 분

야의 모든 문제에 관해 현지 지도를 할 수 있는 모양이었다. 경제 운용부터 건물 건설, 학교 책상 디자인, 수확 기술까지. 그들은 분명히 나처럼 미틀로이퍼가 아니었다. 안으로 들어가고 싶었던 누군가 한숨을 내쉬었다. 하지만 전통 복장의 아름다운 여자는 아직 할 말이 남아 있었다.

“최고 지도자 김정일 동지는 이 농장을 1984년에 처음으로 방문하셨는데, 이곳의 건축미를 칭찬하셨습니다.”

아, K2. 우리는 무려 오 분 동안 그의 이름을 듣지 못하고 있었다. 진정한 가뭄이었다.

“최고 지도자 김정일 동지께서는 1997년에 다시 이곳을 방문하셨는데…….”

나는 무슨 말이 이어질지 관심이 생겼다.

“현지 지도라는 말이 이어질 것 같은 느낌인데.” 아네트가 속삭였다.

여자는 다시 동상을 향해 몸을 돌렸다. “우리는 그분의 동상을 만들어 세웠습니다!”

“젠장, 아슬아슬하게 틀렸군.” 내가 말했다.

모든 걸 가진 독재자에게 뭘 선물할 수 있을까? 그의 뽐내는 모습을 담은 또 다른 동상이 바로 그것이다. 북한에는 빌어먹을 형제 녀석들의 동상이 모두 사만 개 있다.

"최고 지도자께서는 동상의 예술적 완전함을 칭찬하셨습니다."

"만세." 키르가 비꼬듯 말했다.

여자가 돌아서더니 동상 쪽을 향해 손을 흔들어보였다. "자, 이제 여러분이 경의를 표할 시간입니다."

우리는 동상을 향해 네 줄로 서서 경애하는 지도자들에게 함께 고개를 숙였다. 우리 측 가이드들이 동상 발아래에 꽃다발을 바쳤다. 그때까지 우리는 몰랐지만 이런 광경은 모든 동상 앞에서 온종일 동일하게 벌어지고 있었다. 버스에 탔다가 버스에서 내리고 전통 복장의 아름다운 여인을 만나 경애하는 지도자들께서 우리가 보고 있는 곳에 얼마나 자주 왔는지 듣고 절을 하고 그다음에야 겨우 관광지에 들어갈 수 있었다. 이런 식으로 길게는 하루에 열다섯 시간씩 관광이 이어졌다. 지루해졌다.

하지만 가끔은 잠깐에 불과하지만 말도 안 되는 외면을 깨고 들어가 뭔가 진실한 걸 경험한 것이 아닐까, 하는 생각이 들 때도 있었다. 첫 번째는 평양에 새로 지은 워터파크 시설을 방문했을 때였다. 그때까지 우리는 이 도시의 사람들과 유의미한 만남을 한 번도 갖지 못했다. 어떻게 그럴 수가 있지? 북한인 관리자들은 절대 우리 곁에서 떠나지 않았다. 하지만 우리가 이 거대하고 새로운 시설에 들어설 때 미스터 박과 미시즈 박은 밖에서 기다리겠다고 말했다. 우리는 감시를 받지 않으면서 물놀이를 즐기는 다른 수천 명의 평양 시민들과 함께 섞일 수 있었다.

나는 새로 찾은 자유에 정신이 아찔해져 안으로 뛰어 들어갔다. 자유로운 기분은 오래 가지 않았다. 로비 안으로 들어간 나는 익숙한 얼굴 앞에서 미끄러지듯 멈춰 섰다. K1이었다. 수영장 시설 로비에 높이가 삼 미터나 되는 자신의 동상을 세우다니 상당히 대담한 일이었다.

재빨리 충분한 경의를 표시해 고개를 숙인 뒤 우리는 탈의실로 향했다. 서로 벌거벗은 친밀한 상황 속에서, 많은 북한 주민에게 둘러싸이니 기분이 묘했다. 우리는 북한 사람들이 모든 외국인을 적으로 본다는 말을 들었다. 자본주의의 포로이자 끔찍한 나라의 열등한 환경에서 사는 우리가 *진정한* 한국인 북한의 파괴만을 노리고 있다는 식이다. 반면 우리는 북한 사람들은 모두 세뇌당한 나그네쥐들에 불과하다고 들었다. 어느 쪽 말이 진실이든 상관없었다. 함께 옷을 벗고 서로의 벌거벗은 몸을 보고, 양말을 벗을 때 넘어지지 않으려 애쓰지만 쉽게 성공하지 못하는 모습을 보니 우리는 서로 꽤 비슷해 보였다.

탈의실에서 나와 수영장 쪽으로 들어서던 나는 서부영화마다 등장하는, 외지인이 소란스러운 동네 술집에 들어서는 장면을 떠올렸다. 우리는 여전히 아시아에 있었고, 누구도 서로 노골적으로 쳐다보는 사람은 없었다. 하지만 사람들은 재빨리 우리를 훔쳐보다가 또 재빨리 뭔가 다른 것, 대개는 바닥을 내려다보았다. 그들이 우리를 쳐다보는 것은 이상한 일이 아니었다. 우리가 특이하게 생겼기 때문이다. 키는 크고 느릿느릿 움직이고 오동통하고 수염이 났다. 어떤 사람은 서양 사람을 실제로는 처음 봤을 것이다. 더군다나 이렇게 벌거벗은 채로. 그제야 나는 아네트와 다른 여자들이 왜 수영을 하지 않고 커피숍에서 기다리기로 했는지 알 수 있었다. 백인 외국인을 볼 기회가 거의 없는 나라인 이곳에서 내 몸이 이렇게 많은 관심을 끄는 걸 보면, 서양 여자들이 수영복 차림으로 갑자기 몰려온다면 분명히 더 많은 관심이 쏠릴 것이 틀림없었다.

워터파크에는 적어도 열 개의 거대한 슬라이드가 있었고, 그 가운데 일부는 고무 튜브나 바람을 넣은 보트를 타고 이용해야 했다. 그리고 워터파크 전체가 급류로 연결되어 있었다. 수천 명의 북한 사람들이 일 년 중 가장 더운 시기에 물속에서 몸을 식히고 있었다. 그들과 이렇게 가까이 있는 건 정말 신나는 일이었다.

"배우들이야." 함께 있던 키르가 경멸하듯 말했다. "물을 튀기면서 모든 게 잘 돌아가는 척하고 있는 거지."

나는 한숨을 내쉬었다. "고작 몇 명밖에 안 되는 백인들에게 북한의 모든 것이 잘 돌아가고 있다는 걸 보여주기 위해 그렇게까지 한다는 거군요."

키르는 천천히 눈을 껌벅거렸다. "오, 제발. 그렇게 순진하게 굴지 말아요."

진짜 워터파크가 존재하고, 열심히 일하는 상류층 엘리트 당원들이 주말에 그곳에 놀러 갈 수도 있다는 생각이 내가 보기에는 이상하지 않았다. 독재 행위가 항상 이어질 수는 없지 않은가? 지옥이 존재한다면, 나는 그곳에도 가끔은 휴일이 존재하리라 확신한다.

불행하게도 우리는 워터파크에서 두 시간밖에 보내지 못했다. 우리가 북한에 머무는 기간에 제약이 있었고 우리가 앞에 서서 절해야 하는 경애하는 지도자의 동상들은 무수히 많았기 때문이다. 자신감 넘치고 솔직한 미국인으로, 흐트러진 곱슬머리를 한 케빈이 우리에게 다가왔다. "다이빙대에 꼭 가보세요." 그는 오십 미터쯤 떨어진 곳에 있는 구조물을 가리키며 말했다. "진짜 끝내줘요."

다이빙대에는 백여 명의 구경꾼이 모여서 네모난 다이빙 풀을 둘러싸고 있었다. 가장 높은 다이빙대는 십오 미터 구름 위로 치솟아 있었다. "우리가 올라갔더니 여기 사람들이 난리가 나더라고요." 케빈이 말했다.

신이 난 북한 사람들이 잔뜩 모여서 박수를 보낸다고? 그냥 흘려보내기에는 너무 좋은 기회처럼 들렸다. 유일한 문제는 내가 전혀 다이빙할 줄 모른다는 점. 심지어 나는 수영도 제대로 하지 못했다. 아네트는 내가 수영하는 모습을 보고는 무자비하게 조롱하면서 '빠져 죽어가는 원숭이'라고 표현했다. 나는 이 세상에서 내 몸속 원숭이보다 더 많은 에너지를 사용하면서 더 짧은 거리를 이동할 수 있는 사람은 없다고 생각한다. 나는 가장 높은 다이빙대를 쳐다보았다. 저기서 떨어져도 뭐가 잘못되기야 하겠어? 경험을 위해서라면 위험을 무릅쓸 가치가 있지 않을까?

그렇다는 생각이 들었다.

위로 올라갔다.

중간쯤 올라갔을 때 옆을 내려다보았다.

생각이 달라졌다.

다시 아래로 내려왔다.

올라가 보니 너무 높았다.

그게 문제인 것 같았다.

다이빙대에서 내려오려는데 그 순간 가장 낮은, 겨우 일 미터 공중에 설치된 다이빙대가 눈에 띄었다. 그냥 끝까지 걸어가서 떨어지면 되었다. 아무런 해도 입지 않을 거야. 그렇지 않은가? 어떨까? 해보면 알 수 있으리라. 그러나 이왕 하려면 사람들이 좋아해주었으면 했다. 갈채를 원했다. 그래서 나는 모인 사람들을 위해 과장된 연기를 펼치며 다이빙 쇼를 보여주기로 했다.

나는 마치 평생 다이빙을 해온 사람처럼 자신감 넘치게 다이빙 보드에 올라섰다. 관중에게 인사로 살짝 고개를 숙여 보였다. 사람들이 웃었다. 기분이 끝내줬다. 다이빙 보드 끝으로 다가갔다. 관중을 바라보았다. 고개를 숙였다. 보드 아래를 내려다보았다. 충격과 공포로 놀란 것처럼 얼굴을 찡그렸다. 거짓으로 균형을 잃는 척했다. 최대한 입을 크게 벌렸다. 비명을 지르고 몸을 떨었다. 두 번째 웃음이 터졌다. 겨우 일 미터 위에서 떨어지는 걸 두려워하는 것처럼 우물쭈물하는 척했다. 그러다가 거만하게 허공에 대고 주먹질을 한 뒤에 몸으로 보드를 굴렀다. 보드가 내 몸 아래에서 흔들렸다. 그 순간 상황이 복잡해졌다. 보드 아래로 뛰어내리려면 이제 어떻게 해야 하는지 나는 정확히 알지 못했다. 전에는 다이빙을 한 번도 해본 적이 없었다. 그래서 나는 사람들이 생각했던 것보다 몇 번 더 발을 구른 다음 마치 일부러 그러는 것처럼 당황스러워하다가 보드 옆으로 넘어지며 아래로 떨어졌다. 엄청난 소리를 내면서 내 몸은 수평으로 물에 떨어졌다.

관중은 미친 것처럼 좋아했다. 환호성, 박수, 약간의 함성까지. 나는 북한에서 대성공을 거두었다! 나는 북한 워터파크의 슬랩스틱 다이빙 분야에서는 보노(아일랜드 록 밴드 U2의 리드보컬-옮긴이)와 같은 존재였다. 물론 혹자는 내가 쓴 방법에 의문을 품겠지만, 나는 좋은 결과를 얻어냈고 재미를 주었다. 이건 성공적으로 이루어진 국제 관계였다. 머리가 부어올랐다. 내가 하는 짓을 지켜본 팀이라는 오스트레일리아인은 진실을 밝히고 싶어 했다. "다이빙 전혀 못 하시는군." 그는 내가 다이빙 풀 끝으로 기어 올라오자 말했다.

나는 가슴을 내밀었다. "그래서요? 난 방금 관중을 움직였어요. 저들의 반응을 들었어요?" 나는 그에게 내가 북한 워터파크 쇼의 보노라고 말할까 생각했지만 적절한 순간이 지나가버린 것 같았다.

탈의실로 돌아온 보노는 사물함을 열지 못했다. 보노는

창피했고 몸이 젖었지만 말릴 수가 없었다. 수건이 사물함 속에 들어 있었는데, 보노가 말한 것처럼 사물함이 열리지 않았기 때문이다. 운 좋게도 보노가 서 있는 곳에서 몇 자리 떨어진 사물함 앞에 키가 크고 발가벗은 근육질의 북한 사내가 있었다. 그는 낑낑대는 보노를 보더니 티셔츠만 입고 도와주러 왔다. 사내가 왜 티셔츠만 입어서 몸통의 윗부분만 가렸는지, 보노는 알 수가 없었다.

"젖었을 때 열리지 않아요." 사내가 말했다.

놀라웠다. "영어를 할 줄 아세요?"

"네, 조금요. 저는 김일성 대학의 학생입니다."

사내의 전문적인 교육과 현지 지도에 따라 사물함은 벌컥 열렸다. 물어볼 것이 너무 많았다. 사물함에 관한 질문은 아니었다. "무슨 공부를 하시나요?" 내가 물었다.

사내는 고르지 않은 앞니를 드러내며 웃더니 젖은 바닥을 지나 조심스럽게 뒤로 물러나 자신의 사물함 앞으로 가서 옷을 입었다.

모두가 수영을 마친 뒤 우리는 워터파크 내부에 있는 스타벅스 비슷하게 꾸민 커피숍을 찾았다. 여행자들 사이의 논쟁이 벌어졌다. "어쩌면 여기도 도청되고 있을걸요?" 벨기에에서 온 터무니없이 키 큰 사내가 숨겨둔 녹음 장치를 찾는 것처럼 테이블 아래를 들여다보더니 말했다.

"저는 그렇게 생각하지 않아요." 네덜란드에서 온 여자가 대답했다. "하지만 저 사람들은 우리가 가는 곳마다 동원되는 것 같아요. 그래서 이 나라의 좋은 면을 보여주는 거죠." 여자는 유리창 밖으로 보이는 워터파크 아래쪽에서 즐기고 있는 수천 명의 인파를 보며 말했다. "어쩌면 오늘 저들 모두가 무료 초대를 받은 게 아닐까요? 아무도 어느 곳에서도 돈을 내지 않는다는 거 알았어요?"

여자의 말에 모두 말을 멈췄다. 우리는 지금까지 갔던 모든 장소를 떠올렸다. 식당, 커피숍, 박물관, 서커스. 북한 사람들이 돈을 내는 모습을 아무도 본 적이 없었다.

"증거네요!" 벨기에 사내는 매일 밤 일곱 개의 숨겨둔 SD카드에 찍은 사진을 저장하고 있는, 독일에서 온 편집증 걸린 학생과 하이파이브를 하며 말했다. "그리고 공원에서요. 공원 이름이 뭐였더라……."

"혹시 김일성 공원?" 네덜란드 여자가 말했다. 모두 웃음을 터뜨렸다. DPRK에서는 이름 짓기가 쉬웠다. 그냥 김씨 가족 중에서 이름을 고르고 적당한 명사를 뒤쪽에 붙이기만 하면 된다. 공원, 광장, 운동장, 꽃.

"어쨌거나, 공원에서 봤어요." 벨기에 사내는 말을 이었다. "비싼 카메라 들고 있던 남자 봤어요? 그 사람이 어떻게 그렇게 비싼 카메라를 샀을까요? 왜 다른 사람들은 누구도 그런 카메라를 들고 있지 않은 거죠?"

그는 자신의 논리를 반박해보라는 듯 우리를 한 사람씩 바라보았다. 아무도 감히 그러지 못했다. 우리는 몰두했다. 우리는 답을 알아냈다. *모든 것이 꾸며낸 광경이라니…….*

"그래! 나도 그거 봤어요." 네덜란드 여자가 말했다. "그리고…… 그리고…… 배구하던 젊은 남자들 봤어요?"

몇 명이 고개를 끄덕였다.

"그게…… 우리가 그곳을 떠나자마자 어쩌다 무리에서 뒤로 살짝 빠져서 관리자들보다 뒤처졌거든요."

우리는 의자에 앉은 채 몸을 바짝 세웠다. "어땠는지 아세요?" 그녀가 말했다. "그 사람들 배구를 그만두고 다른 데로 가버렸어요! 제 생각에 그들은 배우였던 것 같아요."

나는 헛기침을 했다. 반대 의견을 내는 사람이 되고 싶지 않았다. 하지만 나는 늘 '오컴의 면도날 법칙(단순함이 복잡함을 이긴다)'에 매달리는 신봉자였고, 그래서 더 단순하고 더 적은 수의 가정이 필요한 설명을 선호했다. 우리가 북한에 도착했을 때부터 나는 〈엑스파일〉의 이야기 속에 포획된 기분이었고 오십 명의 여행자 멀더들 속의 유일한 스컬리가 된 것 같았다. 그들은 믿고 싶어 했다. 나는 알고 싶었고. 만일 확실하게 알 수 없다면 지나치다 싶을 정도로 조심하는 편이 좋았다.

지금까지 내가 방문했던 다른 이상한 곳들은 그곳에도 '별것' 없다는 사실을 확인시켜주기만 했다. 겉포장만 바뀌었을 뿐 깊은 속에는 똑같이 결함을 가진 인간들이 명령을 내리는 자리를 차지했거나 그 명령에 복종하는 자리에 놓여 있었다. 또는 그 사이에서 뭔가가 되기 위해 최선을 다해 어려움을 이겨나가고 있었다. 언론에서 들어온 북한에 관한 이야기들은 선정주의적인 내용들이었지만, 내가 지금까지 셋퍼드에 관해 떠들던 이야기들도 다를 것이 없었다. 선정주의는 돈이 된다. 북한이 정상이라는 건 아니지만, 그렇다고 해서 오십 명의 관광객에게 정상적인 여가 생활을 꾸며내 보여주기 위해 삼천 명의 배우를 써서 연극을 한다는 의미는 아니다.

"여러분." 내가 말했다. "흥미로운 이론이기는 해요. 하지만 그렇게 하려고 사람과 물자를 동원했다면 이해할 수가 없습니다. 저기 보이는 사람이 얼마나 많은지 보세요. 저런 상황을 우리를 위해 꾸며냈다고요? 그리고 제 말은 어쩌면 더 중요한 질문이 될지도 모르겠는데, 왜 그렇게 할까요? 뭐하러 이렇게까지 신경을 써서 연극을 합니까?" 나는 아래로 보이는 워터파크를 향해 손을 흔들어 보였다.

벨기에 사내가 혀를 찼다. "저들은 우리 모두 이곳이 정상이라고 생각하기를 바라는 거죠."

"좋아요, 하지만 *이유*가 뭐죠?"

"그래야 우리가 집에 돌아가서 사람들에게 북한이 정상이라고 말하니까요."

"좋아요, 하지만 *왜죠?*" 나는 다섯 살 어린애가 되어버렸다.

그는 한숨을 내쉬었다. "그래야 다른 사람들이 여기 올 거니까요."

나는 이를 악물었다. "하지만 그렇다면 사람들이 여기 *뭐하러* 오겠습니까? 그냥 동상으로 가득한, 평범하고 지루한 나라에 불과한데요. 누구에게도 말을 걸 수 없고 매일 버스에서 여덟 시간을 보내야 하고 절하느라 바쁜 나라 아닙니까. 만일 정말 평범한 곳이라면 관광을 올 이유가 전혀 없어요. 재미가 없으니까요. 사실 이곳은 지구상 최악의 나라 가운데 하나인 것이 거의 분명합니다."

우리는 조용히 커피를 마셨다. 사람들은 워터파크를 내

려다보았고 배우들은 그 속에서 재미있게 즐기는 척했다. 나는 음모론을 주고받는 자리에 더는 초대받지 못했다.

다음 날에도 상당히 많은 일이 있었다. 지금까지 우리가 본 바에 의하면 DPRK는 겸손과는 아예 담을 쌓은 것처럼 보였다. 우리가 다음에 들른 곳보다 그걸 더 잘 드러내는 곳은 없었다. 바로 K1과 K2의 무덤인 금수산태양궁전이었다. 모든 북한 주민은 이곳을 한 번 방문해야 한다. 어떤 사람들은 훨씬 더 자주 이곳을 방문한다. 우리가 방문한 날도 가장 좋은 옷으로 차려입은 사람들이 많았다.

건물 자체는 전형적인 북한식이었다. 그 말은 전형적인 스탈린 시대 형식이라는 뜻으로, 필요한 것보다 규모가 여덟 배 커서 난방을 하려면 어마어마한 노력이 필요할 거라는 뜻이다. 안으로 들어가니 눈이 어지럽고 장엄할 정도(뽐내는 듯한)의 수준으로 대리석과 금을 바른 모습이었다.

"이 빌어먹을 곳을 만들기 위해 수억 달러가 들었을 겁니다." 잭이 말했다. 실내는 여러 개의 넓은 무빙워크로 이루어져 있었다. 우리는 아주 느린 속도로 움직이는 무빙워크 위에서도 걸어서는 안 되었다. 대신 가만히 서서 저절로 움직이기를 기다려야 했다. 그래야 벽과 천장을 장식한, 경애하는 지도자들의 수많은 선전 사진을 시간을 두고 천천히 즐길 수 있었다. K1과 K2가 공장을 방문한 사진, 군 장비를 점검하는 사진, 아이들이 웃으며 작은 악기를 연주하는 모습을 보며 즐거워하는 사진, 현지 지도하는 사진. 대부분 포토샵으로 수정한 것이 분명해 보였는데, 색감이 어울리지 않고 그림자를 보면 우리 행성이 실제로는 두 개의 태양으로부터 열기를 받는 것처럼 보였다. 보이지 않는 스피커에서 압도적이면서도 구슬픈 오케스트라 음악이 쏟아져 나왔다. 침울한 분위기를 만들어내고 있었다.

그냥 터무니없었다. 지금까지 내가 두 눈으로 본 가장 이상한 모습이었다. "뭐라고 말을 해야 할지 도무지 생각이 안 나네." 나는 아네트에게 말했다. "자기는 그런 일 없잖아. 좀 도와줄 수 있을까?"

아네트는 웃더니 아기를 안은 K1의 거대한 사진을 바라보았다. "자기는 표현하기를 포기해야 할 것 같아. 이 사람들, 과시욕 하나는 최고야."

"그래요. 말하자면 세상 끝에서나 볼 수 있는 마담 투소 박물관(세계 유명 인사들의 밀랍 인형을 전시한 곳-옮긴이) 같은 거죠." 잭은 지금까지 했던 것 가운데 최고의 요약을 했다.

마침내 한 시간 동안 이리저리 미로 속을 끌려다니며 세뇌를 당하고, 경애하는 지도자들의 비범하고 기념비적인 업적에 관해 충분히 생각해본 뒤에야 우리는 기계로 바람을 불어 신발을 청소하는 곳에 도착했다. 외부에서 묻어온 불순물을 모두 없앤 뒤 붉고 희미한 한 줄기 빛이 비추는 어두운 공간으로 들어섰다. 앞쪽 실내 중앙에는 붉은색 대리석 기둥에 둘러싸인 채 높은 유리 석관 속에 방부 처리된, 영원한 수령 김일성의 시신이 누워 있었다. 조선노동당의 붉은 깃발이 그의 몸을 가슴까지 덮고 있었다. 그는 어두운 색의 양복 재킷을 입었고, 두 팔은 옆으로 내리고 있었다. 관 주위에는 분홍색 꽃 김일성화 십여 송이가 놓여 있었다. 내가 K1과 K2는 각자 자기 꽃이 있다고 말했던가? 안 했다고? 별로 놀랍지도 않다고?

좋다. 왜냐하면 이제 막 시작이기 때문이다.

아네트와 나는 우리 앞에 네 줄로 선 동료들을 따라서 관에 가까이 다가갔다. 관의 세 방향에서 고개를 숙였지만 위쪽에서는 절하지 않았다. 관 위쪽에 서는 행위는 우리가 위대한 지도자를 내려다본다는 의미를 담고 있기 때문이다. 실내는 완벽하게 조용했고 한 사람의 신발이 찍찍거리며 높은 소음을 내고 있었다. *내 신발이었다.* 겨우 한 번 신었던 신발이었다. 제대로 된 신발이 필요하면 어디로 가야 하는 걸까? 가슴 위로 자동소총을 움켜쥐고 선 경비병이 얼굴을 찌푸렸다.

"이봐요." 서방측 가이드 가운데 한 명인 트리스탄이 말했다. "신발 좀 어떻게 해보세요." 나도 신발을 어떻게 해야 할지 알 수가 없었다. 언제 어디서 어떻게 해야 할지도 알 수 없었다. 잠시 후 우리는 K2가 쉬고 있는 두 번째 방에 도착했다. 그는 트레이드 마크이자 상징이 된 올리브색 지퍼 달린 옷을 입고 누워 있었다.

찍찍. 찍찍. 절 꾸벅. *찍찍.* 인상 팍. 절 꾸벅. *찍찍. 찍찍.* 인상 팍. 절 꾸벅.

K2 주위에는 예상대로 십여 송이의 밝은 붉은색 꽃인 김정일화가 놓여 있었다. 다음으로 이어진 공간 역시 어이없었다. K1이 받은 상을 모아둔 공간인데 깡패 같은 왕조를 건설하는 데 성공한 그의 삶에 바친 모든 트로피, 메달, 열쇠, 명판을 보관하고 있었다. 벽에는 그가 세계의 지도자들과 함께 찍은 사진들이 장식되어 있었다. K1은 엄선된 한 무리의 폭군 및 독재자들과 친하게 지냈다. 스탈린, 호네커, 무바라크, 차우셰스쿠, 카다피. 그 방은 역사적인 개자식들의 사원이었다.

마지막 방도 같은 내용이었고, K2를 위한 장소라는 것만 달랐다. K1이 K2에게 '조선 영웅' 메달을 수여하는 사진을 본 나는 마침내 겸손함이 죽어서 방부 처리된 다음 금수산 태양궁전에 묻혔다는 걸 알았다.

금수산은 북한에서 가장 우스꽝스럽고, 터무니없고, 공격적이고, 화려하고, 부끄러운 곳이었다. 꾸며놓은 모습이 말하고 있었다. '우리가 이렇게 하고도 무사한 걸 믿을 수 있겠어? 지금은 죽었는데도 여전하다는 걸 믿을 수 있어?' 믿을 수 없었다. 출구에서 충격으로 방향 감각을 잃고 우울해진 우리는 이글거리는 태양 아래로 밀려 나왔다.

"저런 건 평생 본 적이 없어요." 나는 키르에게 말했다.

그는 고개를 끄덕였다. "네. 이 사람들 정말이지 선전이 극을 넘어섰네요."

말했던 것처럼 우리가 이 시기에 진행하는 단체관광을 선택한 이유는 주체 105년(북한의 달력은 당연하게도 K1의 탄신일에 기반을 두고 있다)이 일본의 제국주의 지배에서 벗어난 것을 기념하는 칠십 번째 해였기 때문이다. 칠십 주년을 기리기 위해 그날 저녁 평양의 가장 큰 광장에서 단체 무도회가 열릴 예정이었다. 광장의 이름이 뭔지 맞혀보지 않겠는가? 맞다, 김일성 광장이다.

8시가 되기 조금 전에 우리는 관광버스에서 내려 어느 대형 가건물로 들어갔다. 그곳에서 본 모습은, 그걸 무슨 말로 표현할 수 있을지 모르겠다. 나는 너무너무 어지러워 주저앉지 않을 수 없었다.

"와우." 아네트가 말했다. "이거……." 하지만 그녀는 더는 말을 잇지 못했다.

"이게 무슨." 키르가 말했다. "이건, 맙소사."

심지어 잭조차 겸손해졌다. "버뮤다 삼각지대는 상대도 안 되는……." 그는 펼쳐진 광경의 웅장함에 패해 말끝을 제대로 잇지도 못했다.

내려다보이는 곳에 만여 명의 성인 남녀가 앞을 보고 서른 명씩 무리를 지어 완벽하게 꼼짝도 하지 않은 채 서 있었다. 그렇게 모인 사람들이 광장 전체를 뒤덮었고 수백 미터 떨어진 대동강 제방까지 계속 이어져 있었다. 남자들은 정장 셔츠에 넥타이를 맸고 여자들은 밝은 색깔의 전통 드레스 차림이었다. 우리는 게걸스럽게 카메라 버튼을 더듬거렸다. 의미 없는 행동이었다. 눈 앞에 펼쳐진 장관의 아름다움과 부조리함을 화면에 담을 방법은 없었다. 어마어마하게 많은 사람이 빽빽하게 대형을 이루고 선 채 마치 꼭두각시처럼 누군가의 조종을 기다리고 있었다.

"시안에서 본 테라코타 전사들 같군." 나는 아네트에게 말했다.

"그래. 이 사람들은 살아 있지만."

음악이 흘러나오기 시작했다. 사람들이 고개를 들더니 거의 완벽할 정도로 동시에 쥔 주먹을 들어올렸다. 이걸 연습하기 위해 얼마나 많은 밤을 보냈을까? 첫 번째 노래가 끝나자 좀 더 밝은 음악이 시작되었고, 남자들과 여자들은 몸을 돌려 마주 보더니 고개를 숙이고 춤추기 시작했다.

그들은 아름답게 춤췄다. 서로 부딪히는 사람은 없었다. 발을 헛디디는 사람도 없었다. 지각하거나 술에 취하거나 엉뚱한 옷을 입은 사람은 아무도 없었다. 이런 놀랍고 엄청난 위업을 누가 만들어냈단 말인가? 눈에 보이는 광경도 압도적이었지만 나를 가장 당황스럽게 한 것은 어떻게 이런 계획을 세우고 실행에 옮겼을까 하는 점이었다.

"저 사람들 표정 봐요." 스위스에서 온 변호사 데니스가 말했다.

사람들의 얼굴에서 감정이라고는 보이지 않았다. "로봇처럼 보인다고 말하고 싶지만, 그러면 로봇에게 조금 실례가 될 것 같네요." 종이 말했다. 우리가 구경하는 행사는 '해방' 칠십 주년을 축하하는 즐거운 광경이어야 마땅했다.

"저 사람들 엄청나게 지루해 보여." 아네트가 말했다.

잭은 거대한 크기의 렌즈가 달린 카메라를 아래를 향해

내렸다. "어릴 적부터 여섯 가지의 똑같은 음악에 맞춰 춤추면 누구든 저렇게 될 겁니다."

나는 입이 떡 벌어졌다. "그게 무슨 말이에요? 공식 음악이 여섯 곡밖에 없어요?"

"네. 몇 분 지나면 같은 음악이 나올 겁니다. 기다려봐요. 공식적으로 승인을 받은 춤도 몇 가지 되지 않아요. 저들은 유치원 때부터 그 모든 스텝을 배웁니다. 불쌍한 사람들이죠."

"아." 내가 말했다. "그래서 아무도 실수를 안 하는군요."

네 번째 음악이 시작되자 관리자는 우리더러 가건물 아래로 내려오라고 손짓했다. 넓은 계단을 따라 광장으로 내려가는 동안 심장이 쿵쿵 뛰었다. 관광객의 수는 아주 적었고 춤추는 무리는 매우 많았기에 우리가 모두 흩어져 춤추는 사람들 서른 명으로 이루어진 그룹을 하나씩 찾아내기는 어렵지 않았다. 아네트와 나는 우리 앞에 있는 무리를 바라보았다. 완벽하게 잘 짜여 있고 흠이라고는 없었다.

"내가 할 수 있을지 모르겠네." 나는 한 손을 허리에 올리며 말했다. "이 사람들이 싫어하지는 않겠지?"

아네트는 고개를 흔들더니 그들에게 다가갔다. "괜찮아. 이 사람들도 약간의 즉흥적인 상황은 받아들일 거야."

나는 여자들 가운데 아무나 골랐다. 여자는 분홍색과 흰색이 섞이고 소매가 풍성한 전통 복장 차림이었다. 나이는 이십 대 중반으로 보였다. 음악이 잠시 끊어졌을 때 나는 여자의 남성 파트너에게 아네트와 나를 가리켜 보이고 다시 여자를 가리켰다. 사내는 고개를 끄덕이고 점잖게 옆으로 비켜섰다. 무리에 속한 모두가 조금씩 움직이며 우리를 위해 자리를 내주었고 우리는 무리에 섞였다. 다음 음악이 시작되었다. 우리를 둘러싼 사람들이 완벽하게 동작을 맞춰 움직이기 시작하자, 아네트와 나는 서로 두려워하는 표정을 나누었다. 우리는 스텝을 밟으면서 동시에 동작을 따라서 해보려고 시도했다.

춤추기 위해서는 파트너의 손을 잡아야 했다. 한 손은 여자의 몸 앞에서, 다른 한 손은 뒤에서. 그런 다음 우리는 한 걸음 앞으로 나갔다가 뒤로 두 걸음 물러섰다(내가 문학계에서 쌓아온 경력처럼). 그러고 나서 몸을 돌려 마주 본 다음 팔을 걸고 왼쪽 그리고 오른쪽으로 돈 다음 다시 원래 자세로 돌아가 반복했다.

물론 지금이야 설명하기가 아주 쉽다. 내가 춤추는 모습을 비디오로 여러 번, 그것도 느린 동작으로 봤기 때문이다. 하지만 그 당시에는 실시간이라는 횡포 탓에 내게 희망이라고는 없었다. 콘크리트 속에서 헤엄치는 것 같았다. 사실 나는 헤엄치듯 춤췄다.

무리 전체가 왼쪽으로 돌면 나는 오른쪽으로 돌았다. 그들이 앞으로 두 걸음 나갔다가 한 걸음 뒤로 물러나면 나는 앞뒤로 우왕좌왕했다. 다행히도 참을성이 많은 내 파트너는 그러는 내내 나를 보며 예의 바르게 웃었다. 그녀는 부끄러워하지도 않았고 서로 몸에 손을 대는 일이 많은 음악이 나와도 신경 쓰지 않았다. 음악이 끝나자 나는 파트너에게 고개를 숙여 인사하고 옆으로 빠져나왔다. 나 때문에 그녀가 견뎌내야 했던 상황에 죄책감이 느껴졌기 때문이다.

아네트 역시 마찬가지였다. 우리는 춤추는 사람들 사이 빈 공간에서 만나 서로 느낀 점을 주고받았다.

나는 눈앞이 핑핑 돌았다. "끝내줬어!"

"알아. 난 춤은 끔찍하게 못 췄지만."

"나도 그래." 나는 아네트의 기분을 위로하려 애쓰며 말했다.

"자기도 엉망이었던 것 알아. 내가 바로 뒤에 있었거든."

나는 몇 미터 떨어진 곳, 국기를 매단 기둥 옆에 미시즈 박이 서 있는 모습을 발견했다. 내 눈에 보이는 국기만 육천 개였다.

“미시즈 박.” 나는 고개를 숙였다. “함께 춤추는 영광을 누릴 수 있을까요?”

“춤이요?”

“네. 저랑 함께요.”

그녀는 불안한 듯 킥킥 웃었다. “저는 춤을 못 춥니다.”

“진짜 못 추는 사람이 어떤지 모르시는군요.” 그녀를 안심시키려 말했지만, 이중 부정문이라 헷갈릴 수도 있었다. 그녀는 가방을 동료 가이드에게 맡겼다. 나는 미시즈 박과 팔짱을 끼고 가장 가까운 춤추는 사람들 무리 사이 좁은 공간으로 들어갔다.

“스텝은 아시죠?” 내가 물었다.

“스텝은 알아요.”

“좋아요. 가르쳐 주세요.”

음악이 흘러나왔다. 이번에는 더 빠른 박자였다. 우리 앞에 선 사람들이 소용돌이치기 시작했다. 나는 따라가려 애썼다. 발을 헛디뎠다가 다시 균형을 잡고 돌아섰다(박자에 맞추지 못했다). 사람들이 손뼉을 쳤다. 미시즈 박을 흉내 내려 애썼다. 무리 전체가 다른 방향으로 소용돌이쳤다. 나는 따라갔지만, 사람들이 뒤로 돌 때 함께 돌지 못했고 미시즈 박과 코가 부딪히고 말았다. 그다음엔 발을 삐고 하이파이브를 했다. 험난한 시간을 거쳐 음악이 잦아들 즈음에는 그냥 끔찍하다는 생각밖에 안 들었다.

우리는 춤추는 사람들 무리에서 빠져나왔다. "뭐 하는 거였습니까?" 미시즈 박이 물었다.

"무슨 말씀이세요?"

그녀는 두 팔로 팔짱을 꼈다. "그걸 지금 춤이라고 춘 겁니까?"

자존심에 상처 입은 나는 가건물로 물러나서 나머지 장관은 멀리서만 구경했다. 잭이 예상했던 것처럼 실제로 여섯 곡의 음악이 계속 반복되었다. 행사는 정확히 시작한 지 한 시간 만에 끝났다. 겨우 몇 분 만에 만 명이나 되는 사람이 깔끔하게 줄을 맞춰 광장 밖으로 사라졌다.

관광단은 가건물 입구에서 다시 모였다.

"우오오와." 케빈이 말했다. 그는 친구 몇 명에게 뛰어갔다. "*와, 진짜 끝내주던데!*"

"어떻게 생각해?" 나는 아네트에게 물었다. 그녀는 텅 빈 광장을 바라보았다. "모르겠어. 이건 시간을 좀 두고 생각해봐야 할 것 같아."

나 역시 마찬가지였다. 뱃속에서 뭔가 무거운 긴장감이 느껴졌다. 그것이 슬픔이라는 생각이 들었다. 만 명이나 되는 똑똑하고 창의적이고 상상력 넘치는 사람들이 고작 정해진 시간에 정해진 형식으로 정해진 옷을 입고 정해진 몇 곡의 음악에 맞춰 정해진 시간 동안 춤춘 다음 마지막으로 (정해진 대로) 주먹을 쥐고 흔들어 보이더니 정해진 순서에 맞춰 집으로 다시 돌아가는 신세라니. 만일 이런 사람들에게 원하는 대로 하라고 허락한다면 어떻게 될까? 각자 알아서 춤춰보라고 한다면? 원하는 대로 노래를 만들라고 하면? '자유' 의지는 여전히 가치가 있다.

가장 소중하고 절대 잊지 못할 경험을 한 나는 행복하고 당혹스러웠지만, 그런 장면을 우리에게 보여주기 위해 노력한 모든 사람들에게 깊은 슬픔을 느끼며 광장을 떠났다.

며칠 동안 절하며 더 돌아다닌 후에 여행은 끝났다. 우리는 새벽 5시 45분에 관광버스에 올라 출발 층과 도착 층이 분리된(놀랍고도 놀라운 일이다) 공항으로 향했다. 잭은 앞자리에 앉아 졸고 있었다. 함께 다녔던 사람들이 그리울 것 같았다. DPRK에서는 우정이 빠르고 깊게 생긴다. 함께 보내는 시간이 무척 많은데다 광기에 짓눌리면서 결속하게 되었다. 심지어 잭도 그리워질 것 같다. 어쩌면, 아주 조금.

공항에서 나는 잭에게 뭐하러 굳이 우리를 배웅하기 위

해 새벽에 일어났느냐고 물었다. "딱 한 번 배웅을 나오지 않았던 적이 있어요." 그가 말했다. "그때 손님 중 한 사람인 예순의 미국인이 공항에서 흥분해서는 관리자들에게 그들이 거짓 속에서 살고 있고, 이 정권은 독재자들이 장악하고 있고 한국 전쟁은 북한이 시작했다고 고함을 치고 비명을 지른 겁니다. 그들은 그 얼간이를 체포했어요. 그는 눈물을 터뜨렸어요. 재빨리 사과문을 쓰게 하고 비행기에 태웠습니다. 그는 나중에 그 경험을 '평생 가장 겁났던 일'이라고 표현했어요." 잭은 낄낄대며 웃었다. "장난 아니죠."

공항에서 극적인 일은 벌어지지 않았다. 우리는 관리자인 미스터 박 그리고 미시즈 박과 포옹했고, 마지막으로 단체 사진을 몇 장 찍었다. 몇 사람은 눈물을 흘렸다. 이곳은 사람을 짜증스럽게 하는 곳이다. 하지만 우리는 빠져나가고 있었다.

우리는 운이 좋은 사람들이었다. 언젠가 이곳 정권은 무너지고 우리는 이 정권이 국민에게 얼마나 냉담하게 굴었는지 알게 될 것이다. 그때까지, 나는 우리가 북한에서 만난 사람들은 엄청나게 착했고 스스로 교묘하게 부인할 수 있을 정도의 아주 적은 진심과 의심 그리고 호기심을 나름대로 보여주었다는 사실을 기억할 것이다. 그들 역시 정권에 의문을 품고 있다는 사실을 나는 의심하지 않는다. 하지만 그걸 드러내면 위험이 너무 클 뿐이다. 그들은 뇌 없는 좀비가 아니다. 만일 그랬더라면 나는 더 쉽게 참아 넘길 수 있었을 것이다.

"휴가 때 이 나라에 가보라고 다른 사람들에게 추천할 수 있어?" 나는 베이징으로 가는 비행기 안에서 아네트에게 물었다. 우리는 북한의 국적 항공사(유일한 항공사)인 고려항공을 이용하고 있었다. 어느 설문조사에서 세계 최악의 항공사로 뽑힌 곳이다. "내가 지금까지 방문했던 곳 중에 가장 기억에 남는 곳이야." 아네트는 말하더니 얼굴을 찌푸렸다. "하지만 쉽지 않았어. 사람 잡는 여행이야."

나는 허리를 손으로 만졌다. "하도 절을 해서 어디가 접질렸나봐."

승무원이 기내식을 나눠주었다. 뭐라고 설명할 수 없는 햄버거 모양의 스펀지 같은 음식이었다. 안에 내용물이 들어 있었지만 뭔지 알 수 없었다. 김치 말고는. 우리는 열흘 동안 김치 없는 식사는 한 적이 없다. "지금까지 봤던 독재 정권과 북한이 다르다고 생각해?" 아네트는 밥을 먹으며 물었다.

나는 고개를 번쩍 들었다. "세상에, 당연하지! 일단 규모가 달라. 똑같은 얼굴 두 개가 매일매일 빠지는 곳 없이 나타나잖아. 그 두 사람은 심각하게 애정에 굶주렸나봐. 동상이 사만 개라고? 어른이면 누구나 그들의 얼굴을 가슴에 매일 달고 다녀야 한다고?"

"그래. 그들은 허영심을 예술로 만들었어. 이곳 전체가 디스토피아, 공포, 고통 그리고 김치를 버무린 테마파크야."

나는 한숨을 내쉬었다. "독일로 돌아가게 되다니 믿을 수 없을 정도로 운이 좋은 느낌이야."

17

독일, 베를린

마지막

나는 우리가 사는 이 층 아파트로 올라가는 계단에서 휴대전화를 확인했다. 오후 6시 10분이었다. 곧 아네트가 집에 올 시간이었다. 현관으로 들어선 나는 요가 장비를 문가에 내던졌다. 내가 녹색 펜으로 화이트보드에 갈겨 쓴 '따분함은 사치스러운 것'이라는 문장을 봤다. 깊게 숨을 들이마셨다. 집에 있는 건 좋았다. 잠깐만, 뭔가 해야 할 일이 있지 않았나? 나는 머릿속으로 확인했다.

옷은 전부 입고 있다. 불이 난 상태는 아니다. 냉장고에는 음식이 있다. 세금은 전부 냈다. 오늘 아침에도 몸을 씻었다.

모든 것이 괜찮은 것 같았다. 나는 댄에게 이메일을 보내고 싶었다. 그게 전부였다. 물론 나중에 하면 된다. 하지만 나는 그들 가족의 소식을 아주 오래 듣지 못했다. 전등을 켜려고 스위치를 찾았다. 눌렀다. 아무 일도 일어나지 않았다.

전구를 갈아야지. 그렇지.

나는 싸구려 이케아 의자를 주방에서 가져와 아네트가 전구와 건전지만 보관할 수 있도록 만든 서랍을 열었다. 전구들이 사용 전력량에 따라 그리고 건전지는 크기에 따라 분류된 모습을 보고 웃었다. 모든 물건에 밝은색 포스트잇으로 설명이 붙어 있다. 아주 인상적인 동시에 정말 무시무시했다. 아네트를 아주 잘 요약해 보여주는 모습이라고 결론지었다.

나는 의자를 복도로 끌고 와 그 위에 서서 전구 소켓을 향해 팔을 뻗었다. 내 몸무게에 의자가 비명을 질렀다. 자물쇠에서 철컥거리는 열쇠 소리가 들렸다. 문이 벌컥 열리더니 벽에 부딪히는 둔탁한 소리가 났다.

"나 왔어." 아네트는 문을 다시 쾅, 닫으며 말했다. 불쌍한 현관문. "왜 굳이 우편으로 편지를 보내느라 고생하는지 모르겠네. 우편으로는 좋은 소식은 절대 오지 않아. 그거 알고 있어?"

우리 집 복도는 L 자 모양이다. 아네트는 복도의 코너로

와서 의자 위에 올라선 나를 보았다. "전구 가는 거야? 와, 내가 해달라고 세 번인가밖에 말하지 않았는데? 보통은 열두 번은 더 부탁해야 해주잖아."

나는 새 전구를 꽂고 돌렸다. "고맙긴 뭘. 한번 켜봐."

아네트는 다시 코너를 돌아 사라졌다. "'하느님께서 말씀하시기를 빛이…….'"

우리의 어둡고 좁은 복도는…… 그래도 살짝 어두웠다. "이걸로 충분해." 나는 나를 지나쳐 거실로 향하는 아네트에게 말했다. 의자를 원래 있던 주방에 가져다 두었다.

거실로 돌아온 나는 소파 위에 마사지건에 맞은 것처럼 늘어져 있는 아네트를 발견했다. 그녀는 날 보고 웃었다. "우리 미틀로이퍼는 오늘 하루가 어떠셨나?"

나는 거실을 가로질러 그녀가 차지하지 않은 소파 한 부분 위에 새침 떠는 모습으로 앉았다. "좋았지. 공용 사무실에 갔었어. 그러면 좀 달라진 것 같아. 마치 직장이 있고 동료가 다시 생긴 기분이 들어."

"일을 조금이라도 했어? 아니면 그냥 초콜릿 먹고 자기 이름 검색이나 했어?"

"일 좀 했어. 많이는 아니고, 조금. 특이한 나라들에 관한 책을 써볼까 생각하고 있어. 어쩌면 아무 내용이 없을 수도 있지만, 해 봐야지. 자기는 오늘 어땠어? 당신의 천재성을 누군가 또 못 알아봤어?"

아네트는 무시당한 영화배우라도 되는 것처럼 얼굴 앞에 손을 들어 흔들었다. "모두가 끔찍할 정도로 평상시와 똑같아. 전부 미쳤다니까. 인사팀의 그 멍청한 여자. 정말이지 멍청하기가 끝이 없다니까. 저녁에 뭐 할 거야? 나는 아마 그냥—"

"그러자."

아네트는 일어나 앉았다. "같이 뭐 하자고 아직 얘기도 안 했어."

"알아. 상관없어."

아네트는 고개를 기울였다. "다시 집을 떠나자는 얘기면 어쩌려고?"

"집을 떠나자는 얘기면 더 좋지."

"그래서 다른 사람들을 만나자고? 어쩌면 사람들이 자기한테 뭔가 원할 수도 있어. 그들의 삶에 대한 아주 작은 관심을 원할지도 모른다고. 아니면 최소한 그들에 관해 뭔가 기억해주길 원하거나."

"아주 좋은 일처럼 들리는데."

아네트는 씩 웃었다. "나도 이제 이런 일에 익숙해질 수 있어.”

“익숙해지지 마.” 나는 거실을 둘러보며 말했다.

“내 실수가 바로 그거였으니까.”

기묘한 나라의 여행기

초판 1쇄 인쇄 2021년 11월 12일
초판 1쇄 발행 2021년 11월 19일

지은이 애덤 플레처
옮긴이 남명성
펴낸이 정용수

사업총괄 장충상 **본부장** 윤석오
디자인 김지혜
영업·마케팅 정경민
제작 김동명 **관리** 윤지연

펴낸곳 ㈜예문아카이브
출판등록 2016년 8월 8일 제2016-000240호
주소 서울시 마포구 동교로18길 10 2층(서교동 465-4)
문의전화 02-2038-3372 **주문전화** 031-955-0550 **팩스** 031-955-0660
이메일 archive.rights@gmail.com **홈페이지** ymarchive.com
블로그 blog.naver.com/yeamoonsa3 **인스타그램** yeamoon.arv

ISBN 979-11-6386-084-6 03980